알기쉬운 유체역학

Fluid Mechanics

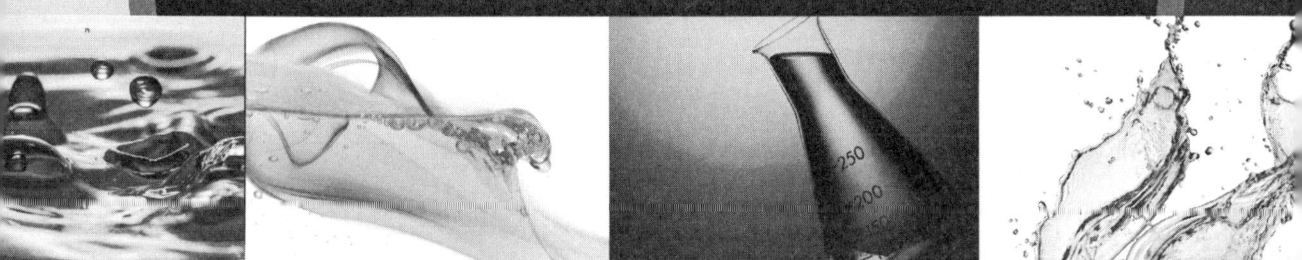

오 선, 조남철, 오용석 공저

* 연습문제 해답풀이

* 과년도 기출문제 해답풀이

복두출판사 홈페이지(www.bogdoo.co.kr)의
자료실에서 내려받기 할 수 있습니다.

B.C.Info

▌머리말

유체역학이 공학의 기초분야로써 활발히 연구되기 시작한 역사는 짧으나 고도로 정밀하고 깊은 지식이 요구되는 오늘날에는 유체에 관한 보다 많은 이해와 응용이 절실하다.

유체역학은 유체의 정지상태와 운동 상태에 관한 학문으로서 실험적이기보다는 해석적이고 수학적이라 할 수 있다.

본서는 유체역학의 기초이론과 기초원리를 자세히 설명하였으며, 많은 예제와 연습문제를 수록하여 내용의 이해를 돕는데 활용토록 하였다.

본서의 구성은 저자의 편의에 따라 정하였으며, 강의를 진행함에 있어서 편리하도록 선택하면 될 것으로 사료된다.

본서의 내용에 인용된 참고서나 자료의 저자에 깊은 감사를 표하며, 미비한 점이 있으면 보완토록 계속 노력할 것이다.

2013. 3. 저자 씀

Contents

Chapter. 1

유체의 기본 성질

* 유체역학(fluid mechanics)은 "정지상태 또는 움직이고 있는 유체에 관한 현상 등을 연구"하는 학문이다. 유체의 여러 가지 성질과 흐름의 양상에 따른 영향 등을 고려하게 되고 또한 유체 상호간과 유체와 경계면 사이에 작용하는 힘의 상호작용을 알아본다.
* 이러한 것들은 여러 가지 기본 법칙의 수학적 응용에 의한 사실이나 예측되는 유체 거동을 설명하는 것이다. 물리학, 수학, 역학에 관한 기초지식을 토대로 유체 성질의 이해와 공학적인 문제를 수식적으로 해결하는 능력을 길러야 한다.

1.1 유체의 정의

유체란 "여하한 전단력(shear force)을 가해도 계속해서 변형이 일어나는 물질"이라 할 수 있으며 물론 운동하고 있는 유체는 전단응력을 갖는다.

유체의 전단응력이 고려되는 것은 점성(viscosity)이라는 유체의 성질 때문이며 실제유체(real fluid)는 모두 점성을 가지고 있으며 수학적 해석을 쉽게 하기 위하여 점성을 갖지 않는 가상의 유체를 이상유체(ideal fluid)라 하여 초보자들은 이 유체에 관한 이론적 해석을 먼저 배운다.

전단응력은 모든 실제유체의 상대적 운동에 따라 존재하며 유체 간 또는 유체와 경계면 사이에서 논의되는 것으로서 상대운동이 크면 클수록 주어진 유체에 대한 전단응력도 클 것이며 또한 주어진 상대운동에 대하여 점성이 크면 클수록 전단응력도 클 것이다.

공학에서 대부분의 경우에 실제유체는 이상유체로 볼 수 있으며 유체역학에서 이상유체의 취급은 열역학에서 가역과정과 비교해 볼 수 있다.

즉, 실제로는 존재하지 않는 이상유체를 실제의 점성유체와 비교하는 것은 실제로는 비가역과정인 것을 가역과정으로 취급하는 경우와 같다.

본서는 정지유체에 관해서 점성, 비점성의 구분이 없으며 유체 동역학에서는 두 경우로 나누어서 해석하고 비압축성 이상유체에 관한 부분과 고속흐름의 압축성 이상기체의 흐름에 관한 부분이 있으며 나머지 부분은 모두 실제유체에 관한 내용이다.

1.2 유체의 성질

유체는 정지 상태에 있을 때에는 전단력을 받지 않으며, 유체가 운동하고 있을 때 발생하는 응력들은 실제로는 점성 때문이다.

유류는 온도가 높으면 잘 흐르고 추운 겨울에는 잘 흐르지 않으려는 성질을 가진다. 이러한 성질은 점성의 결과로서 자동차에 기름을 치는 경우 잘 흘러내리기를 바라지 않는 경우에는 점성이 큰 유체를 사용할 것이고 반대로 제동유(brake oil)는 점성이 아주 작은 기름을 이용하는 것이다.

풍차는 흐르는 유체로부터 동력을 얻는 경우이고 선박, 항공기, 펌프, 선풍기 등은 유체에 동력을 공급하게 되는 경우이다.

1.3 단위와 차원

뉴턴의 제 2 법칙에 의하면 물체에 외력이 작용하면 작용하는 힘 F의 크기에 비례하는 가속도 a가 생긴다. 즉,

$$F \propto a$$

체적이 서로 다른 두 물체에 같은 크기의 힘을 가할 때 두 물체의 가속도는 각각 다르다. 이 때 힘과 가속도 간의 함수관계에서 비례상수에 해당하는 값을 그 물체의 질량(mass)이라 볼 수 있다. 즉,

$$F = ma$$

일상생활에서 사용되는 무게(weight)는 질량이 중력가속도를 가질 때의 힘(force)의 크기로서 사용되고 있다. 따라서 무게 또는 중량은 힘의 한 예이고 힘의 단위로 무게의 단위를 이용하고 있는 것이다.

[힘의 단위]

❑ 절대단위

❶ C.G.S 단위

질량 1[g]에 작용하여 1[cm/sec^2]으로 가속하는 힘을 1[$dyne$]이라 한다.

$$1[dyne] = 1[g] \times 1[cm/\text{sec}^2]$$

❷ M.K.S 단위

질량 1[kg]에 작용하여 1[m/sec^2]으로 질량을 가속하는 힘을 1[$Newton$]이라 한다.

$$1[N] = 1[kg] \times 1[m/\text{sec}^2] = 1[kg \cdot m/\text{sec}^2]$$

❑ 중력단위

질량 1[kg]이 중력가속도 g=9.8[m/sec^2]을 받을 때 힘을 1[kg]라 한다.

$$1[kg] = 1[kg] \times 9.8[m/\text{sec}^2] = 9.8[N]$$

❖ 질량은 물체가 가지는 고유의 양이고, 중량(무게)은 물체에 작용하는 중력 즉, 질량은 위치에 따라 변하지 않지만 중량은 위치에 따라 변한다. 지구에서의 질량 1[kg]은 중량이 1[kg]이며, 달에서의 질량 1[kg]은 중량이 $\frac{1}{6}$[kg]이다.

표 1-1 단위와 차원

물리량	단위	차원
길이	미터(m)	L
질량	킬로그램(kg)	M
시간	초(sec)	T
온도	도($^\circ K$)	K
힘	무게(kg_f)	F

✎ 예제 1.1

질량 5[kg]을 저울에 달았더니 무게가 4[kg_f]이었다. 이 곳에서의 중력가속도는 얼마인가?

〈풀이〉

m=5[kg], F=4[kg_f]=4×9.8=39.2[N]

$F=ma$, $a=F\div m$이므로

∴ a=39.2÷5=7.84[m/sec^2]

✎ 예제 1.2

속도의 차원을 구하시오.

〈풀이〉

속도의 단위는 [m/sec]이고, $m=L$이고 $\text{sec}=T$이므로,

$$\therefore \frac{L}{T}=LT^{-1}$$

예제 1.3

힘의 차원을 구하시오.

〈풀이〉

뉴턴의 제 2 법칙에서 $F = ma$이므로

$$m = M,\ a = m/\sec^2 = LT^{-2}$$
$$\therefore\ F = MLT^{-2}$$

1.4 비체적, 비중량, 밀도, 비중

밀도[ρ](specific density)는 단위체적 당의 질량으로 정의한다.

$$\rho = \frac{m}{V}$$

여기서 m : 질량, V : 체적

밀도의 차원은 [ML^{-3}]이다.

물의 밀도 $\rho_w = 1000\ [kg\ /m^3]$ 또는 1000[$N \cdot sec^2/m^4$] (절대단위)

$= 102\ [kg_f \cdot sec^2/m^4\ ]$ (중력단위)

비중량[γ](specific weight)은 단위체적 당의 중량으로 정의한다.

$$\gamma = \frac{W}{V}$$

W : 중량, V : 체적

비중량의 차원은 [FL^{-3}]

물의 비중량 γ_ω = 9800[N/m^3] (절대단위) = 1000[kg_f/m^3] (중력단위)

비체적[v](specific volume)은 밀도의 역수로 단위질량이 갖는 체적으로 정의한다.

$$v = \frac{1}{\rho}$$

비체적의 차원은 $[M^{-1}L^3]$이다.

비중$[s]$(specific gravity)은 4[℃]물에 대한 어떤 물체의 비중량 또는 밀도의 비로 정의한다.

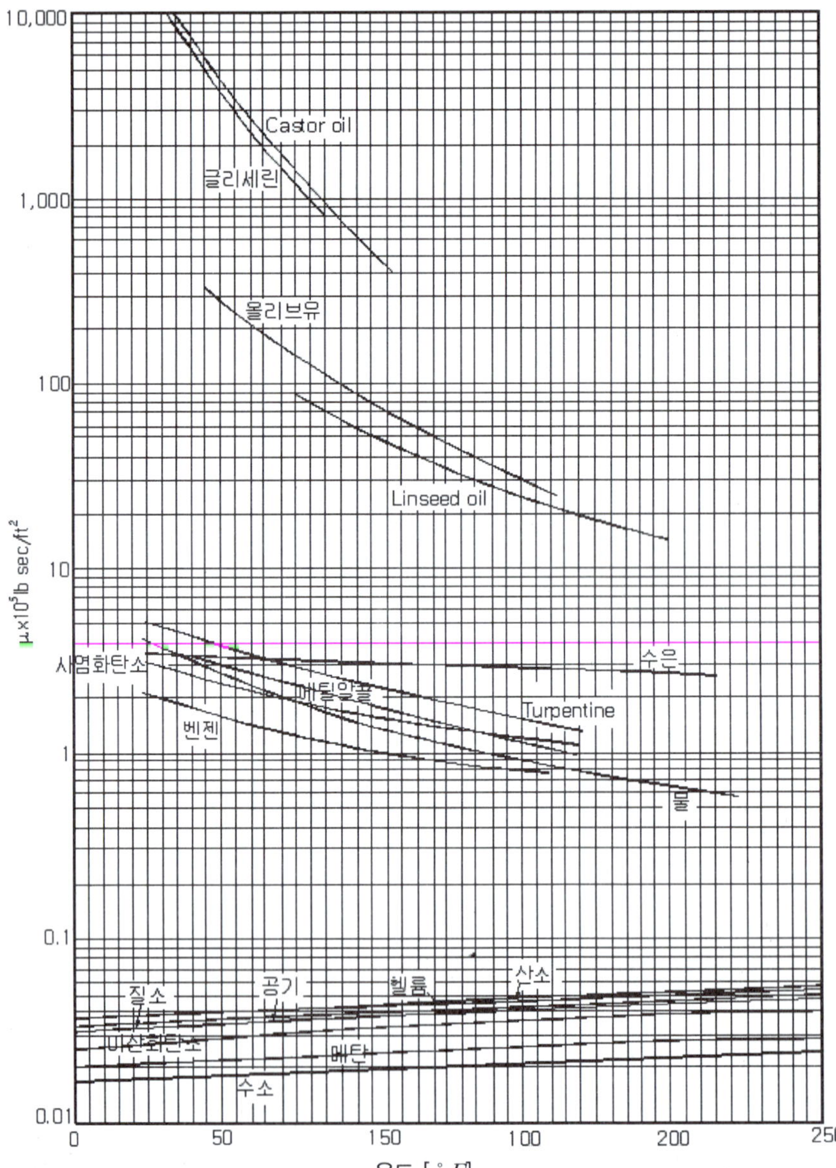

그림 1-1 일반유체의 점성계수

$$s = \frac{\rho}{\rho_\omega} = \frac{\gamma}{\gamma_\omega}$$

비중은 차원이 없으며, 물의 비중은 1이다.

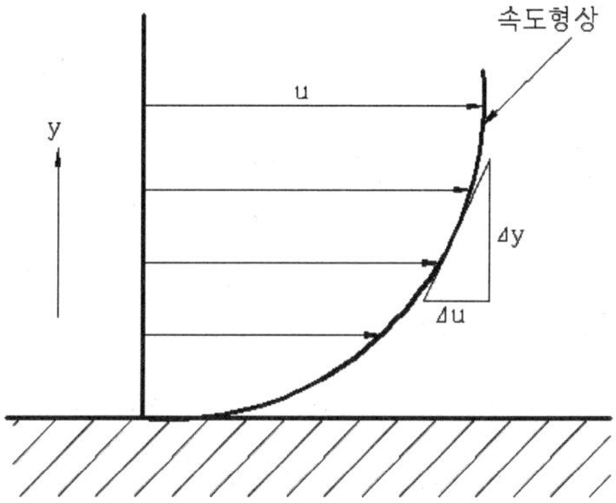

그림 1-2 속도 형상과 속도구배

1.5 점성 (Viscosity)

이상유체가 아닌 모든 실제유체는 점성을 가지고 있으며, 점성은 유체 흐름에 저항하는 값의 크기로 측정된다. 유체가 전단력을 받을 때 전단력에 저항하는 전단응력, 즉 단위 면적당의 힘의 크기로서 점성의 정도를 나타낸다. 그러나 기체의 점성은 온도의 증가와 더불어 증가하는 경향이 있고 액체의 경우는 반대로 온도가 상승하면 점성은 감소한다. 이러한 현상은 기체의 주요한 점성 원인이 분자 상호간의 운동이지만 액체는 분자간 응집력이 점성을 크게 좌우하기 때문이다.

뉴턴의 점성법칙에 의하면 유체의 전단응력은 흐름방향에 수직인 방향으로의 속도변화율에 비례한다. 그림에서와 같이 속도변화율을 속도구배(Velocity gradient)라 하고, 단면의 경계면으로부터의 거리를 y, 속도 벡터의 끝을 연결한 곡선을 속도형상(Velocity profile)이라 하며, 임의의 y값에 대한 속도구배는 다음과 같이 정의된다.

$$\frac{du}{dy} = \lim_{\Delta \to 0}\left(\frac{\Delta u}{\Delta y}\right)s$$

뉴턴의 점성법칙에서

$$\tau \propto \frac{du}{dy} \text{ 또는 } \tau = \mu \frac{du}{dy}$$

로 표시되고 이 법칙을 만족하는 유체를 뉴턴유체, 만족하지 않는 유체를 비뉴턴유체, 점성이 없고 비압축성인 유체를 이상유체라 한다. 여기서 비례상수에 해당하는 y를 점성계수 또는 절대점성계수(absolute viscosity)라 하고, 점성계수의 차원은 다음과 같다.

$$\frac{\text{힘}}{\text{면적}} \times \frac{\text{길이}}{\text{속도}} = \frac{\text{힘} \times \text{시간}}{\text{면적}} = \frac{FT}{L^2} = \frac{M}{LT}s$$

점성계수의 단위로는 $g/cm \cdot sec\ (= 1dyne \cdot sec/cm^2 = 1poise)$ 등이 사용되며, 특히 poise를 많이 이용한다. 또한, 유체 유도의 방정식에는 y보다 이것을 밀도로 나눈 값인 동점성계수(kinematic viscosity)를 많이 사용한다.

$$v = \frac{\mu}{\rho}$$

동점성계수의 차원은

표 1-2 물과 공기의 점성계수 및 동점성계수(1 atm)

온도 (℃)	점성계수(P)		동점성계수(st)	
	물	공기	물	공기
0	0.017887	171.0×10^{-6}	0.017887	0.1322
10	0.013061	176.0	0.013065	0.1410
20	0.010046	180.9	0.010064	0.1501
30	0.008019	185.7	0.008054	0.1594
40	0.006533	190.4	0.006584	0.1689
50	0.005497	195.1	0.005546	0.1786
60	0.004701	199.8	0.004781	0.1885
70	0.004062	204.4	0.004154	0.1986
80	0.003556	208.9	0.003659	0.2089
90	0.003146	213.3	0.003259	0.2194
100	0.002821	217.6	0.002941	0.2300

$$\frac{ML^{-1}T^{-1}}{ML^{-3}} = L^2T^{-1}$$

또한, 동점성계수의 단위는 $m^2/sec,\ cm^2/sec = stokes$라 한다.

1.6 뉴턴 유체와 비뉴턴 유체

뉴유톤의 점성법칙을 만족시키는 유체를 **뉴턴 유체**(Newtonian fluid)라 하며, 그렇지 않은 유체를 **비뉴턴 유체**(non newtonian fluid)라 한다. 비뉴턴 유체에 관한 해석은 뉴턴 유체에 비하여 매우 까다로워서 실제유체(물, 공기)라 할지라도 뉴유톤의 점성법칙을 적용하여 문제를 해결하는 경우가 많으며 실제로 층류흐름에 대해서는 믿을 만한 결과를 얻을 수 있다는 것이 입증되었다.

유체를 점성의 특징에 따라 구분하면 다음과 같이 분류할 수 있다.

① 전단응력이 속도구배만의 함수이고 시간에는 독립인 유체

뉴턴 유체도 이 경우의 유체에 해당되며 그림 1-3에 이들 유체에 대한 흐름곡선(flow curve)들이 주어져 있다. 곡선들을 식으로 표시하면 다음과 같다.

$\tau = \tau_0 + \mu \frac{du}{dy} \rightarrow \tau > \tau_0$: 빙함(Bingham) 유체(페인트, 치약)

$\tau = \mu \left(\frac{du}{dy} \right)^n \rightarrow n = 1$: 뉴턴 유체(물, 공기 및 기타 기체, 저분자액체)

$n < 1$: 슈우드소성(pseudo plastic) 유체(고분자 및 펄프의 용액

$n > 1$: 다일라탄트(Dilatent) 유체(수지, 고온유리, 아스팔트)

② 전단응력이 시간과 이력에도 관계되는 유체

시간 의존성(time dependent) 유체라 부르기도 하며 일정한 속도구배 하에서 시간의 경과에 따라 점성이 감소하는 유체(thixotropic)와 점성이 증가하는 유체(rheopectic)가 있다. 시간 의존은 전단응력이 작용하는 짧은 시간동안에 관련되는 일이며 연질석고(gypsumpasets), 진흙(solid in liquids) 등이 이에 해당된다.

③ 점탄성유체(Viscoelastic fluids)

점성과 탄성을 동시에 가지는 유체이며, 변형 후에 어느 정도는 본래의 상태로 되돌아간다. 역청(pitch), 밀가루반죽(flour dough) 등이 이러한 성질을 가진다.

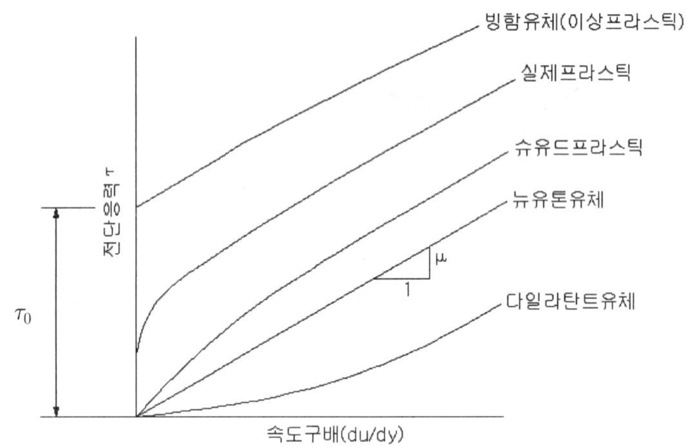

그림 1-3

④ 복합적인 유성학적(rheological) 유체

위 3 종류의 성질을 모두 갖는 유체도 생각할 수 있으며, 고공이나 저압에서의 희박기체(low density gases) 등은 자력의 영향을 받고 있는 자력장(magnetic field) 내에서 운동하는 유체로서 각각 별도의 성질들을 가지므로 일괄적으로 취급할 수는 없다. 예를 들면 희박기체는 연속체로서의 유체로 취급할 수 없으며 불연속적인 입자(discrete particles)로 고려되어야 한다.

1.7 이상기체 (Ideal gas)

보일-샤를(Boyle-Charles)의 법칙으로 알려진 식

$$Pv = RT \tag{1-1}$$

를 만족시키는 기체를 이상기체 또는 **완전가스**(perfect gas)라 한다. 여기서 P는 절대압력, v는 비체적, R은 기체상수(gas constant), T는 절대온도이다. 기체상수는 기체가

완전가스일 때만 일정한 값이다. 압력과 온도의 일반적인 공학범위에서는 일반기체를 완전가스로 취급하여 계산하여도 된다. 기체의 상태방정식으로 만족되지 않는 경우 즉, 액화점(liquefaction) 가까이에서와 매우 높은 온도나 저압에서는 일반기체가 완전가스의 상태방정식을 정확히 만족시키지 못한다.

이상기체의 상태변화를 다룰 때 단위에는 지금까지 사용한 단위중량 1[kg_f] 외에 1[Kmol], 1[Nm^3](표준상태 0[℃], 760[mmHg] 일 때) 등이 쓰인다. Kmol의 단위는 아보가드로의 법칙에 기초를 둔다.

"온도와 압력이 같은 상태에서는 동일 체적 내에 있는 모든 기체의 분자 수는 같다."

기체의 중량 G[kg_f]을 분자량 M으로 나눈 값을 *Kmol* 수라 하고 분자량 M인 기체 G[kg_f]을 1[Kmol]의 기체라 한다. 같은 수의 분자의 중량은 분자량 M에 비례하므로 아보가드로의 법칙으로부터 단위체적의 기체의 중량은 M에 비례하게 된다. 따라서 "1[Kmol]의 기체는 동일온도, 압력에서 같은 체적을 갖는다."라고 할 수 있다. 많은 기체를 측정한 결과에 의하면 표준상태에서 1[Kmol]의 기체는 22.41[m^3]의 체적을 갖는 것으로 알려져 있다. 따라서 이상기체에 대한 **아보가드로의 법칙**은 다음과 같이 된다.

"이상기체 1[Kmol]은 같은 분자 수를 가지며 표준상태에서는 22.41[m^3]의 체적을 갖는다."

가스정수는 가스의 특성을 표시하는 중요한 값으로서 그 차원은 다음과 같다.

$$R = \frac{Pv}{T} = \frac{[\mathrm{kg_f/m^2}][\mathrm{m^3/kg_f}]}{[^\circ\mathrm{K}]} = \left[\frac{\mathrm{kg_f \cdot m}}{\mathrm{kg_f \cdot {}^\circ K}}\right]$$

따라서 R는 1[kg_f]의 가스가 압력이 일정한 상태에서 온도 1[℃] 만큼 변화함에 따라 외부에 한 일을 표시한다. R의 값은 가스의 종류에 따라 다르나 공기에서는 29.27, 산소 26.49이다. 표 1-3은 가스상수, 분자량, 비중, 비열 등을 표시한 것이다.

그런데 기체 1[kg_f]일 때 이상기체의 상태식은

$$mol\ 수(\mathrm{n}) = \frac{\mathrm{G}(가스의\ 중량)}{\mathrm{M}(분자량)}$$

O_2 의 경우 표준상태(0[℃], 1[atm])에서 비중량은 1.4292이므로 1[Kmol]이 차지하는 체적은

표 1-3 기체의 분자량, 상수, 비중 및 비열

기체	분자식	원자수	분자량 M	가스정수(R) $\left[\frac{kg_f \cdot m}{kg_f \cdot {}^\circ K}\right]$	공기에 대한 비중	0℃, 미소압력하에서 비열 [kcal/kgf℃] C_p	C_v	[kcal/kmol℃] C_p	C_v	$k=\frac{C_p}{C_v}$
헬륨	He	1	4.003	211.9	0.1381	1.251	0.755	5.00	3.01	1.66
아르곤	Ar	1	39.944	21.23	1.379	0.125	0.076	5.00	3.01	1.66
수소	H2	2	2.016	420.6	0.0695	3.403	2.417	6.84	4.87	1.409
질소	N2	2	28.016	30.26	0.968	0.2482	0.1774	6.96	4.97	1.400
산소	O2	2	32.000	26.49	1.105	0.2184	0.1562	6.99	5.00	1.399
공기	–	–	28.964	29.27	1.000	0.240	0.171	9.95	4.96	1.402
일산화탄소	CO	2	28.01	30.28	0.967	0.2486	0.1775	6.96	4.97	1.400
산화질소	NO	2	30.008	28.25	1.037	0.2384	0.1722	7.16	5.17	1.385
염화수소	HCl	2	36.465	23.25	1.268	0.191	0.136	6.96	4.97	1.40
수증기	H2O	3	18.016	47.06	0.622	0.444	0.334	8.00	6.01	1.33
이산화탄소	CO2	3	44.01	19.25	1.530	0.1957	0.1506	8.62	6.63	1.301
아황산가스	SO2	3	64.06	13.24	2.264	0.1453	0.1143	9.29	7.30	1.272
암모니아	NH3	4	17.032	49.78	0.596	0.491	0.374	8.36	6.37	1.313
아세틸렌	C2H2	4	26.036	32.59	0.906	0.3613	0.2904	10.13	8.14	1.255
메탄	CH4	5	16.042	52.89	0.554	0.515	0.390	8.27	6.28	1.319
에틸렌	C2H4	6	28.052	30.25	0.975	0.385	0.308	10.02	8.03	1.249
에탄	C2H6	8	30.068	28.22	1.049	0.413	0.345	12.41	10.34	1.20

$$v_m = Mv = \frac{32}{1.4292} = 22.41[\mathrm{m^3/Kmol}]$$

완전가스의 상태식에서

$$Pv_m = MRT = \overline{R}T$$

$$\overline{R} = \frac{Pv_m}{T} = \frac{1.0332 \times 22.41}{273} = 848[\mathrm{kg_f \cdot m/Kmol\,{}^\circ K}]$$

✎ 예제 1.4

온도 100[℃], 대기압 하에서 이산화탄소(CO_2)의 밀도[ρ], 비중량[γ], 비체적[v]은 얼마인가 ?

〈풀이〉

탄소(C)의 원자량=12, 산소(O)의 원자량=16, 이산화탄소 CO_2의 분자량=44이므로

$$R = \frac{848}{M} = \frac{848}{44} = 19.27\,[kg_f\ \ m/kg_f\,{}^\circ K]\,s$$

$Pv = RT$에서

$$v = \frac{RT}{P} = \frac{19.27 \times 373}{1.0332 \times 10^4} = [0.696 m^3/kg_f]$$

$$\rho = \frac{1}{v} = \frac{1}{0.696} = 1.437\,[kg_f/m^3\,]$$

$$\gamma = \rho g = 1.437 \times 9.8 = 14.08rm\,[N/m^3]$$

1.8 유체의 압축성, 탄성(Compressibility, Elasticity)

모든 기체는 압력이 작용하면 압축될 것이고, 탄성에너지는 이 과정에 있어서 저장된다. 완전히 에너지가 변환된다고 가정하면 이와 같은 유체의 압축된 체적은 작용된 압력이 제거될 때에는 원래의 체적으로 팽창할 것이다. 이와 같이 기체는 탄성매질이고 공학에 있어서는 보통 이 성질을 강과 같은 고체탄성체에 대하여 하는 것처럼 **탄성계수**(modulus of elasticity)를 정의함으로써 총괄한다. 그러나 액체는 형상의 강성을 갖지 않으므로 탄성계수는 체적에 기준을 두어서 정의하여야 한다. 이와 같은 계수를 **체적탄성계수**(bulk modulus of elasticity)라고 한다.

표 1-4 일반유체의 탄성계수(20℃, 표준대기압)

유 체	탄성계수[N/m²]
벤젠	1.03425×10^9
사염화탄소	1.103200×10^9
에틸알코올	1.206625×10^9
글리세린	4.323850×10^9
수은	26.201000×10^9
물	2.068500×10^9

액체의 탄성압축의 역학은 완전 강체(비탄성체)인 그림 1-4의 실린더와 피스톤이 있

고 체적 V_1의 탄성유체가 그 속에 포함되어 있다고 가정함으로써 표시할 수 있다. 힘을 피스톤에 가하면 유체의 압력 P는 증가할 것이고 체적을 감소시킬 것이다. P를 V/V_1에 대하여 그리면 그림 1-4의 **응력-변형률선도**(stress-strain)가 얻어지고, 유체의 탄성계수(곡선의 임의점에서의)는 그 점에서의 곡선의 구배로 정의된다. 즉,

$$E = -\frac{dP}{dV/V_1} = -\frac{dP}{dv/v_1} \tag{1-2}$$

비중량 또는 밀도의 상대적 증가는 체적의 상대적 감소와 같으므로 탄성에 관한 식으로 다음과 같이 쓸 수 있다.

$$E = \frac{dP}{d\gamma/\gamma} = \frac{dP}{d\rho/\rho}$$

압력의 증가에 따라서 곡선이 급경사하는 것은 유체가 압축될 때 더욱 더 유체를 압축하는 것이 점점 더 어려워진다는 것을 표시하며 이것은 분자 사이의 공간을 감소시키는 이론적인 결과와 일치한다. 유체의 탄성계수는 명백히 일정할 수 없으며 압력의 증가에 따라서 증가한다.

그림 1-4의 곡선은 유체와 기체에 적용할 수 있으나 액체에 대하여는 보통 $V/V_1 = 1$ 가까이의 곡선부분에만 관심을 두고 해석한다. 이 구역의 곡선의 구배를 공학적 사용에 대하여 탄성계수로 취한다.

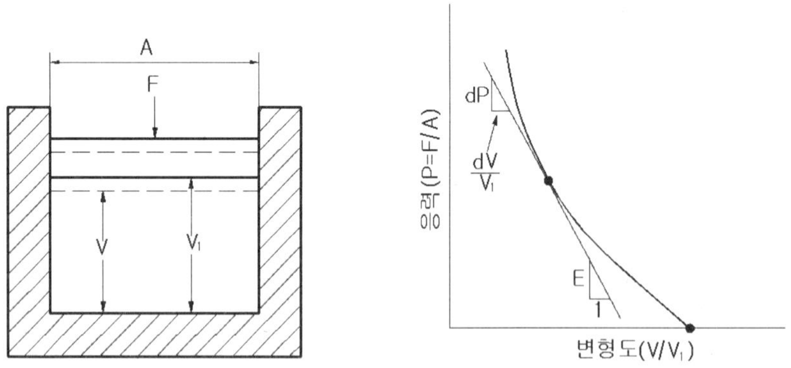

그림 1-4 체적탄성계수

가스의 압축과 팽창은 열역학의 여러 가지 법칙에 따라서 일어난다. 등온과정(isothermal)은 다음의 보일의 법칙에 의하여 특성지어진다.

$$Pv = \text{constant}$$

한편, 열의 전달이 없는 **등엔트로피**(isentropic) 과정에 따른다.

$$Pv^k = \text{constant}$$

여기서 k는 가스의 비열, 즉 등압비열 C_p와 등적비열 C_v에 대한 비이다. 보통 가스의 k는 표 1-5과 같다.

표 1-5 비열비, 정압비열

유 체	비열비(K)	정압비열(C_p)
이산화탄소	1.28	858.2
산소	1.40	909.2
공기	1.40	1003
질소	1.40	1038
메탄	1.31	2190
헬륨	1.66	5223
수소	1.40	14446

압력교란은 유체가 비탄성($E = \infty$)이 아닌 경우 유체중의 2점 사이를 순간적으로 전파될 수 없다. 작은 압력교란은 탄성유체 사이를 유체의 탄성계수에 따르는 어떠한 일정속도(즉, 음속)로 진행한다. 작은 압력교란은 다음 식으로 주어지는 속도 a로 운동할 것이다.

$$a = \sqrt{\frac{dP}{d\rho}} = \sqrt{\frac{E}{\rho}} \tag{1-3}$$

여기서 a는 보통 음속(sonic or acoustic velocity)이라 하고, 이것은 음(音), 즉 작은 압력교란이 진행하는 속도이기 때문이다.

유체중을 운동하는 음파에 의하여 일어난 교란은 너무 작고 빠르기 때문에 압축과 팽창에서의 열교환은 무시할 수 있고 이 과정은 등엔트로피로 생각할 수 있다. 그러므로 완선기체에 대하여 음속은 E에 대하여 kP를 대입함으로써 얻어진다.

$$a = \sqrt{kP/\rho}$$

이 식은 실험에 의하여 정확하게 되었다. 또한 이 식은 P/ρ에 대하여 gRT를 대입함으로써 다른 유용한 형식으로 얻어진다.

$$a = \sqrt{kgRT} \tag{1-4}$$

이것은 완전기체에서 음속은 단지 가스의 온도에만 의존한다는 것을 의미한다.

✎ 예제 1.5

공기를 온도 20[℃], 대기압 하에서 마찰이 없고 열교환이 없는 등엔트로피 과정으로 압축하여 체적을 50%로 줄였을 때 압력과 온도를 구하시오.

단, 공기의 기체상수는 29.27[$\mathrm{kg_f \ m/kg_f \ ^\circ K}$], $k = 1.4$이다.

〈풀이〉

이상기체의 상태식 $Pv = RT$로부터

$$v_1 = \frac{RT_1}{P_1} = \frac{29.27 \times 293}{1.0332 \times 10^4} = 0.83[\mathrm{m^3/kg_f}]$$

체적이 반으로 줄었으므로

$$v_2 = \frac{0.83}{2} = 0.415[\mathrm{m^3/kg_f}]$$

등엔트로피 과정이므로 $P_1 v_1^k = P_2 v_2^k$에서

$$P_2 = P_1 \left(\frac{v_1}{v_2}\right)^k = 1.0332 \times \left(\frac{0.83}{0.415}\right)^{1.4} = 2.72[\mathrm{kg_f/cm^2}]$$

또한, 온도는 상태식으로부터 $P_2 v_2 = RT_2$이므로

$$T_2 = \frac{P_2 v_2}{R} = \frac{2.72 \times 10^4 \times 0.415}{29.27} = 385.65[^\circ K] = 112.65[^\circ C]$$

1.9 표면장력, 모세관현상 (Surface tension, Capillarity)

스푼이나 컵에 물을 채울 때 물이 넘치기 직전의 수면은 컵 상단의 평면보다 약 3 mm 정도 높다. 또 잔잔한 물 위에 비중이 물보다 큰 금속성 바늘이 뜨는 이유, 책상 위에 떨어진 물방울이 볼록한 형태를 유지하는 이유 등은 물의 표면장력 때문이다. 표면장력은 액체 표면에 나타나는 현상이며, 액체와 기체 또는 액체와 액체 간에도 일어난다. 단위로는 단위 면적당의 에너지 또는 단위 길이당의 힘으로 나타내며 이 장력은 표 1-6에서와 같이 분자간의 응집력에 의존하므로 온도의 증가에 따라 약간 감소한다.

그림 1-5에서 곡률반경 R_1과 R_2를 가지는 2차 곡면의 미소면적 $dxdy$를 고려해본다. 압력차 $P_1 - P_0 = 0$가 아니면 요소의 정적평형이 유지되기 위해서는 표면장력을 고려해야 한다.

면적요소에 수직인 방향의 힘의 평형방정식을 세우면

표 1-6 액체의 표면장력 $[N/m]$

물질	표면유체	0℃	10℃	20℃	40℃	70℃	100℃
물	공 기	0.075558	0.074186	0.072716	0.069482	0.064386	0.058800
	포화증기	0.073206	0.071932	0.070560	0.067424	0.062524	0.057134
수은	진 공	0.47334	0.47236	0.47138	0.46746	0.46256	0.4557
에틸알콜	공 기	0.02401	0.023128	0.022246	0.020580	0.018228	–
	알콜증기	–	0.023618	0.022736	0.020972	0.018326	0.015484

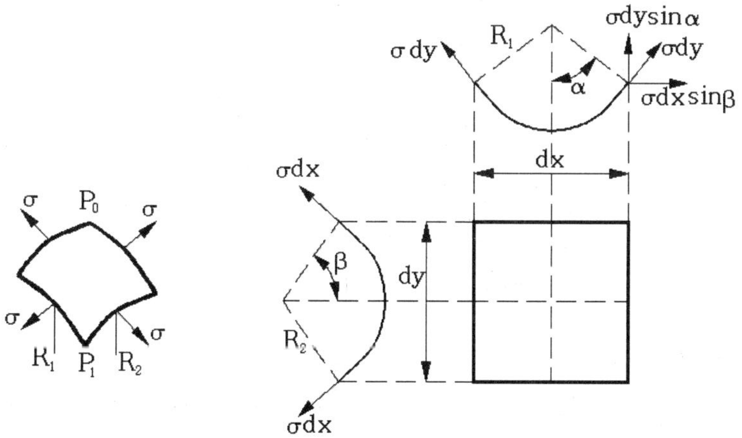

그림 1-5 표면장력

$$(P_1 - P_0)dxdy = 2\sigma dysin\alpha + 2\sigma dxsin\beta$$

여기서 $sin\alpha \fallingdotseq \alpha$, $sin\beta \fallingdotseq \beta$ 로 놓으면

$$sin\alpha = \frac{dx/2}{R_1}, \ sin\beta = \frac{dy/2}{R_2}$$

이므로 위 식을 정리하면

$$P_1 - P_0 = \sigma\left(\frac{1}{R_1} + \frac{1}{R_2}\right)$$

를 얻는다. 따라서 액면이

원주면($R_1 = R \ R_2 = \infty$)일 때는 $P_1 - P_0 = \frac{\sigma}{R}$

구면($R_1 = R_2 = R$)일 때는 $P_1 - P_0 = \frac{2\sigma}{R}$

됨을 알 수 있고 반지름이 작을수록 표면장력에 의한 내부압력의 크기가 상승됨을 알 수 있다. 그리고 편의상 $P_1 - P_0$를 내부초과 압력이라 부르고 단순히 P로 쓴다.

✎ 예제 1.6

작은 물방울의 내부초과 압력 P와 표면장력 σ의 관계식을 구하시오.

〈풀이〉

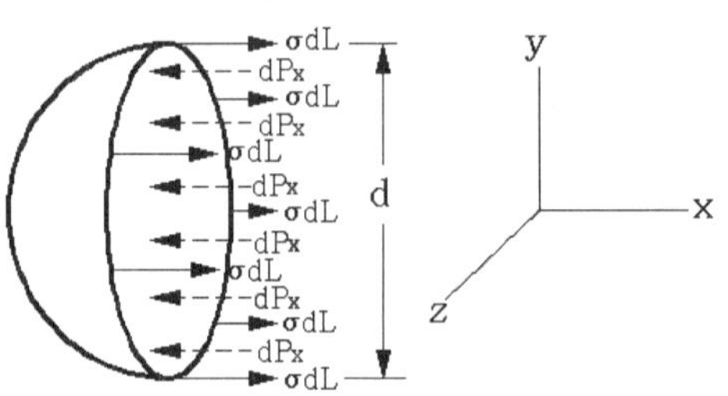

표면장력은 물방울의 내부압력을 외부압력보다 높게 하는 원인이 된다. 그림의 반구에서 x 방향에 수직이고 중심을 통하는 원형 단면을 생각하면 왼쪽으로 작용하는 초과압력에 의한 힘

dP_x의 총합은 오른쪽으로 작용하는 표면장력에 의한 힘 σdL의 총합과 크기가 같다.

$$\int dP_x = \sigma \int dL$$

$$P(\pi D^2/4) = \sigma(\pi D)$$

$$\therefore \ P = 4\sigma/D = 2\sigma/R$$

✎ 예제 1.7

온도 20[℃]의 물방울이 내부의 압력이 외부의 압력보다 0.0007[kg_f/cm^2] 더 크게 가지려면 물방울의 직경은 얼마이어야 되는가?

〈풀이〉

표 1-8에서 σ=0.072716[N/m]이므로 0.0000742[kg_f/cm]가 되므로

$$D = \frac{4\sigma}{P} = \frac{4 \times 0.0000742}{0.0007} = 0.424\,[cm]$$

액체 중에 직경이 작은 관을 세우면 관속의 액면이 관 밖의 액면보다 높거나 낮게 된다. 이러한 현상을 모세관현상이라 부르며, 이것은 액체의 응집력과 부착력에 의한 것으로서 부착력이 응집력보다 크면 관속의 액면은 상승하고 반대로 부착력이 작으면 하강한다.

그림 1-6에서와 같이 물속에 유리관을 세울 때는 관속의 액면이 상승하고 수은에 유리관을 세울 때는 관속의 액면이 내려간다.

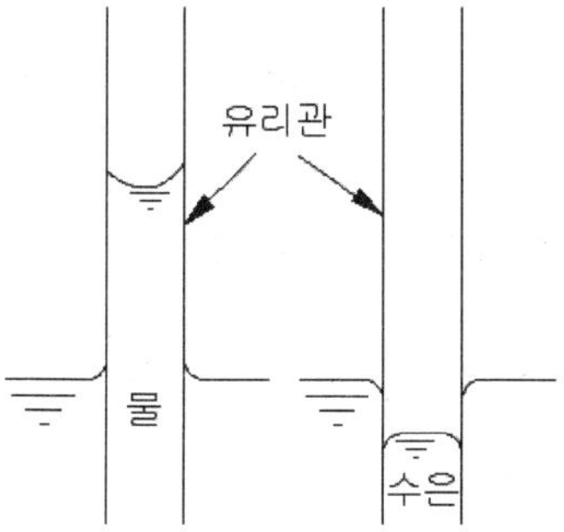

그림 1-6 모세관 현상

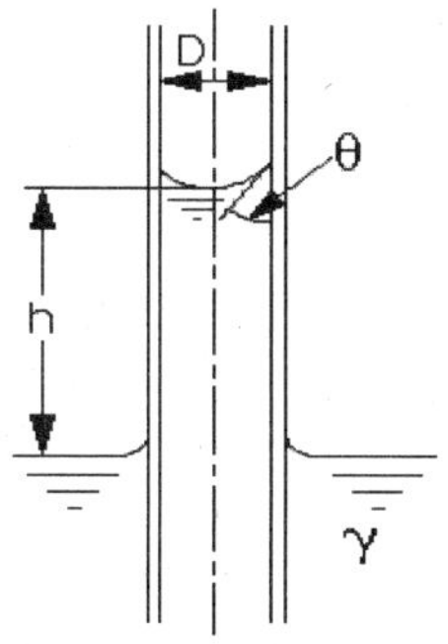

그림 1-7 접촉각과 액면

그리고 모세관현상에 의한 상승높이는 액체와 관의 종류에 따라 결정되는 접촉각(θ)에

의하여 구한다. 표 1-7은 몇 종류의 접촉각이다.

그림 1-7에서 공기와 접촉하고 있는 액면의 상승높이 h를 고려하면 **"표면장력에 의한 수직분력=상승된 액체 무게"**이다.

$$\pi D\sigma cos\theta = \frac{\pi}{4}D^2\gamma h$$

$$h = \frac{4\sigma cos\theta}{\gamma D} \qquad (1-5)$$

위 식에서 상승높이 h는 직경 D가 크면 무시될 수 있고, 실제로 작은 압력을 측정하는 액주계(manometer)에서는 모세관현상에 의한 액주의 보정 대신에 가능한 한 D를 크게 하여 문제점을 해결하고 있다.

또한, 유체중의 기포가 갑자기 성장 또는 소멸되는 현상에도 표면장력이 관련되지만 이것은 공동현상(cavitation)의 문제에서 별도로 취급하게 된다.

표 1-7 유체의 접촉각

고체	유체	표면유체	온도	접촉각
유리	수은	공기	실온	139°
	수은	물	실온	41°
	물	오래인산	실온	80°
운모	수은	공기	실온	126°
	물	아밀알콜	실온	0°
철(Fe)	올리브유	공기	실온	27° 33'
	물	공기	실온	5° 10'
동(Cu)	물	공기	실온	6° 41'
납(Pb)	물	공기	실온	2° 36'

표 1-8 기체의 물에 대한 용해도[m^3]

기체 \ 온도[℃]	0	20	40	60	80	100
공기	0.0288	0.0187	0.0142	0.0122	0.0113	0.0111
질소	0.0235	0.0155	0.0118	0.0102	0.0096	0.0095
산소	0.0489	0.0310	0.0230	0.0195	0.0176	0.0170
이산화탄소	1.7010	0.8878	0.0530	0.0359	–	–

기타 표 1-8에서와 같이 유체의 성질에는 액체의 기체 흡수정도가 있고, 전기전도도(electrical conductivity), 열전도도(thermal conductivity) 등이 있다.

예제 1.8

직경 2[mm]의 유리관이 접촉각 10° 인 유체가 담긴 그릇 속에 세워져 있다. 유리와 액체사이의 표면장력이 0.6$[kg_f/m]$, 유체밀도가 800$[kg/m^3]$일 때 액면으로부터의 모세관 액체 높이를 계산하시오.

〈풀이〉

$$h = \frac{4\sigma cos\theta}{\rho g D} = \frac{4 \times 0.6 \times cos10}{800 \times 9.8 \times 2 \times 10^{-3}} = 0.15\,[m]$$

1.10 증기압(Vapor pressure)

액체의 역학에서 **증기압**의 물리적 성질은 흔히 문제의 해석에 있어서 중요하다. 모든 액체는 증발하려고 하는, 즉 액상에서 기상으로 변화하려고 하는 경향을 가진다. 이와 같이 증발은 분자들이 계속적으로 자유액면을 통하여 튀어나와서 액체상태의 물체로부터 잃어지기 때문에 일어난다. 추출된 분자는 기체상태를 이루고 따라서 액체의 **증기압** P_v로 알려진 그들 자신의 분압을 가진다. 온도에 따라서 분자운동이 증가하기 때문에 증기압은 온도와 함께 증가할 것이 기대된다.

비등(boiling)은 액체에 과하여지는 외부절대압력이 액체의 증기압과 같거나 또는 작을 때 일어날 것이다. 이것은 액체의 비등점은 온도와 함께 과하여진 압력에 달려 있다는 것을 의미한다.

따라서 파이프 내를 통과하는 유체가 갑자기 압력이 떨어진다면 낮은 온도에서도 비등현상이 일어날 수 있으며 이러한 현상은 유압기구나 수력기계에서 매우 중요하게 다루어지는 것으로서, 이것을 방지하기 위한 설계가 필연적인 문제인 것이다. 수은은 높은 밀도와 낮은 증기압 때문에 이 액체를 기압계나 다른 압력 측정 장치에 이용하는데 적합하게 되며 쉽게 증발하는 휘발성 액체는 높은 증기압을 가진다. 만약 증기압 P_v인 액체가 그 액체 표면의 위 공간에 압력 P_0인 어떤 기체가 들어 있는 상태로 밀봉된 용기 속에 놓인다면 액체는 기체공간으로 압력이 $P_0 + P_v$에 도달 할 때까지 증발을 계속할 것이다. 이때 액체로부터 탈출하는 분자 수와 액체로 환원되는 분자 수가 같고 압력이 더 이상 상승하지 않는 상태를 포화상태라 말한다. 그러나 만약 공간이 너무 크면 포화상태에는 도달하지 못하고 증발은 계속될 것이다.

표 1-9 물 및 과열수의 증기압

온도 [℃]	증기압 [mmHg]	온도 [℃]	증기압 [atm]
0	4.579	100	1.000
10	9.209	110	1.414
20	17.535	120	1.690
30	31.824	130	2.666
40	55.324	140	3.567
50	92.51	150	4.698
60	149.38	160	6.100
70	233.7	170	7.818
80	355.1	180	9.896
90	525.76	190	12.387

표 1-10 일반유체의 증기압

	온도 [℃]	증기압 [N/m^2]
벤젠	20	10.0
사염화탄소	20	13.1
에틸알콜	20	5.86
가 솔 린	20	55.2
글리세린	20	0.000014
물	20	2.34

1장 연습문제

1. 다음 단위를 환산하시오.

① 100 $[N/m^3]$ = ( ) $[N/l]$

② 10 $[N/cm^2]$ = ( ) $[kg_f/m^2]$

③ 10 $[N/m^3]$ = ( ) $[dyne/cm^3]$

2. 어떤 기름의 무게가 40$[N]$이고 체적이 4$[l]$이다. 이 기름의 비중, 밀도, 비중량을 구하라.

3. 비중 13.6인 수은의 밀도는 얼마인가?

4. 비중량 9000$[N/m^3]$인 유체의 비중은 얼마인가?

5. 밀도가 900$[kg/m^3]$인 유체의 비중량은 얼마인가?

6. 비체적이 $1.175 \times 10^{-3}[m^3/kg_f]$인 유체의 비중은 얼마인가?

7. 체적 6$[m^3]$의 중량이 $5 \times 10^4[N]$이다. 밀도와 비중은 얼마인가?

8. 비중 0.9인 유체 20$[N]$의 체적은 몇 $[l]$인가?

9. 비중 1.2인 유체의 질량 5$[kg]$은 몇 $[l]$인가?

10. 1 [poise]는 몇 $[Nsec/m^2]$인가?

11. 1 [stokes]는 몇 $[m^2/sec]$인가?

12. 비중 0.6478, 점성계수 $11.035 \times 10^{-6}[kg/m\ \mathrm{sec}]$인 50[℃] NH_3의 동점성계수는 몇 [stokes]인가?

13. 동점성계수 4×10^{-4}[stokes], 밀도 $0.9[g/cm^3]$인 유체의 점성계수는 몇 $[Nsec/m^2]$ 인가?

14. 온도가 20[$^\circ$C]인 CO_2 가스 $3[kg_f]$이 체적 $0.3[m^3]$의 탱크에 가득 차 있다. 기체상수가 $19.25[kg_f \cdot m/kg_f\ ^\circ K]$이면 탱크의 압력은 얼마인가?

15. 온도가 30[$^\circ$C], 압력이 $6[kg_f/cm^2]$인 산소의 밀도는 몇 $[kg/m^3]$인가? 단, 산소의 기체상수는 $26.49[kg_f \cdot m/kg_f\ ^\circ K]$이다.

16. 온도가 40[$^\circ$C], 밀도가 $1.293[kg/m^3]$, 기체상수가 $32[kg_f \cdot m/kg_f\ ^\circ K]$인 기체의 압력은 몇 $[kg_f/cm^2]$인가?

17. 온도가 17[$^\circ$C], 압력이 1.3[bar]인 어떤 기체의 비체적이 $7[m^3/kg_f]$인 기체의 기체상수와 밀도를 구하시오.

18. 공기를 완전가스로 보고 온도 100[$^\circ$C], 압력 2[bar]인 공기의 밀도를 구하라.
단, 공기의 기체상수는 $29.27[kg_f \cdot m/kg_f\ ^\circ K]$이다.

19. 온도 20[$^\circ$C]인 표준 대기압 하에서 물을 3[%] 압축하는데 필요한 압력을 계산하라. 단 물의 탄성계수는 $2.0685 \times 10^9[N/m^2]$이다.

20. 체적탄성계수 $1.03425 \times 10^5[N/cm^2]$인 벤젠에 $300[N/cm^2]$의 압력을 가할 때 벤젠의 체적변화율은 얼마인가?

21. 어떤 액체에 75[N/cm^2]의 압력을 가하였더니 체적이 0.04% 감소되었다. 이 액체의 체적탄성계수는 얼마인가?

22. 직경 10[mm]의 비누방울을 직경 20[mm]로 불리는데 필요한 일[dyne－cm]을 구하시오. 단, 비누물의 표면장력은 0.4[dyne/cm]이다.

Chapter. 2
유체 정역학

* 유체정역학(fluid statics)은 유체요소 사이에 상대운동이 없는 유체들을 취급하는 학문이며, 여기에는 정지유체, 등가속도 직선운동을 하는 유체, 등속 원운동을 하고 있는 유체 등이 취급된다. 상대운동이 없는 유체에서는 점성이 고려되지 않으므로 마찰력이나 전단응력은 물론 존재하지 않는다.
* 따라서 유체가 면에 미치는 압력에 의한 힘은 면에 수직인 방향으로만 작용되며, 면에 접하는 방향으로는 힘이 전달되지 않는다. 이러한 사실들은 유체동역학에 비해 유체정역학의 해석을 용이하게 하고 이론적 해석만으로 충분하며 실험적 뒷받침을 필요로 하지 않는다.

2.1 압력

압력(pressure)은 유체에 의하여 "단위 면적당에 가해지는 힘"으로 나타내며 압력의 크기가 균일하지 못한 경우일지라도 단위면적보다 작은 미소면적에 작용되는 힘의 크기를 단위 면적당의 힘의 크기로 환산하여 압력의 크기를 나타내는 것이다. 압력의 분포가 균일한 경우에는 면적 A에 작용되는 힘의 크기를 F라 할 때 압력 P는

$$P = \frac{F}{A}$$

이고, 압력분포가 균일하지 않을 때에 위 식은 평균압력을 나타내게 되고 각 점에서의 압력은

$$P = \lim_{\Delta A \to 0} \frac{\Delta F}{\Delta A} = \frac{dF}{dA}$$

로 구하여야 한다. 그러면 정지유체 속에서의 압력에 관한 성질을 3가지로 구분해서 알아보자.

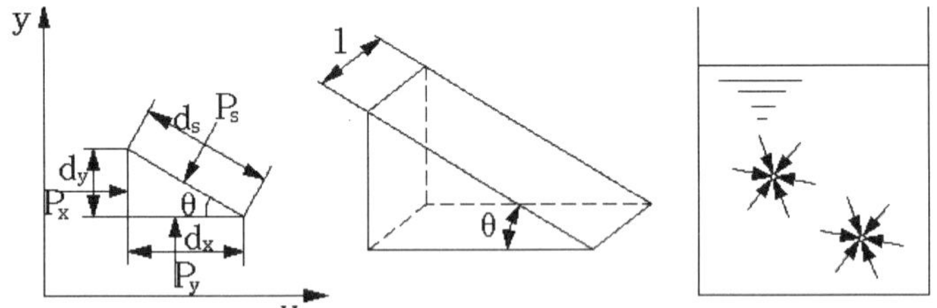

(a) (b) (c)

그림 2-1 한 점에 대한 압력

2.1.1 임의의 한 점에 작용하는 압력의 크기는 모든 방향에서 같다.

그림 2-1에서 (b) 그림의 단위 폭을 갖는 입체모형의 삼각형 단면만을 그림 (a)에 그린 것이며, θ는 임의의 각이다. 지금 3방향에서 압력의 크기가 같다는 것을 증명하기 위하여 그림 (a)의 자유 물체도에 힘의 평형방정식을 적용하면

$$\Sigma F_x = 0 \text{ 에서} \quad P_x dy - P_s ds \sin\theta = 0$$

$$P_x dy - P_s dy = 0$$

$$\therefore P_x = P_s$$

$$\Sigma F_y = 0 \text{ 에서} \quad P_y dx - P_s ds \cos\theta - \frac{dx \cdot dy}{z} \cdot r = 0$$

한 점에서는 $dx \cdot dy \rightarrow 0$ 이므로

$$P_y = P_s$$

따라서 1점에 작용하는 임의의 3 방향 압력은

$$P_x = P_y = P_s$$

가 된다.

2.1.2 동일 수평면상의 임의의 두 점에서의 압력의 크기는 같다

유체 속에 그림 2-2와 같은 모형의 자유물체도를 고려하면 수평방향의 평형조건으로부터

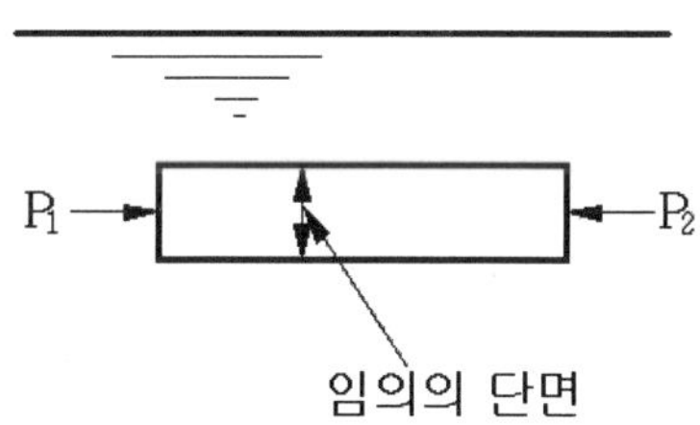

그림 2-2 수평방향 압력변화

$$AP_1 - AP_2 = 0$$

이어야 하므로

$$P_1 = P_2$$

2.1.3 수직방향의 압력변화율은 유체비중량의 크기에 비례한다.

그림 2-3의 자유물체도에서 체적요소의 상, 하단면적은 A이고 수평기준으로부터 y 거리에 있는 점에서의 압력을 P라 하면 $y+\Delta y$ 거리에 있는 점에서의 압력은

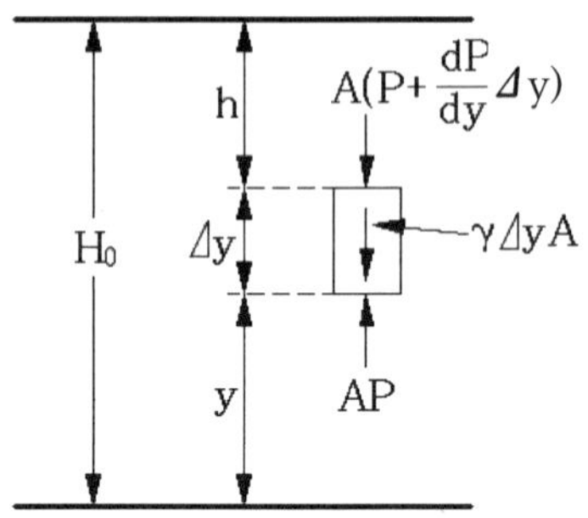

그림 2-3 수직방향 압력변화

$$P+\frac{dP}{dy}\Delta y$$

로 나타낼 수 있고, 수직방향의 평형조건으로부터

$$AP-A\left(P+\frac{dP}{dy}\Delta y\right)-\gamma\Delta yA=0$$

위 식을 정리하면

$$\frac{dP}{dy}=-\gamma \qquad (2-1)$$

이 된다.

여기서 비압축성 유체인 경우 즉, 액체인 경우는 비중량 γ를 상수로 보고 쉽게 적분하여 이용할 수 있고 압축성 유체인 경우에는 비중량 γ가 변수로서 P 또는 y의 어떤 함수로 주어질 때 적분이 가능하게 될 것이다.

① 비압축성 유체일 때 식 (2-1)은

$P=-\gamma y+c$고 적분되고

경계조건으로부터 $y=H_0$일 때 $P=0$, $y=H_0-h$를 치환하면

$$P=\gamma h \tag{2-2}$$

가 된다.

이 식은 압력을 액주로 표시할 수 있는 유용한 식으로써 많이 활용되고 있다.

② 압축성 유체일 때는 γ를 P 또는 y의 함수로 대치해야 하는데 기체의 경우 즉, 대기의 고도와 압력의 관계를 고려하면, 고도 $y=0$에서 대기압을 P_0, 비중량을 γ_0라 하고 대기를 등온상태로 가정하면 등온변화에 관한 Boyle의 법칙에 의하여

$$\frac{\gamma}{P}=\frac{\gamma_0}{P_0}$$

이므로 (2−1)식에 대입하여 적분하면

$$\int_{p_0}^{p} dP=-\int_0^y \gamma dy$$

에서

$$\int_{p_0}^{p}\frac{dP}{P}=-\frac{\gamma_0}{P_0}\int_0^y dy$$

$$\ln\frac{P}{P_0}=-\frac{\gamma_0}{P_0}y$$

또는

$$P=P_0 exp\left(-\frac{\gamma_0}{P_0}y\right)$$

대기를 단열변화한 경우로 가정하면

$$\frac{P}{\gamma^k}=\frac{P_0}{\gamma_0^k}$$

이것을 식 (2−1)에 대입하여 적분하면

$$\int_0^y dy = -\int_{p_0}^{p} \frac{dP}{\gamma} = -P_0^{\frac{1}{k}} \int_{p_0}^{p} P^{-\frac{1}{k}} dP$$

즉,

$$y = -\frac{k-1}{k} \frac{P_0^{\frac{1}{k}}}{\gamma_0} \left[P^{\frac{k-1}{k}} - P_0^{\frac{k-1}{k}} \right]$$

$$= -\frac{k-1}{k} \frac{P_0}{\gamma_0} \left[\left(\frac{P}{P_0} \right)^{\frac{k-1}{k}} - 1 \right]$$

또는

$$P = P_0 \left[1 - \frac{k-1}{k} \frac{\gamma_0}{P_0} y \right]^{\frac{k}{k-1}}$$

가 되고, 대기의 압력과 비중량이 폴리드로우프 변화를 할 때는

$$\frac{P}{\gamma^n} = \text{const}$$

의 관계식을 적용하여 단열변화의 경우와 같은 방법으로 P를 구하면

$$P = P_0 \left(1 - \frac{k-1}{k} \frac{\gamma_0}{P_0} y \right)^{\frac{n}{n-1}}$$

가 된다. 실제로 대류권에서는 $n=1.235$일 때 위 식을 만족할만한 결과를 얻고 있으며, 단열적 대기는 $n=k=1.4$인 경우로 볼 수 있고 성층권의 등온적 대기에서는 $n=1$인 경우로 볼 수 있으나 자연현상이 항상 수식에 만족할 만큼 정확히 정적이지 못하다.

✎ 예제 2.1

그림과 같이 직경 30[cm]의 피스톤에 5[ton]의 힘을 내려면 직경 15[cm]의 피스톤에 얼마의 힘을 가하면 되는가?

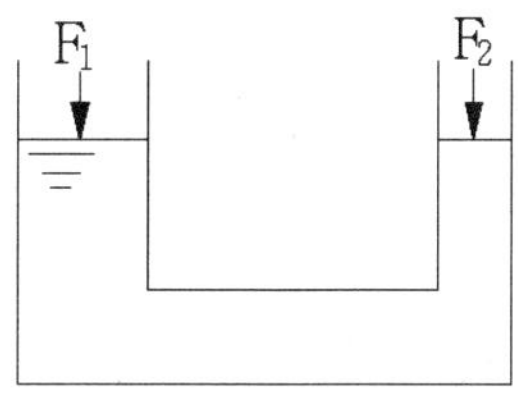

〈풀이〉

파스칼의 원리에서 $\dfrac{W_1}{A_1} = \dfrac{W_2}{A_2}$ 이므로

$$\frac{5000}{\frac{\pi}{4}\times 30^2} = \frac{W_2}{\frac{\pi}{4}\times 15^2}$$

$$\therefore W_2 = 1250[\mathrm{kg_f}]$$

✎ 예제 2.2

통속에 물이 4[m]로 담겨져 있고 그 위에 비중 0.85인 기름이 2[m] 높이로 채워져 있다. 기름의 자유표면이 대기와 접촉하고 있을 때 물통 밑바닥에서의 압력은 얼마인가?

〈풀이〉

$P = \gamma h$ 에서,

물의 비중량은 $9800[\mathrm{N/m^3}]$ 이고 기름의 비중량은 $0.85\times 9800[\mathrm{N/m^3}]$ 이므로

$$P = 9800\times 4 + 0.85\times 8900\times 2$$
$$= 55860[\mathrm{N/m^2}]$$

2.2 대기압, 계기압력, 절대압력

지구를 둘러싼 공기를 대기라 하고 그 대기에 의하여 누르는 압력을 대기압이라 한다.

물리학이나 이론식에 나타나는 압력은 완전진공을 기준으로 한 절대압력(absolute pressure)을 주로 사용하지만 일반공학에서 사용되는 압력은 국소대기압을 기준으로 한 계기압력(gauge pressure)이다.

국소대기압보다 큰 압력을 양압력, 국소대기압 이하의 압력을 음압력으로 구분하기도 하지만, 보통 압력이라 하면 계기압력의 양압력을 뜻하게 되고 음압력을 진공압력으로 표시하며 절대압력은 압력단위 위에 abs를 붙여서 사용한다.

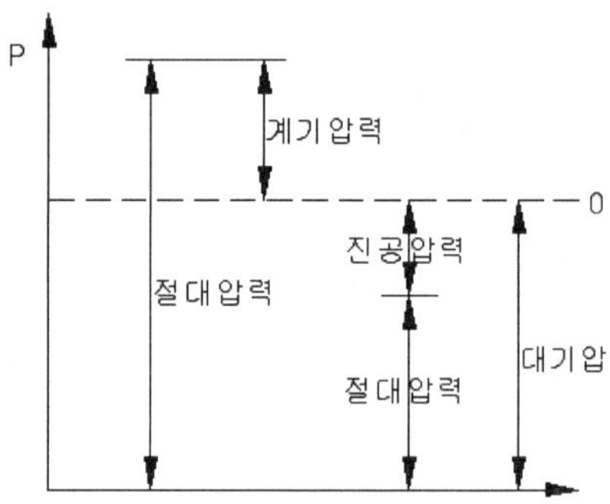

그림에서 대기압보다 큰 계기압력과 대기압보다 작은 진공압력을 절대압력과 비교한 것이며 압력사이에는 다음 관계가 있다.

절대압력 = 대기압 − 진공압력
= 대기압 + 계기압력

1[atm] = 760[mmHg] (수은주 높이)
= $1000 \times 13.6 \times 0.76$
= $10336[kg_f/m^2]$
= $1.0336[kg_f/cm^2]$ (중력단위)
= 10.336[mAq] (물의 높이)
= $101292.8[N/m^2]$ (SI단위)
= 1.013[bar]

2.3 압력의 단위

압력의 단위로는 S.I 단위계에서 1[Pa](pascal)=1[N/m^2], 미터계 중력단위로는 [kg_f/m^2], 영국 단위계에서는 PSI(Pound per square inch)를 주로 사용한다.

- 1[N/m^2]=1[Pa]
- 1[bar]=10^5[N/m^2]
- 1[kg_f/cm^2]=10 [mAq] (➲ Aq는 Aqua의 약자로 물을 의미한다.)
- 1[bar]=1000[mmbar]
- 1[kg_f/cm^2]=760[mmHg]

✎ 예제 2.3

대기압 750[mmHg]인 곳에서 계기압력계로 측정한 압력 1[kg_f/cm^2]은 절대압력으로 얼마인가?

① N/m^2 ② bar ③ mAq ④ mmHg

〈풀이〉

① $\left(\frac{750}{760}\times 1.0332+1\right)\times 9.8\times 10^4 = 197924.2[\mathrm{N/m^2}]$

② $\frac{750}{760}\times 0.1325+9.8\times 10^4\times 10^{-5} = 1.98[\mathrm{bar}]$

③ $\left(\frac{750}{735.5}+1\right)\times 10^4\times 10^{-3} = 20.19[\mathrm{mAq}]$

④ $750+\frac{1}{1.0332}\times 760 = 1485.5[\mathrm{mmHg}]$

✎ 예제 2.4

책상 위에 가로 20[cm], 세로 25[cm], 무게 10[kg_f]인 책이 있다. 책상 밑이 받는 압력은 얼마인가 ?

〈풀이〉

$$P=\frac{F}{A}=\frac{10}{20\times 25}=0.02[\mathrm{kg_f/cm^2}]$$

2.4 액주계 (Manometer)

액주의 높이로 압력이나 압력차를 측정하는 계기를 액주계라 한다. 절대압력계로는 주로 대기압과 진공압력을 측정하고 기계적 계기압력계로는 높은 압력을 측정하는데 이용된다. 따라서 $P=\gamma h$의 관계를 이용하는 액주계로는 비교적 작은 압력이나 압력차를 측정하는데 적절하며 더욱 정밀한 압력 측정에는 미압계(微壓計)를 이용한다.

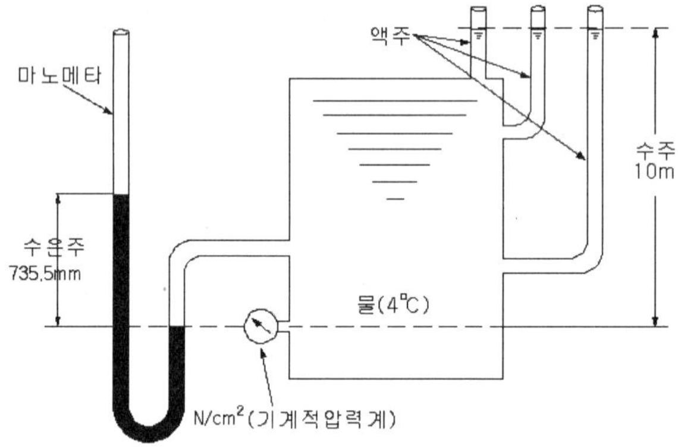

그림 2-4

그림 2-4에서와 같이 유리로 된 눈금 기둥을 측정하고자 하는 압력원에 연결하여 액주의 높이를 읽게 되어 있는 것이 액주계인데 액주계의 액체가 측정하려 하는 유체와 같을 경우에는 **피에조메타**(Piezometer)라 부르고, 다른 유체를 사용하는 경우에는 **마노메타**(manometer)라 한다.

그림에서 오른편 3기둥은 모두 피에조메타로서 액주 높이는 동일한 것이므로 어느 것을 이용하여도 결과는 같다.

그림 2-5는 U자관 마노메타로서 $P_1=P_2$이므로

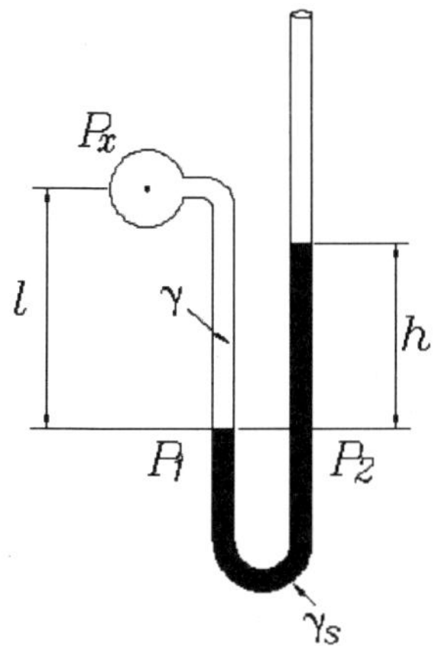

그림 2-5 U자관 마노메타

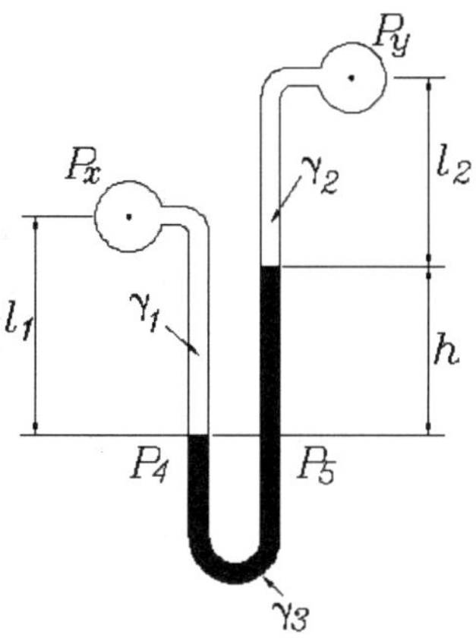

그림 2-6 U자관 차압계

$$P_x + \gamma l = \gamma_s h$$
$$\therefore \; P_x = \gamma_s h - \gamma l$$

그림 2-6은 U자관 차압계이다.

$$P_4 = P_x + \gamma_1 l_1$$
$$P_5 = P_y + \gamma_2 l_2 + \gamma_3 h$$
$P_4 = P_5$ 이므로
$$P_x - P_y = \gamma_2 l_2 + \gamma_3 h - \gamma_1 l_1$$

만일 압력 P_y를 정확히 알고 있는 경우에는 큰 압력 P_x를 측정할 수 있다.

그림 2-7은 역 U자관 마노메타로서 압력을 측정하려는 액체의 γ_1 및 γ_2 보다 가벼운 γ_3를 사용한 경우이다.

$$P_x - P_y = \gamma_1 l_1 - \gamma_2 l_2 - \gamma_3 h$$

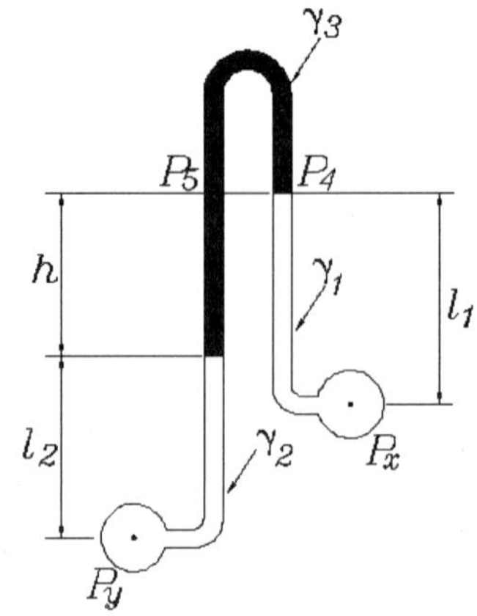

그림 2-7 역 U자관 차압계

그림 2−8은 **미압계**(micro manometer)이다. C와 D에서의 압력이 같아서 평형상태에 있을 때는 점선의 위치이던 것이 CD의 압력차에 의하여 그림의 위치로 평형을 이루고 있다면 용기의 큰 단면적을 A, U자관의 작은 단면적을 a라 할 때 압력차는 식 (2−3)으로 구해진다. 이 식에서 괄호안의 상수가 작은 수이어야 미압계로서의 기능을 갖게 되므로 a는 A에 비해 아주 작아야 하고 γ_3는 γ_2보다 약간 커야 한다.

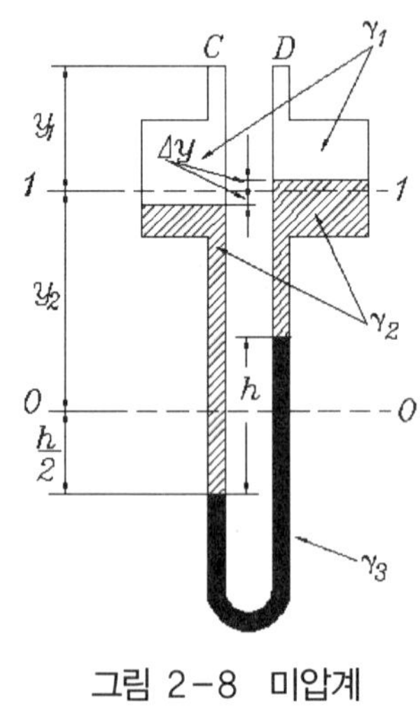

그림 2-8 미압계

$$P_C+\gamma_1(y_1+\nabla y)+\gamma_2\left(y_2-\nabla y+\frac{h}{2}\right)$$

$$=\gamma_3 h+\gamma_2\left(y_2-\frac{h}{2}+\nabla y\right)+\gamma_1(y_1-\nabla y)+P_D$$

$\nabla yA=\dfrac{h}{2}a$ 이므로

$$P_C-P_D=h\left\{\gamma_3-\gamma_2\left(1-\frac{a}{A}\right)-\gamma_1\frac{a}{A}\right\} \qquad (2-3)$$

그림 2-9는 **경사미압계**(inclined tube manometer)로서 아주 작은 계기압력의 측정 또는 기체끼리의 작은 압력차를 측정하는 기구이다.

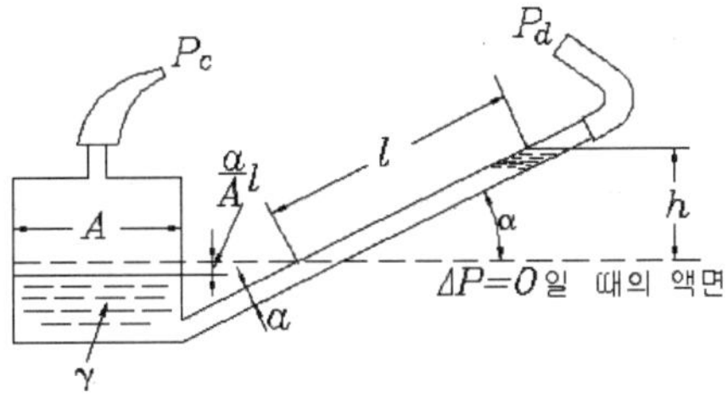

그림 2-9 경사미압계

압력차가 없을 때 액면은 A의 점선위치에서 평형을 이루고 있다. C에 D보다 높은 압력을 연결했을 때 경사 유리관을 따라서 l 만큼, 수직거리로는 h 만큼 관속의 액면을 상승하고 단면적이 큰 C의 액면은 조금 하강할 것이다.

기체의 자중은 무시하고, C, D의 관 단면적을 각각 A, a 경사각을 α라고 하면

$$P_C=P_D+\gamma\left(l\ sin\alpha+\frac{a}{A}l\right)$$

$$\therefore\ P_C-P_D=l\gamma\left(sin\alpha+\frac{a}{A}\right)$$

따라서 L의 길이만 측정되면 압력차를 알 수 있다.

이 때 경사각 α가 너무 작으면 오히려 자체 오차를 증가시키므로 30° 이하의 작은 경사는 피해야 한다.

만일 c의 계기 압력만을 측정하려면 d를 대기압에 연결하면 되고 액주가 직접 압력이나 속도를 읽을 수 있도록 보정될 때는 흔히 **통풍계**(draft gauge)라 부른다.

이상과 같이 액주계의 원리는 정밀도에 따라 다음과 같은 내용을 고려하여야 한다.

① 액주계의 액체는 온도에 따라 비중이 변한다.

② 모세관현상에 의한 오차는 같은 치수의 액주계관을 사용함으로써 상쇄될 수 있다.

③ 표면장력에 의한 요철은 관 직경을 1[cm] 이상으로 함으로써 무시할 수 있다.

④ 액주계 액체의 움직임은 관로에 교축장치를 함으로써 줄일 수 있다.

⑤ 정제된 광학기구와 부척이 액면의 정밀한 판독에 사용된다.

예제 2.5

그림과 같이 흐르지 않는 유체가 들어 있는 수직관에 압력계와 마노메타가 부착되어 있다. 관속에 유체의 비중은 0.9, 마노메타의 수은은 비중이 13.6일 때 압력계의 P_x는 얼마인가 ?

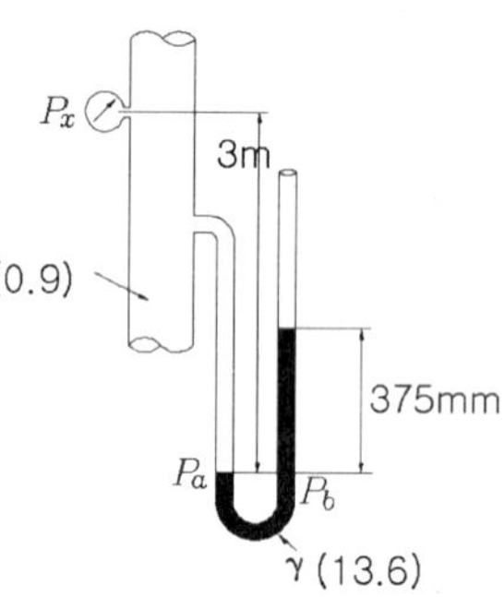

〈풀이〉

$$P_a = P_x + (0.9 \times 9.8 \times 10^3) \times 3$$

$$P_b = 13.6 \times 9.8 \times 10^3 \times 0.375$$

$P_a = P_b$ 이므로

$$P_x = 23.5[\text{KPa}]$$

예제 2.6

그림과 같이 역 U자관 마노메타에서 압력차 $P_x - P_y$는 얼마인가 ?

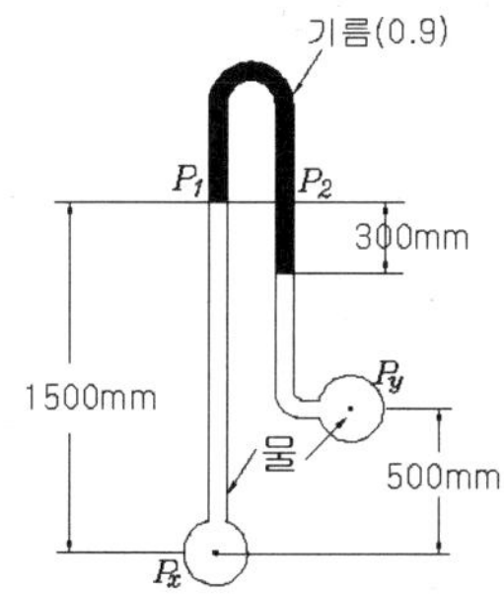

〈풀이〉

$$P_1 = P_x - 9.8\times10^3\times1.5$$

$$P_2 = P_y - 9.8\times10^3\times(1.5-0.5-0.3+0.9\times0.3)$$

$P_1 = P_2$ 이므로

$$P_x - P_y = 5.194[\mathrm{KPa}]$$

✎ 예제 2.7

그림과 같이 비중이 0.9인 기름이 흐르고 있는 관에 U자관이 설치되어 있다. A점에서의 압력이 200[KPa]일 때 h는 몇 [m]인가 ?

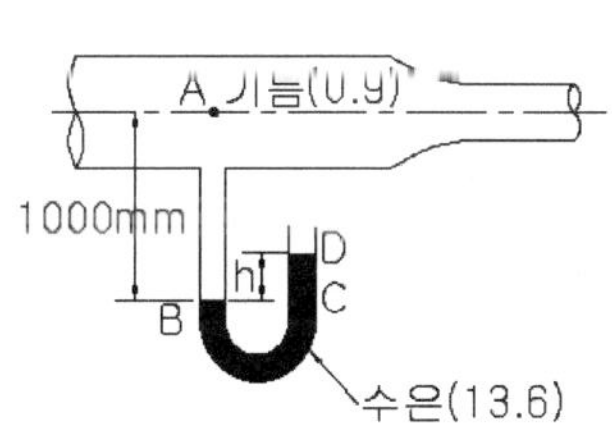

〈풀이〉

$P_B = P_C$이므로

$$200000+9800\times0.9\times1=9800\times13.6\times h$$

$$\therefore\ h = 1.567[\mathrm{m}]$$

2.5 평면에 작용하는 힘

전압력은 면에 작용하는 압력에 의한 힘으로써, 힘은 벡터량으로 크기, 방향, 작용점의 위치가 주어진다. 유체 정압은 수직인 방향으로 작용하므로 전압력의 방향은 면에 수직이다.

① 수평면에 작용하는 힘

그림과 같이 비중량이 γ이고, 깊이가 h인 지점의 압력 P는

$$P = \gamma h$$

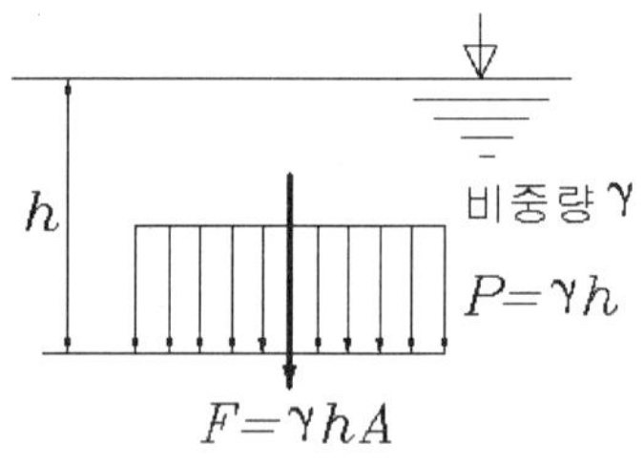

그림 2-10

면적이 A인 평면에 작용하는 힘 F는

$$F = \gamma h A$$

한편 Ah는 평면의 연직 상방에 있는 액체의 체적과도 같으므로 수평면이 받는 전압력의 크기는 평면 상방에 있는 액체 무게와 같다.

따라서 작용점의 위치는 유체 무게중심을 통과하고 면에 수직이므로 면의 중심과 일치한다.

② 경사면에 작용하는 힘

경사진 평면의 한 쪽에 작용하는 전압력은 균일압력이 아니므로 미소면적에 대한 힘의 적분으로 구한다.

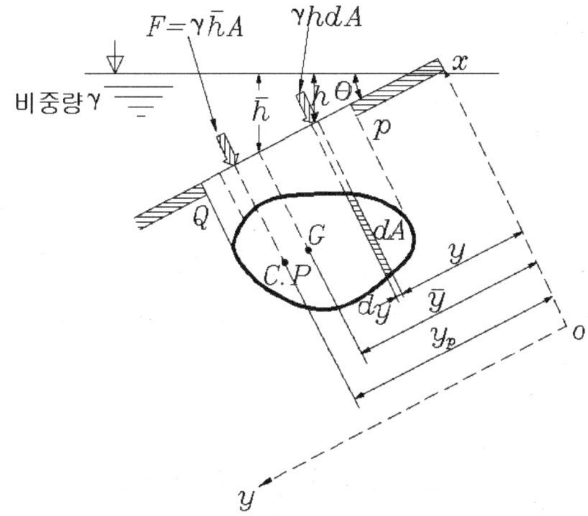

그림 2-11 작용점의 위치

그림에서와 같이 수평으로 잡은 미소면적 dA에서의 압력은 수면으로부터 경사면을 따라 거리 y인 곳의 압력으로서 dA에서의 전압력은 $dF=\gamma y\sin\theta dA$이다. 따라서 전압력은

$$F=\int_A dF=\int_A \gamma y\sin\theta dA=\gamma\sin\theta\int_A ydA$$

$$=\gamma\bar{y}\sin\theta A=\gamma\bar{h}A \qquad (2-4)$$

이다.

여기서 $\gamma\bar{h}$는 평면 중심에서의 압력과 같으므로 결국 경사진 평면에 작용하는 전압력의 크기는 면적에 평면 중심점에서의 압력 을 곱한 값과 같다.

θ가 90°로 평면이 액면에 수직인 경우에는 $\sin\theta=1$로서 $\bar{y}=\bar{h}$이다. 전압력의 크기, 즉 힘의 크기는 평면도형의 도심의 위치를 알면 쉽게 구할 수 있다. 그러나 압력의 크기가 깊이에 따라 다르므로 도심$(\bar{x},\bar{y})$과 힘의 작용점(x_p, y_p)은 일치하지 않는다. 힘의 작용점의 위치를 구하는 데는 "합력의 모멘트는 분력의 모멘트의 합과 같다"는 원리를 적용한다. 그림 2-11에서 액면과 평면이 만나는 선을 x축, 평면을 품고 x축에 수직인 선을 y축으로 잡으면

$$x_p F = \int_A xPdA$$

$$y_p F = \int_A yPdA$$

여기서 미소면적 요소를 x 축에 평행으로 길게 잡은 것은 x 방향으로 압력변화가 없고 y 방향으로만 압력변화가 있기 때문이다. 따라서 미소면적 요소 dA의 중간점을 x 좌표로 하고 위 식을 정리하면

$$x_p = \frac{1}{\gamma \bar{y} A \sin\theta} \int_A x\gamma y \sin\theta dA = \frac{1}{\bar{y} A} \int_A xydA$$

$$= \frac{I_{xy}}{\bar{y} A} = \frac{\bar{I}_{xy}}{\bar{y} A} + \bar{x} \qquad (2-5a)$$

$$y_p = \frac{1}{\gamma \bar{y} A \sin\theta} \int_A y\gamma y \sin\theta dA = \frac{1}{\bar{y} A} \int_A y^2 dA$$

$$= \frac{I_x}{\bar{y} A} = \frac{\bar{I}_G}{\bar{y} A} + \bar{y} \qquad (2-5b)$$

위 식에서 I_{xy}는 단면적의 x, y 축에 관한 관성상승 모멘트(product of inertia)라 부르고, I_x는 x 축에 관한 관성 모멘트(moment of inertia)라 부른다.

원점을 중심점으로 평행 이동시켜 중심을 통과하는 축에 관한 모멘트를 표시한 것이 $\bar{I}_{xy}$와 I_G이다. 이들의 관계는 다음과 같은 좌표변환에 의하여 알 수 있다.

중심을 통과하는 좌표축을 x', y'로 잡고 $y = y' + \bar{y}$, $x = x' + \bar{x}$ 의 관계를 적용하면

$$I_{xy} = \int_A xydA = \int_A (x' + \bar{x})(y' + \bar{y})dA$$

$$= \int_A x'y'dA + \bar{x}\int_A y'dA + \bar{y}\int_A x'dA + \bar{x}\bar{y}\int_A dA$$

$$= I_{x'y'} + \bar{x}\bar{y}A$$

$$I_x = \int_A y^2 dA = \int_A (y' + \bar{y})^2 dA$$

$$= \int_A y'^2 dA + 2\bar{y}\int_A y' dA + \bar{y}^2 \int_A dA$$

$$= I_{x'} + \bar{y}^2 \cdot A$$

위 식에서 x', y' 축에 관한 1차 모멘트는 모두 0으로 놓았는데 이것은 x', y' 축이 중심을 통과하는 축이기 때문이다.

표 2-2에서는 간단한 도형의 도심을 통과하는 축에 관한 관성 모멘트들이 주어져 있다. 그리고 위에서 언급된 식들은 일반적인 도형에 전압력이 작용점 위치를 찾는데 유용한 것이지만 흔히 규칙성이 있는 도형에 있어서는 면적요소의 중심점과 압력중심점이 일치하므로 이들 점들이 직선을 이루게 되면 전압력의 작용점 위치도 이 직선상에 있게 됨을 쉽게 알 수 있다.

✎ 예제 2.8

그림에서 평판의 한쪽 면에 작용하는 힘은 몇 $[kg_f]$인가 ?

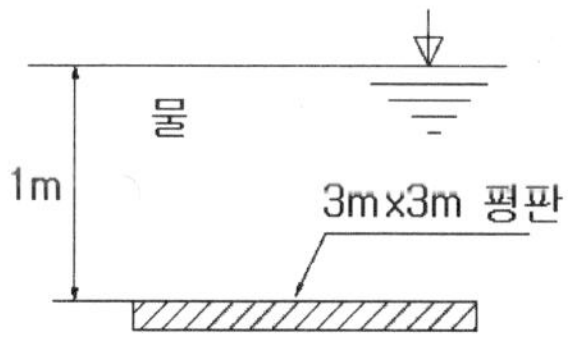

〈풀이〉

$$F = \gamma h A = 1000 \times 1 \times 9$$

$$= 9000\,[kg_f]x$$

표 2-2 관성 모멘트

	평 면 도 형	I_G
사각형	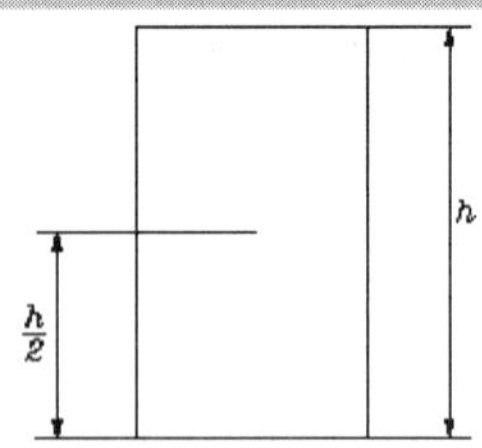	$\frac{1}{12}Ah^2 = \frac{1}{12}bh^3$
삼각형	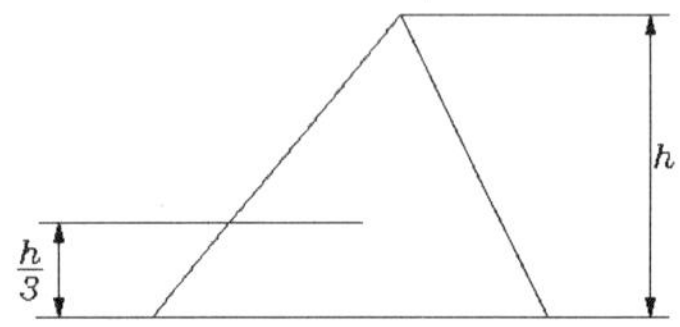	$\frac{1}{18}Ah^2 = \frac{1}{36}bh^3$
사분원	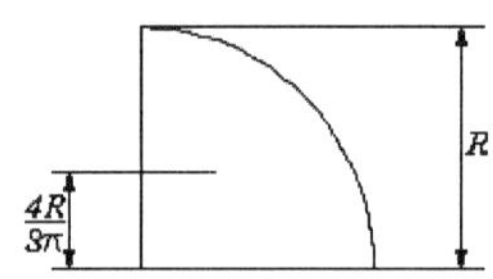	$(\frac{1}{4} - \frac{16}{9\pi^2})AR^2$
사분 타원	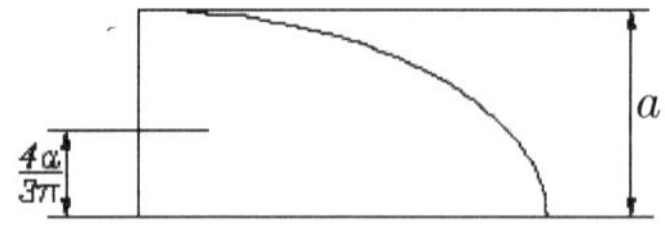	$(\frac{1}{4} - \frac{16}{9\pi^2})Aa^2$
원	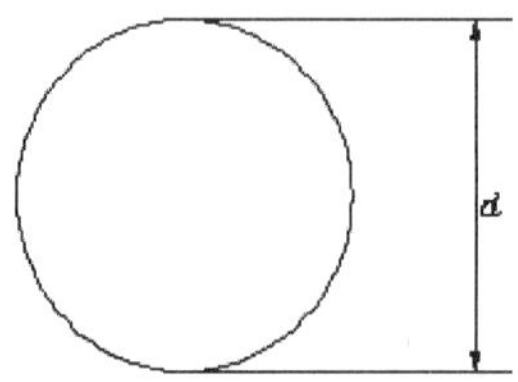	$\frac{1}{16}Ad^2 = \frac{1}{64}\pi d^4$
포물선	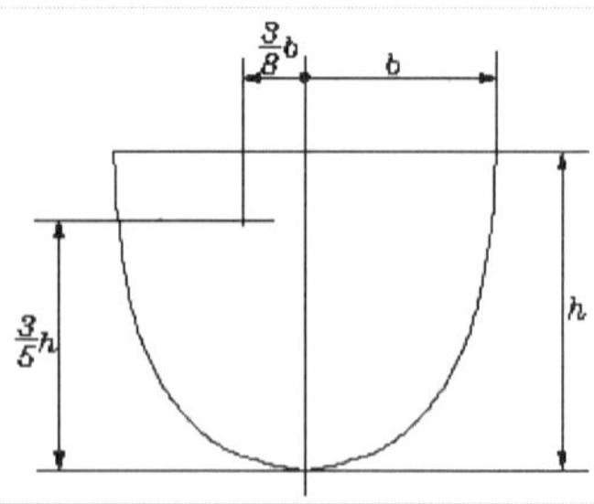	$(\frac{3}{7} - \frac{9}{25})Ah^2$

✎ 예제 2.9

그림에서 수직인 평판의 한쪽 면에 작용하는 힘과 작용점을 구하라.

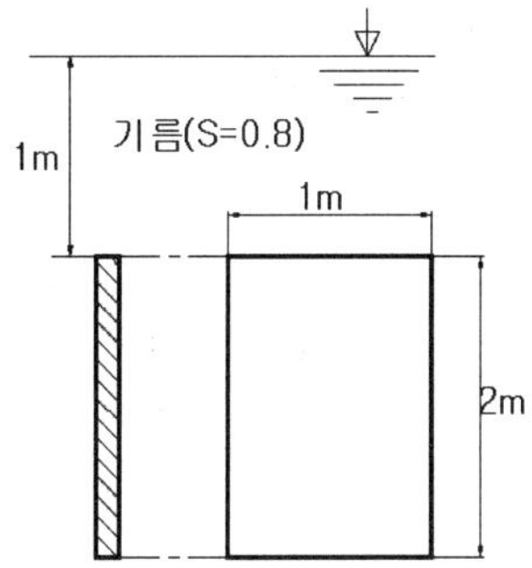

〈풀이〉

$$F = \gamma \bar{y} \sin\theta A = 9800 \times 0.8 \times 2 \times \sin 90$$

$$= 31360\,[N]$$

$$y_p = \frac{I_C}{yA} + \bar{y} = \frac{\frac{1 \times 2^3}{12}}{2 \times 2} + 2 = 2.167\,[m]$$

✎ 예제 2.10

그림과 같이 수직으로 놓인 수문이 O축 둘레로 회전하도록 되어 있다. 수문의 폭이 2[m]일 때 수문을 고정하기 위한 O축 둘레의 모멘트는 얼마인가 ?

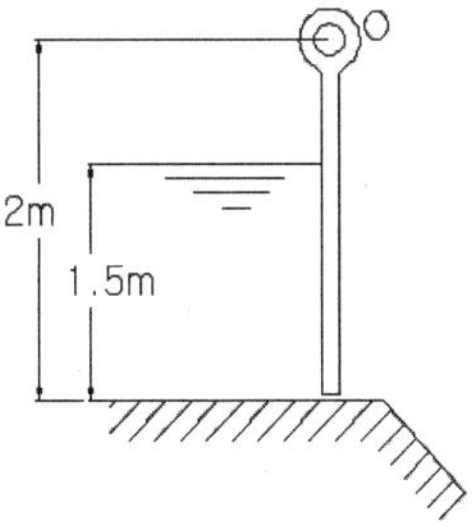

〈풀이〉

전압력의 크기 F는

$$F = 9.8 \times 10^3 \times 0.75 \times 1.5 \times 2 = 22050\,[N]$$

수면으로부터 작용점까지의 거리 h_p는

$$h_p = \bar{h} + \frac{I_G}{\bar{h}A} = 0.75 + \frac{2 \times 1.5^3}{12 \times 0.75 \times 1.5 \times 2}$$

$$= 0.75 + 0.25 = 1\,[m]$$

전압력에 의한 O축 주위의 모멘트 M은

$$M = 22050 \times (2 - 1.5 + 1) = 33075\,[N \cdot m]$$

2.6 유체 중에 잠겨 있는 곡면의 한 쪽에 미치는 전압력

유체에 접하고 있는 벽이 곡면일 때 여기에 작용하는 전압력으로 곡면의 한 쪽이 받는 힘은 수직성분과 수평성분으로 표시하는 것이 편리하나, 힘의 크기와 방향을 알면 직각 성분을 구할 수 있고 반대로 직각 성분을 알면 힘의 크기와 방향을 구할 수 있다.

그림 2-12에서

$$F_H = F\cos\theta$$

$$F_V = F\sin\theta$$

$$F = \sqrt{F_H^2 + F_V^2}$$

$$\theta = \tan^{-1}\frac{F_V}{F_H}$$

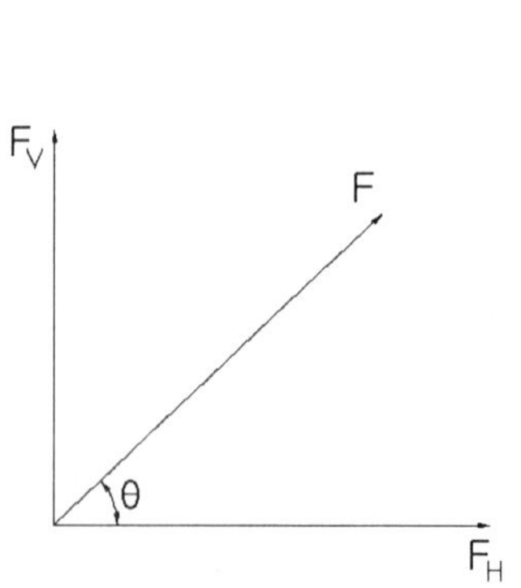

그림 2-12

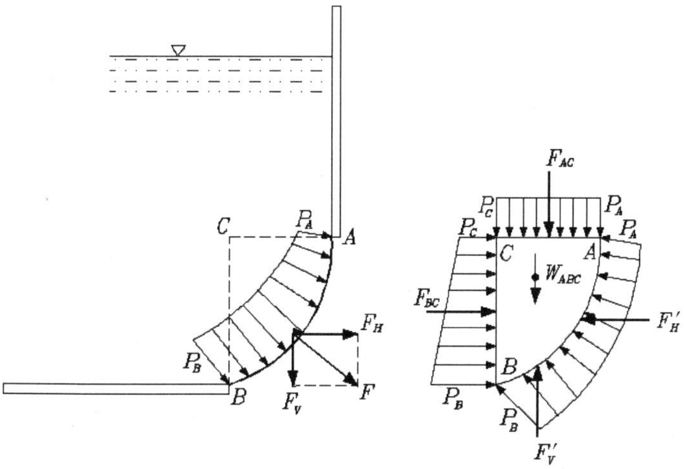

그림 2-13

곡면이 받는 전압력의 성분들은 그림 2-13과 같이 자유물체도의 평형조건을 적용하면 쉽게 구할 수 있다. 정적평형상태를 고려할 때는 유체가 외부로부터 받은 힘을 생각하므로 유체가 벽면에 미치는 힘은 그 반대 방향으로 작용되는 것이다.

$$F_H = -F_H' \qquad\qquad F_V = -F_V'$$

자유물체도에서

$$\Sigma F_x = F_{BC} + F_H' = 0 \qquad\qquad \therefore F_H = F_{BC}$$

$$\Sigma F_x = F_V' + F_{AC} + W_{ABC} = 0 \qquad\qquad \therefore F_V = F_{AC} + W_{ABC}$$

따라서 수평분력은 곡면의 수직투영 면적에 작용하는 전압력과 같고 수직분력은 곡면의 연직상방에 있는 유체 무게와 같다. 또한, 수평분력의 작용점은 앞에서 구한 평면에서의 작용점 위치와 같고 수직분력의 작용점은 유체 무게중심을 통과하는 수직선상에 있다.

✎ 예제 2.11

그림과 같은 수문 AB가 받는 수평성분 F_H와 수직성분 F_V는 각각 얼마인가 ?

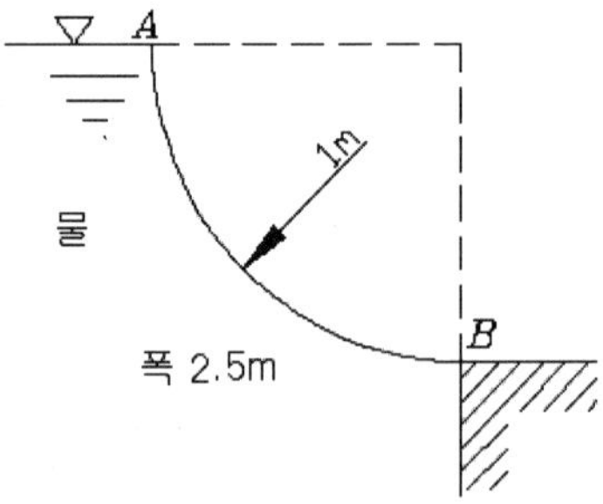

〈풀이〉

곡면 AB에 작용하는 수평성분 F_H는 곡면 AB의 투영면적에 작용하는 힘과 같다.

$$F_H = \gamma \bar{h} A = 9800 \times 0.5 \times (1 \times 2.5)$$
$$= 12250\,[N]$$

곡면 AB에 수직상방에 작용하는 힘 F_V는 AB 위에 가상의 물 무게에 해당된다.

$$F_V = \gamma V = 9800 \times (\frac{\pi \times 1^2}{4} \times 2.5)$$
$$= 19242\,[N]$$

✎ 예제 2.12

그림과 같은 사분 원통의 수문이 있다. 수문의 자중을 무시할 때 수문을 고정하기 위한 O축 주위의 모멘트는 얼마인가?

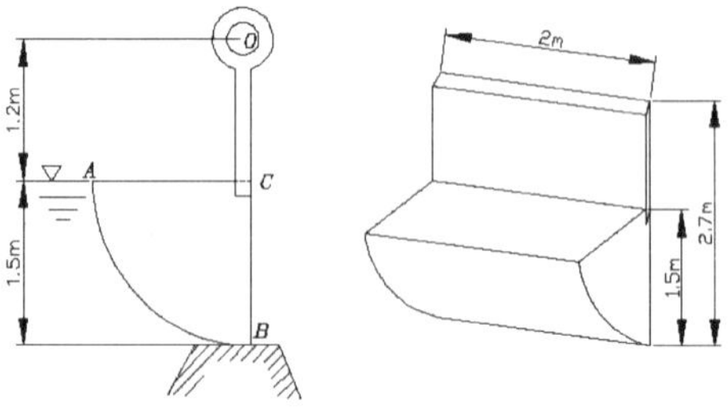

〈풀이〉

곡면 AB가 받는 전압력의 수평분력 F_H는 수직면 CB가 받는 전압력과 같으므로

$$F_H = F_{CB} = 9800 \times 0.75 \times 1.5 \times 2 = 22050\,[N]$$

곡면 AB가 받는 전압력의 수직분력 F_V는 곡면 AB의 연직상방에 있는 유체의 무게와 같으므로

$$F_V = 9800 \times \frac{1}{4}\pi \times 1.5^2 \times 2 = 34636\,[N]$$

수평분력 F_H의 작용점과 수면사이의 거리 y_p는

$$y_p = 0.75 + \frac{2 \times 1.5^3}{12 \times 0.75 \times 1.5 \times 2} = 1\,[m]$$

수직분력 F_V의 작용선은 곡면 AB 상방의 유체 무게중심을 통과할 것이므로 OB 직선과 작용선 사이의 거리 x_p는

$$x_p = \frac{4}{\pi r^2}\int_0^r x\sqrt{r^2 - x^2}\,dx = \frac{4}{\pi r^2}\int_0^{\frac{\pi}{2}} r^3 \cos^2\theta \sin\theta\, d\theta$$

$$= \frac{4}{\pi r^2}\left[-\frac{1}{3}r^3\cos^3\theta\right]_0^{\frac{\pi}{2}} = \frac{4r}{3\pi} = \frac{4 \times 1.5}{3 \times \pi} = 0.636\,[m]$$

수평과 수직분력의 O축 둘레의 모멘트 M은

$$M = F_H(y_p + 1.2) - F_V \times x_p$$

$$= 22050 \times (1 + 1.2) - 34636 \times 0.636$$

$$= 26481.5\,[N]$$

2.7 부력 (Buoyant force)

물체가 정지유체 중에 부분적으로 또는 완전히 잠겨 있을 때는 유체에 접촉하고 있는 모든 부분은 유체의 압력을 받고 있다. 이 압력은 깊이 잠겨 있는 부분일수록 크고, 유체 압력에 의한 힘의 합은 항상 수직 상방으로 작용한다. 이 힘을 부력이라 부르고, 부력은 물체의 배제된 체적의 중심을 지난다. 이것은 잠긴 물체나 떠 있는 물체에 모두 적

용된다. 배제된 유체 중심을 부심(center of buoyancy)이라고 부른다.

그림 2-14에서와 같이 곡면에 작용하는 수직력과 힘의 평평조건에서 부력의 크기는 물체가 배제한 유체중량과 같고 방향은 부심, 즉 배제된 유체 중심(重心)을 통과하는 연직 방향이다. 특히 떠 있는 물체가 받는 부력은 물체 무게와 크기가 같다.

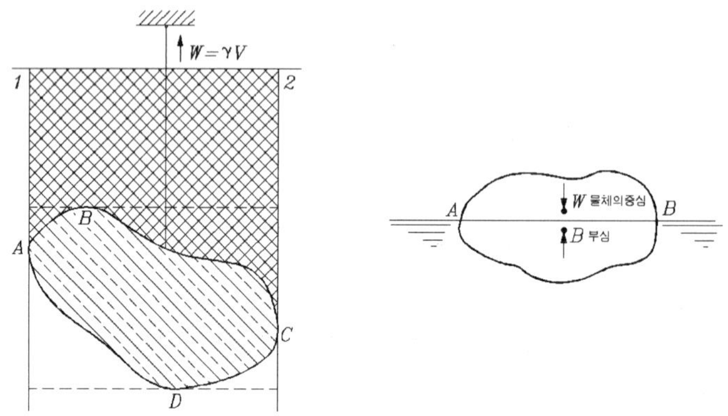

그림 2-14

✎ 예제 2.13

공기 중에서 1000[N]인 돌이 물에 잠겨 있다. 물에서의 무게가 500[N]이면 이 돌의 체적과 비중은 얼마인가?

〈풀이〉

공기의 자중을 무시하고, 물속에서의 돌을 자유물체도로 생각하면 부력의 크기는

$$\Sigma F_y = 1000 - 500 - F_B = 0 \text{ 에서 } \quad F_B = 500\,[N]$$

부력은 돌이 배제한 물의 무게와 같으므로 돌의 체적을 V라 하면

$$9800 \times V = 500 \text{ 에서 } \quad V = 0.51\,[m^3]$$

돌의 비중은 같은 체적의 물 무게에 대한 돌 무게의 비이므로

$$S = \frac{1000}{500} = 2$$

2.8 부양체의 안전성

잠겨 있거나 떠 있는 물체의 안정성은 부심과 물체 무게심의 상대적 위치에 좌우된다. 그림 2-15에서와 같이 공기 중의 기구나 바닷물 속의 잠수함처럼 유체 중에 잠겨 있는 경우는 부심이 무게심보다 위에 위치함으로써 안정하며 유체 상에 떠 있는 선박의 경우는 비록 부심이 무게심보다 아래에 위치하더라도 경사진 쪽으로 부심이 이동 하여 안정될 수 있다. 그림 2-17에서 선박이 기울지 않았을 때의 중량의 작용선, 즉 중립축과 선박이 기울어졌을 때의 부력의 작용선과의 교점을 메타센타(metercenter)라 한다.

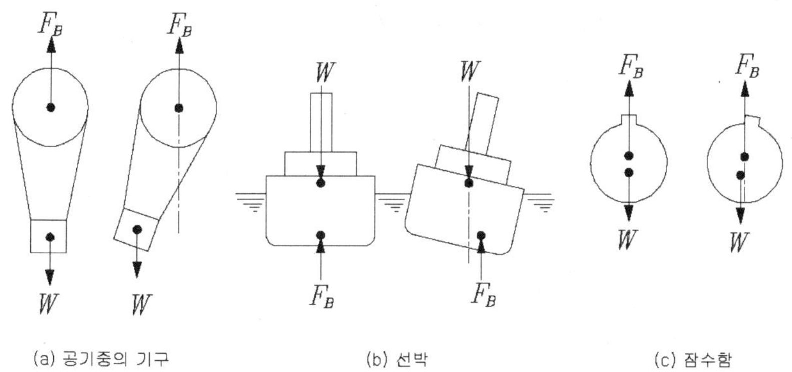

그림 2-15

그림 2-16은 메타센타와 중심의 위치에 따른 선박의 안정성을 나타낸 것이다. 즉, 유체상에 떠 있는 경우는 메타센타가 중심(重心)보다 위에 있으면 안정하다.

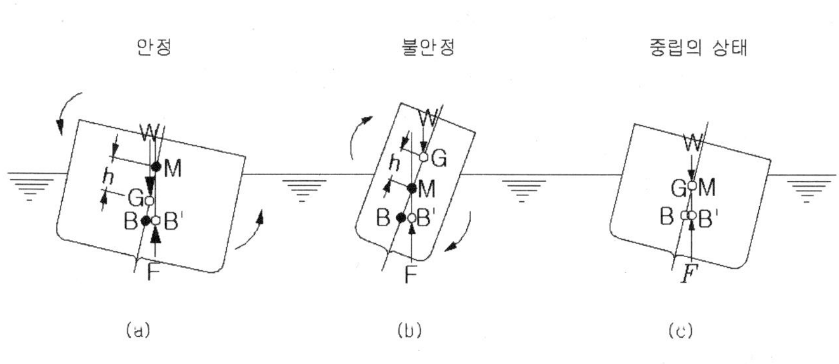

그림 2-16 메타센타의 중심

重心에서 메타센타까지의 거리 h를 메타센타의 높이라 부르는데, 각 θ만큼 경사진 그림 2-17의 선박에 대하여 거리 h를 구하면, θ의 경사로 인하여 배수용적의 변화는 쐐기모양(wedge)의 체적 AOA'가 BOB'로 옮겨진 것으로 볼 수 있다. 쐐기모양의 유체에 관한 $\overline{OO}$축 둘레의 모멘트는

$$\gamma\theta\int_{-\frac{l}{2}}^{\frac{l}{2}} - Lx^2dx = \gamma\theta I_o$$

이며 I_o는 부양면의 길이방향 대칭축에 대한 단면 2차 모멘트이다. 선박이 기울지 않았을 때 부력의 작용선은 중심을 통과할 것이고 이 때의 작용선은 중심축과 일치한다. 선박의 경사로 인하여 부심이 C에서 C'로 이동되었다면 부력(F)과 이동거리(CC')의 곱으로 구한 모멘트는 앞에서 구한 쐐기모양에 의한 모멘트와 같다.

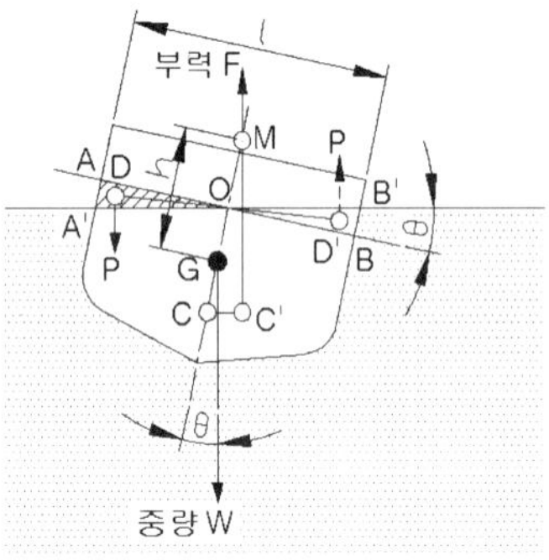

그림 2-17 메타센타의 위치

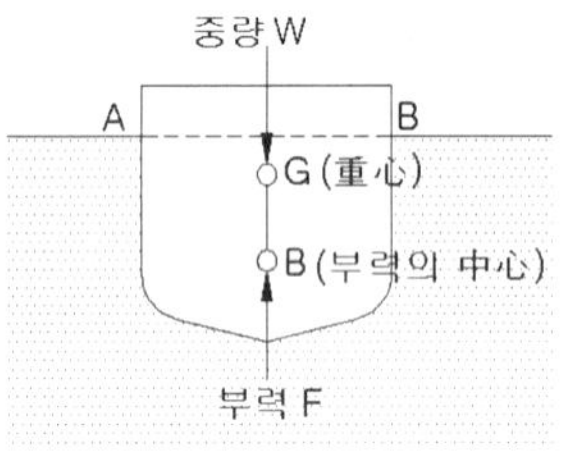

그림 2-18
선박의 重心과 부심

즉, $\overline{CC'} \times F = \gamma\theta I_o$, $F = \gamma V$, $\overline{CG} = a$로 놓으면

$$(h+a)\theta \cdot \gamma V = \gamma\theta I_o$$

$$\therefore h = \frac{I_o}{V} - a \qquad (2-6)$$

✎ 예제 2.14

그림에서 배수중량(displaced weight)이 1000[ton]이고 부양면이 그림과 같은 배가 있다. 배의 부

심은 수면으로부터 2.5[m] 아래에 있고 중심은 수면으로부터 80[cm] 아래에 있다. 메타센타의 높이는 얼마인가?

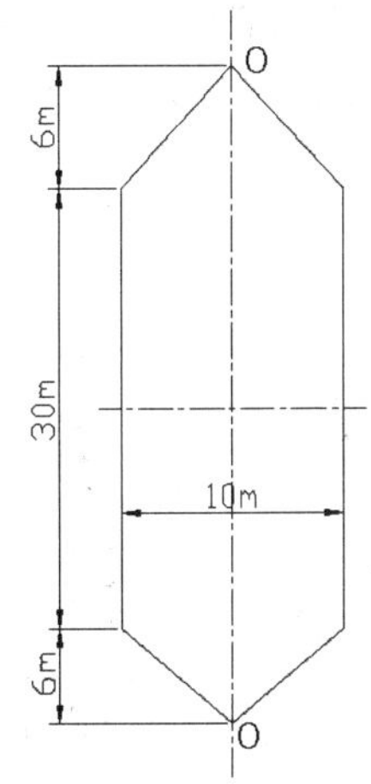

〈풀이〉

$$h = \frac{I_o}{V} = -a \text{ 에서}$$

$$a = 2.5\,[m],\ V = 1000\,[m^3] \text{ 이므로}$$

$$I_o = \frac{1}{12} \times 30 \times 10^3 + 4 \times \frac{1}{12} \times 6 \times 5^3$$

$$= 2750\,[m^4]$$

$$h = \frac{2750}{1000} - 1.7 = 1.05\,[m]$$

2.9 등가속도 운동을 하는 유체

용기와 함께 등가속도로 직선운동을 하거나 등속원운동을 하고 있는 유체는 모두 등가속도 운동을 하고 있는 경우로써 유체층 사이에 또는 유체와 경계면 사이에 상대운동이 없으므로 유체 정역학의 원리가 적용된다. 상대운동이 없다면 점성과 마찰은 고려되지 않으며 이런 운동을 하고 있는 유체를 상대적 평형(rclativc equilibrium)상태에 있다고 한다.

2.8.1 수평 등가속도를 받는 유체

그림 2-19와 같이 위쪽이 개방된 용기에 담겨진 액체가 용기와 함께 수평가속도 a_x로 움직이고 있다면 액체의 표면은 수평면과 각 θ만큼 경사를 이룬 상태에서 평평을 이루게 된다. 그림의 체적 요소에 뉴턴의 운동방정식을 적용시키면

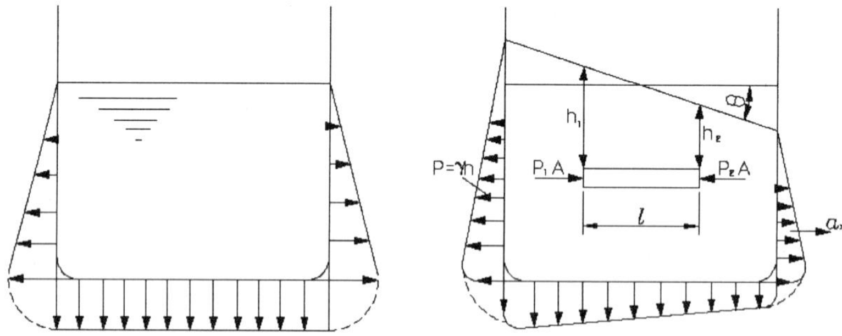

(a) 운동이 없을 때 (b) 수평운동을 할 때

그림 2-19

$$P_1A - P_2A = \rho l A a_x$$

위 식을 정리하면 $\dfrac{P_1 - P_2}{\gamma l} = \dfrac{h_1 - h_2}{l} = \dfrac{a_x}{g}$ 가 된다.

이 식은 자유표면의 경사도를 나타내므로 $\tan\theta = \dfrac{a_x}{g}$ 이다.

따라서 가속도의 크기 a_x를 알면 자유표면의 경사도를 알 수 있고 반대로 경사도를 측정한다면 수평 등가속도를 알 수 있게 된다. 이 원리를 이용하여 가속도계를 만들 수 있으며 위쪽이 개방되지 않는 밀폐된 용기에 대하여도 압력의 변화는 위와 같은 원리가 적용된다.

2.8.2 연직방향으로 등가속도를 받는 유체

연직운동을 하는 유체의 자유표면이나 등압면은 정지하고 있을 때와 같으나 압력의 크기는 그림과 같이 변화한다.

그림 2-20의 작은 체적요소에 대한 자유체의 운동방정식은

$$P_2A - P_1A - \gamma hA = \rho hAay$$

$$P_2 - P_1 = \gamma h\left(1 + \frac{ay}{g}\right) \tag{2-7}$$

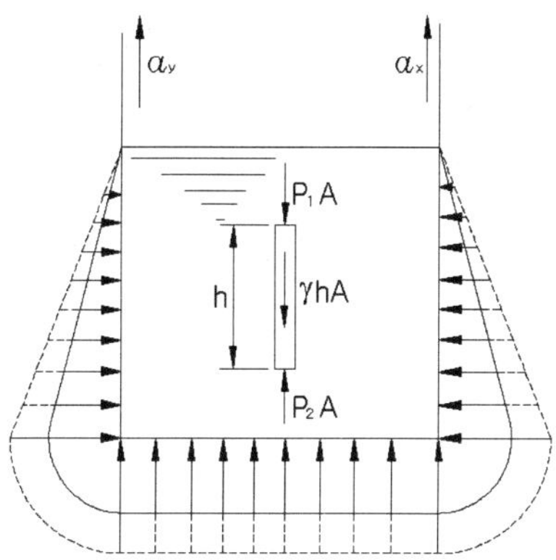

그림 2-20

따라서 수직방향 압력변화는 중력에 의한 압력과 가속도운동에 의한 압력이 합쳐진 것만큼 변화한다. 만일 용기가 자유낙하를 하고 있다면 $a_y = -g$가 되며 방정식 (2-7)에서 $P_1 = P_2$가 된다. 즉, 자유낙하를 하고 있는 유체 내부에서는 압력의 변화가 없게 된다.

✎ 예제 2.15

그림과 같이 30° 기울어진 면을 따라 위쪽이 개방된 물통이 움직이고 있다. 수면이 경사진 면과 평행하게 유지되고 있다면 물통의 가속도 a는 얼마인가?

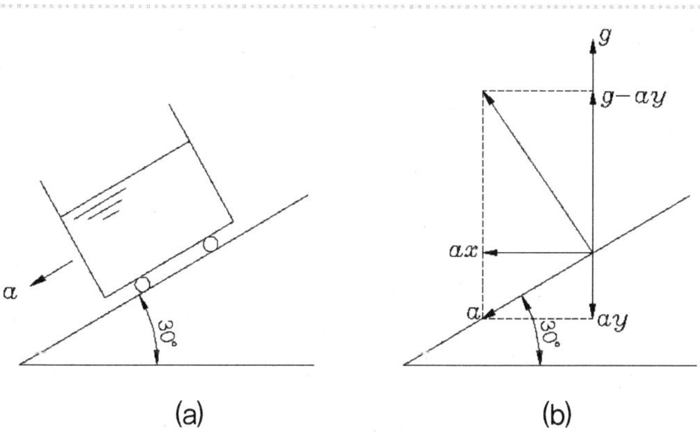

〈풀이〉

가속도 a와 중력가속도 g의 합성가속도는 수면에 수직이다. 가속도 a의 수평, 수직방향 가속도성분을 a_x, a_y라고 하면 그림 (b)에서 합성가속도의

수평성분은 $a_x = a\cos 30$

수직성분은 $g - a_y = g - a\sin 30$

$$\frac{a_x}{g-a_y} = \frac{\frac{\sqrt{3}}{2}a}{g-\frac{a}{2}} = tan30 = \frac{1}{\sqrt{3}}$$

$$\therefore a = \frac{g}{2}$$

2.8.3 등속원운동을 받고 있는 유체

그림 2−21에서와 같이 등속원운동을 하는 물체는 속도의 크기는 일정하지만 방향이 변화하므로 접속가속도는 없어도 법선가속도는 $r\omega^2$으로 일정한 값을 갖는다.

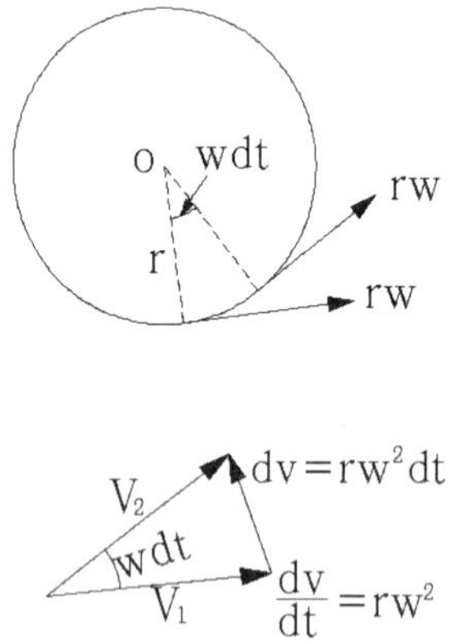

그림 2-21

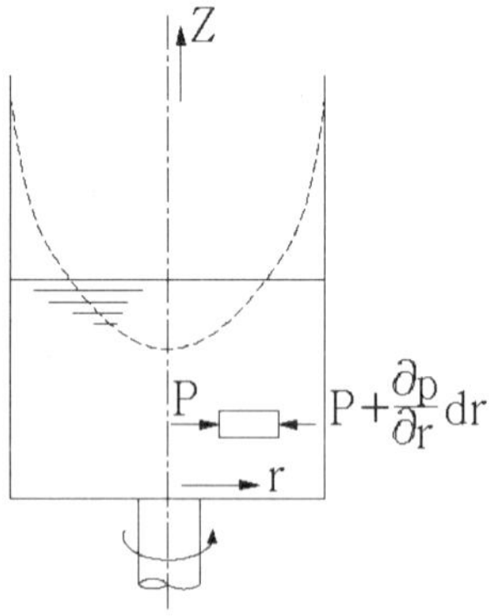

그림 2-22

그림 2−22의 연직회전축에 대한 유체의 법선가속도는 구심가속도($-r\omega^2$)로서 미소체적요소에 대한 운동방정식을 생각하면 수평방향으로는

$$PA - \left(P + \frac{\partial p}{\partial r} dr\right) A = \rho A dr\,(-rw^2)$$

$$\frac{\partial p}{\partial r} = \rho r w^2 \tag{2-8}$$

수직방향으로는

$$\frac{\partial p}{\partial z} = -\rho g \tag{2-9}$$

를 얻는다. 따라서 수평방향의 압력변화는 회전축으로부터의 거리 r의 제곱에 비례하고 수직방향의 압력변화는 자유표면으로부터의 깊이에 비례함을 알 수 있다. 그리고 등압면을 구하기 위하여 압력변화를 전미분으로 표시하면

$$dp = \frac{\partial p}{\partial r} dr + \frac{\partial p}{\partial z} dz \tag{2-10}$$

에서 등압면에서는 압력변화가 없으므로 $dp = 0$이고 식 (2−8), 식 (2−9)를 위 식에 대입하여 정리하면

$$\rho r w^2 dr - \rho g dz = 0$$

$$\frac{dz}{dr} = \frac{rw^2}{g} \tag{2-11}$$

를 얻는다. 이 식을 r에 관하여 적분하고 초기조건으로 $r = 0$일 때, $z = z_0$를 대입하여 적분상수를 구하면

$$z = \frac{r^2 w^2}{2g} + z_0 \tag{2-12}$$

가 된다. 따라서 자유표면은 물론 액체 내의 등압면은 회전 포물면임을 알 수 있다.

✎ 예제 2.16

그림과 같이 액체가 담긴 원통이 있다. 중심축을 회전축으로 하여 원통을 일정각속도로 회전시킬 때 유체가 넘치지 않을 최대각속도는 얼마인가?

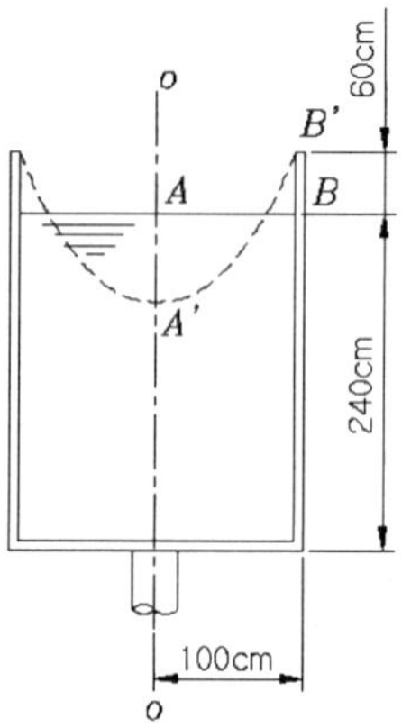

〈풀이〉

회전운동으로 인한 회전포물면의 높이변화는 $AA' = BB'$ 이므로 중심점과 반지름 100cm인 곳의 수면의 차는 1.2 m이다.

$$1.2 = \frac{w^2 \times 1^2}{2 \times 9.8}$$

$$\therefore w = \sqrt{2 \times 9.8 \times 1.2}$$

$$= 4.85\,[rad/s]$$

2장 연습문제

1\. 1 $[Kpa]$을 다음 단위로 환산하시오.

① $mmHg$(s=13.6) ② kg_f/cm^2 ③ mAq ④ bar

2\. 어떤 액체의 자유표면으로부터 30$[m]$ 깊이에서의 압력이 4$[bar]$이면 액체의 비중량은 몇 $[N/m^3]$ 인가?

3\. 대기압 730$[mmHg]$인 곳에서 진공압력계의 눈금이 200$[mmHg]$는 절대압력으로 몇 $[N/cm^2]$ 인가?

4\. 위쪽이 개방된 탱크에 비중 0.8인 유체가 담겨 있다. 유체의 표면으로부터 3 $[m]$ 아래인 점에서의 압력은 몇 $[N/m^2]$인가?

5\. 바닷물 깊이 $8000[m]$에서 물의 압력은 몇 $[kg_f/cm^2]$인가?
단, 바닷물의 비중은 1.03이다.

6\. 물 속 $15[m]$인 곳에 들어간 사람이 숨을 내쉬려면 그 압력은 얼마 이상이어야 되는가 ? 단, 대기의 입력은 약 $10000[kg_f/m^2]$이다.

7\. 펌프에 의하여 흡입되는 물의 압력이 진공계로 $60[mmHg]$이다. 절대압력은 몇 $[kg_f/cm^2]$인가 ? 단, 대기압은 $760[mmHg]$이다.

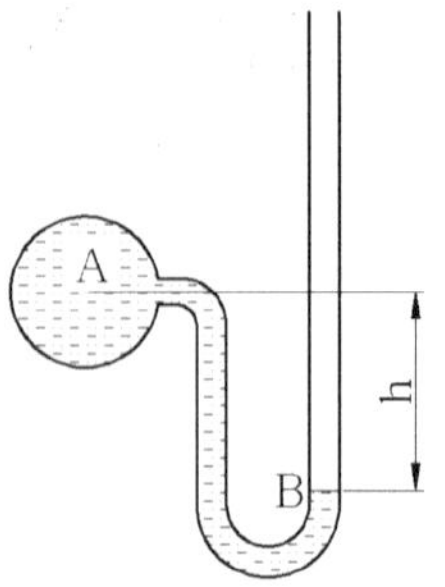

문제 8

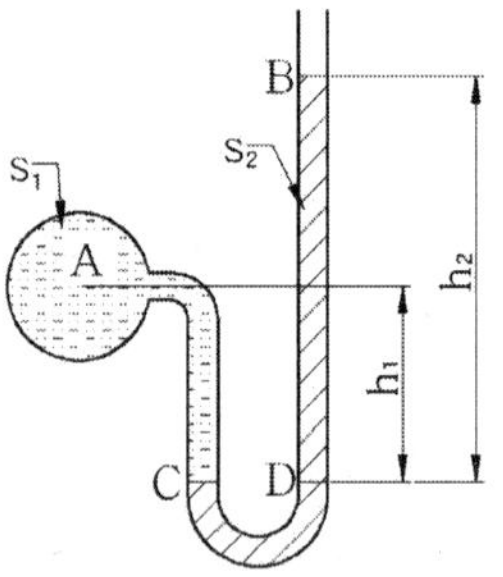

문제 9

8. 그림에서 비중이 0.78인 기름이 있다. $h = 150[mm]$일 때 A점의 압력은?

9. 그림에서 $s_1 = 0.8$, $s_2 = 2.0$, $h_2 = 450[mm]$, $h_1 = 280[mm]$일 때 A점의 압력은?

10. 한 변의 길이가 $1[m]$인 나무토막 위에 $200[kg_f]$의 추를 올려 놓고 물에 띄웠다. 나무의 비중을 0.7이라 할 때, 물속에 잠긴 부분의 부피는 몇 $[m^3]$인가 ?

11. 비중이 1.05인 바닷물에 전체 부피의 12[%]가 밖에 나타나서 떠 있는 빙산이 있다. 이 빙산의 비중은 얼마인가?

12. 반지름이 $60[cm]$인 원통 속에 물을 담아 70[rpm]으로 회전시킬 때 수면의 상승 높이는?

13. 그림과 같이 수면이 5[m]인 곳에 $45°$로 기울어지게 설치된 지금 5[m]인 원형 수문이 있다. 수문의 자중을 무시할 때 수문이 받는 전압력과 압력중심을 구하라.

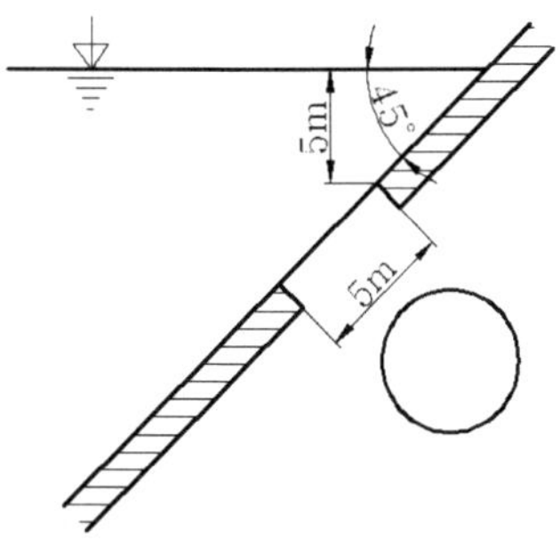

문제 13

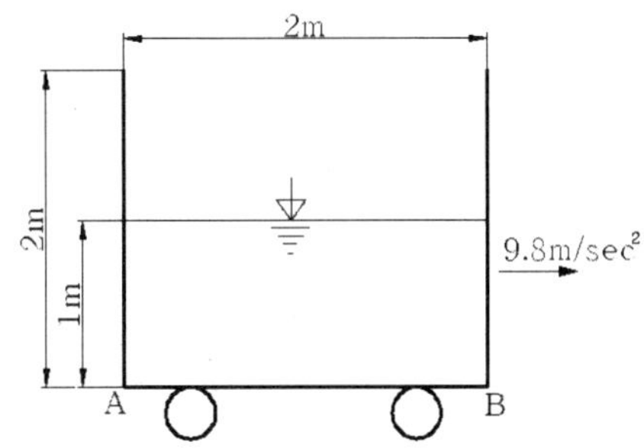

문제 14

14. $2[m] \times 2[m] \times 2[m]$인 정육면체의 탱크에 비중량이 $\gamma[kg_f/m^3]$인 액체를 반 정도 채우고 수평 등가속도 $9.8[m/\sec^2]$으로 운동시킬 때, 밑면 모퉁이 A점의 압력은 몇 $[kg_f/m^2]$인가?

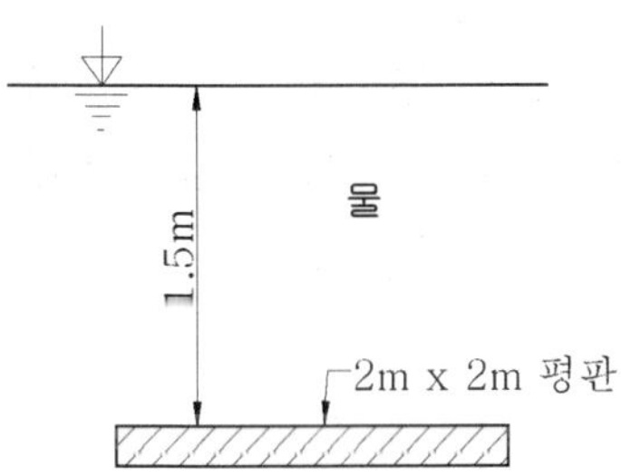

문제 15

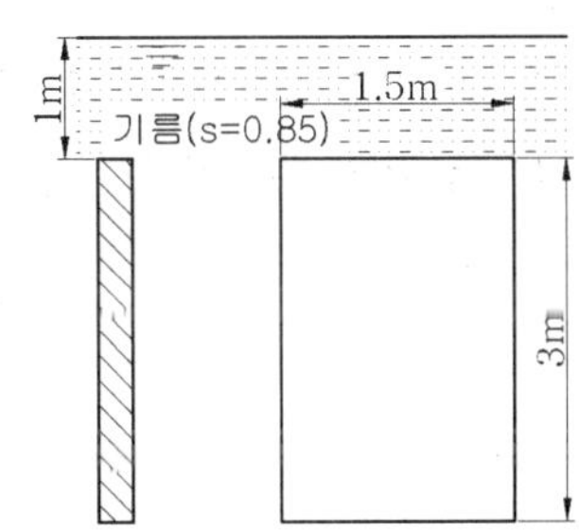

문제 16

15. 그림에서 평판의 한 쪽 면에 작용하는 힘은 몇 $[kg_f]$인가?

16. 그림에서 수직인 평판의 한 쪽 면에 작용하는 힘과 작용점을 구하라.

17. 단면적이 $50[cm^2]$인 원통형의 물체를 물 위에 놓았더니 그림과 같이 떠 있었다. 물체의 무게를 구하라.

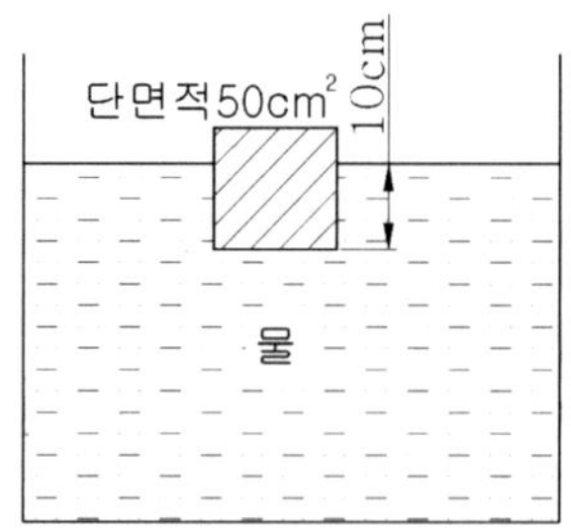

문제 17

18. 어떤 물체가 대기중에서의 무게가 $60[N]$이고, 물 속에서의 무게는 $45[N]$이었다. 이 물체의 체적과 비중량은 얼마인가?

19. 물을 담은 그릇을 수평방향으로 $7[m/\sec^2]$으로 운동시킬 때 그릇 속의 물은 수평에 대하여 얼마의 각도로 기울어지겠는가?

20. 바다에 떠 있는 빙산이 해상에 나타난 부분의 부피를 $20000[m^2]$이라 하면 빙산의 전 부피는 얼마인가? 단, 바닷물의 비중은 1.03, 얼음의 비중은 0.92이다.

Chapter. 3

흐름의 기초방정식

* 비점성, 비압축성 유체를 이상유체라 한다. 유체 흐름에 관한 역학석 해석이 어려운 것은 점성과 압축성 효과 때문이라 할 수 있으므로 초보자에게는 이들 효과를 무시한 이상유체에 관한 이론을 먼저 전개하게 된다.
* 이 장에서는 이상유체에 관한 기초방정식으로 연속방정식, 오일러방정식, 베르누이 방정식 등을 다루었다. 이들 방정식은 벡터식으로, 그리고 2차원, 3차원 흐름에까지 확장하여 이론을 전개할 수 있으나 여기에서는 주로 1차원 흐름에 대하여 스칼라식으로 표현하였다. 베르누이 방정식은 이상유체에 관하여 유도된 것이지만 초급 유체역학 분야에서는 가장 많이 이용하는 식 중의 하나이며 식 자체가 간단명료하므로 실제의 점성 유체에까지 적용범위를 확장하여 사용하므로, 이 식에 관한 여러 가지 응용문제를 많이 다루어야 충분한 기초가 확립될 수 있다.

3.1 정상류와 비정상류

유체흐름의 형태는 경우에 따라 여러 가지 방법으로 구분된다. 예를 들면 정상류와 비정상류, 1차원, 2차원, 혹은 3차원 흐름, 등류와 비등류, 층류와 난류, 압축성 유체와 비압축성 유체의 흐름, 아음속과 초음속 흐름 또 개수로 흐름에서는 아임계, 임계, 초임계 흐름으로 구분하기도 한다.

이러한 여러 가지 흐름의 구분은 필요에 따라 유용한 방법을 택하여 적용한다. 여기서는 우선 정상류와 비정상류의 구분을 명확히 하고 기초방정식을 생각하고자 한다.

유체흐름의 공간상에서 어느 한 위치에 주목하여 그 위치에서 유체흐름의 성질이 시간의 경과에 따라 변하지 않으면 정상류라 하고 어느 한가지의 성질이라도 변하게 되면 비정상류라 한다.

유체흐름의 성질로는 밀도, 압력, 온도, 속도 등이 있는데 정상류 조건을 식으로 나타내면,

$$\frac{\partial \rho}{\partial t}=0, \quad \frac{\partial p}{\partial t}=0, \quad \frac{\partial T}{\partial t}=0, \quad \frac{\partial v}{\partial t}=0$$

이다.

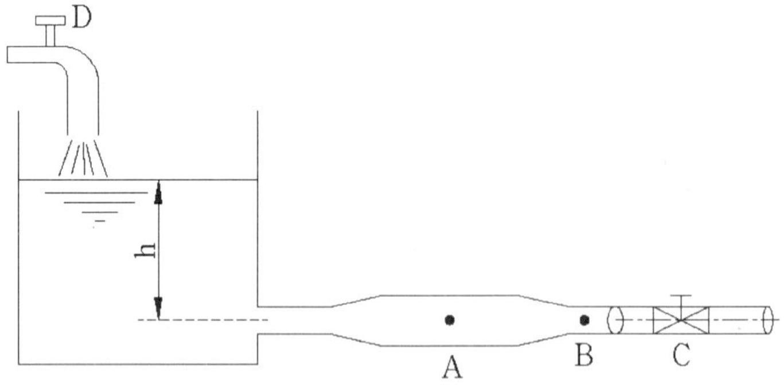

그림 3-1

그림 3-1을 참고로 속도의 시간에 대한 변화를 생각하면, 밸브 C를 개폐하는 동안 A, B 각 위치에서의 유속은 시간에 따라 변하므로 비정상류이고 밸브 개도(開度)를 일정하게 유지하더라도 D에서 물이 공급되어 일정 수위를 유지하지 않는다면, A, B의 각 위치에서 유속은 시간에 따라 일정하지 않으므로 비정상류이다.

실제의 문제에 있어서는 탱크의 단면적이 출구 단면적에 비하여 아주 크거나 저수지인 경우에는 수면의 높이 h의 변화를 무시하고 정상류로 취급한다.

정상류에 비하여 비정상류의 해석은 훨씬 까다로우므로 특별히 전문적인 연구를 하지 않는 한 비정상류를 취급하지 않으며 본서에서도 정상류에 관한 문제만 다루었다.

3.2 유선과 유관

유체흐름에 관한 연구를 수학적으로 다루기 위해서는 유선이라는 가상 곡선에 대한 정의가 필요하다. 즉 유체흐름의 공간에서 어느 순간에 각 점에서의 속도방향과 접선방향이 일치하는 연속적인 가상 곡선을 **유선**(streamline)이라 한다.

정상류일 때 유선은 시간에 관계없이 공간에 고정되며 유적선(path line) 즉 하나의 유체입자가 지나간 자취와 일치한다.

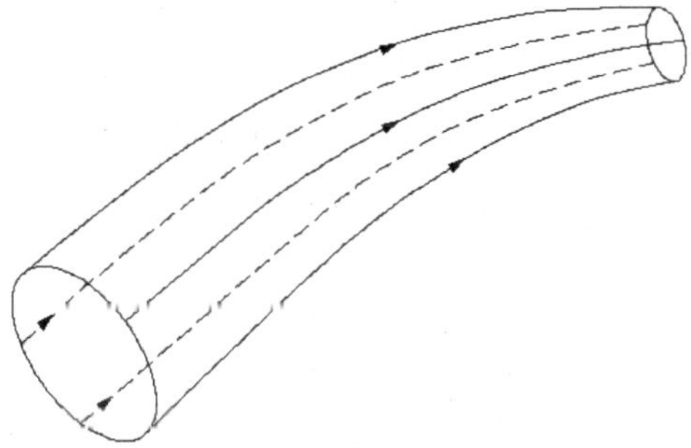

그림 3-2 유선

정의에 따라 유선방정식은

$$V \times dI = 0$$

이고 여기서 dI는 유선방향의 미소 변위벡터이다. 속도벡터와 변위벡터의 직교좌표에 의한 성분표시는

$$(V_x i + V_y j + V_z k) \times (dx\, i + dy\, j + dz\ k) = 0$$

이므로 다음 식과 같이 간단히 정리된다.

$$\frac{dx}{Vx} = \frac{dy}{Vy} = \frac{dz}{Vz}$$

정상류에서 폐곡선을 통과하는 몇 개의 유선을 그리면 속도는 항상 경계(境界)에 대하여 접선방향이므로 유선들은 유체입자들이 지나갈 수 없는 경계면을 형성한다.

이와 같이 폐곡선을 통과한 유선들에 의해 형성된 공간을 유관(stream tube)이라 부른다. 그리고 유관은 흐르는 유체 중에서의 가상적인 관이지만 유관 개념을 이용하면 유체 중의 자유물체도를 생각하는데 편리하다. 예를 들면 미소 단면적의 유관은 실질적으로 하나의 유선과 같으며 하나의 유선은 작은 유관으로 생각할 수 있다.

3.3 1차원, 2차원, 3차원 유동

유선은 수학적인 선이고, 명백히 단지 한 차원만을 갖는다. 그러므로 각각의 유선을 따르는 유동은 **1차원**(one dimensional)이라고 한다. 이와 같은 유동에서는 유선을 횡단하는 방향으로는 차원들을 규정할 수 없기 때문에 유선을 따르는 것을 제외하고는 압력, 속도 등의 변화가 있을 수 없다. 2차원, 3차원 유동이라 하더라도 여러 유선들을 하나의 유선으로 대표해서 나타낼 수 있을 때에는 1차원 흐름으로 취급하게 된다.

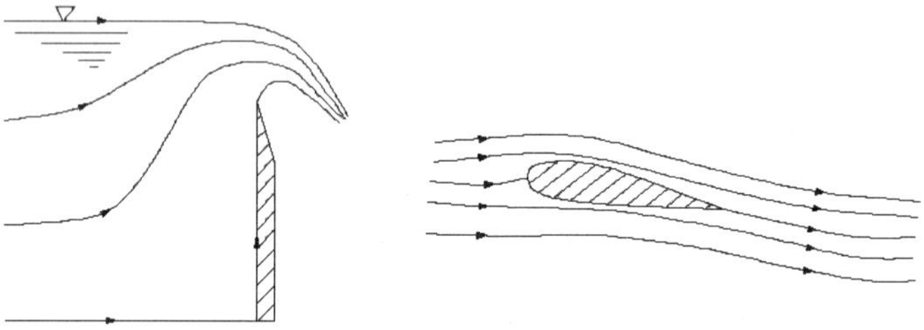

그림 3-3

유선상의 각 점에 대하여 유선에 수직인 평면에서, 서로 직각인 두 방향 중 어느 한 방향으로는 유체 변수가 변하면 2차원 흐름이고 두 방향 각각의 방향으로도 유체변수가 변하면 3차원 흐름이다.

그림 3-3은 2차원 유동의 예로서 하나의 유선은 유선을 품고 지면에 수직인 곡면을 대표한다. 즉 지면에 직각인 방향으로의 변수 변화는 무시되고 지면상에서 유선에 직각인 방향으로는 변화가 있음을 보여준다.

그림 3-4는 축대칭 3차원 유동을 나타낸 것으로서 유선들은 실제로 유동면이고 유관들은 환상(環狀)의 단면을 갖는다. 유선방향은 물론 공간적으로 흐름의 조건이 변화함을 보여 주고 있다.

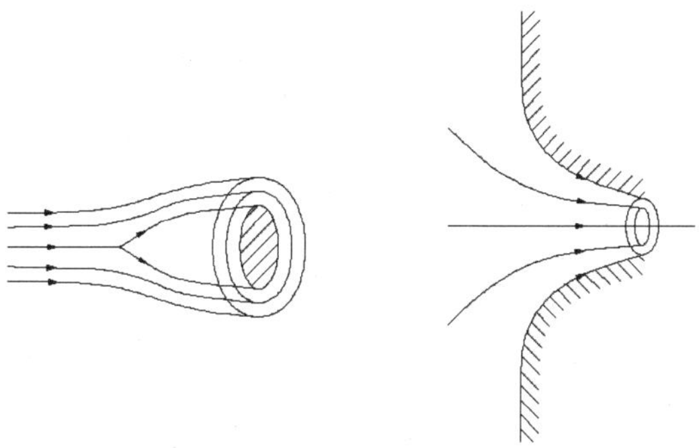

그림 3-4

3.4 연속방정식 - 1차원유동

질량보존의 원리("물질은 생성되지도 소멸되지도 않는다.")를 유관속의 정상유동에 적용하면 **연속방정식**(equation of continuity)이 얻어지고 이것은 유관의 단면에서 단면으로의 유동의 연속임을 표시한다.

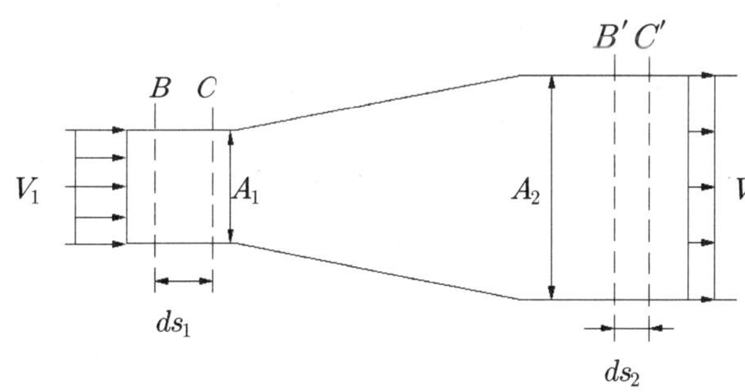

그림 3-5

그림 3-5에서 유관의 요소가 압축성 유체의 정상유동이 통과한다고 생각한다. 단면 1에서 단면적과 유체의 평균밀도가 각각 A_1, ρ_1이고 단면 2에서는 A_2, ρ_2이다. 만약 위치 BB'내에 위치한 유체질량이 시간 dt 사이에 위치 CC'로 움직였다면 질량보존의 원리를 적용하여 다음과 같다.

$$\rho_1 A_1 ds_1 = \rho_2 A_2 ds_2$$

이것을 dt로 나누면

$$\rho_1 A_1 \frac{ds_1}{dt} = \rho_2 A_2 \frac{ds_2}{dt}$$

그러나 $\frac{ds_1}{dt}$과 $\frac{ds_2}{dt}$는 각각 단면 1, 2를 지나는 평균속도로 인정된다. 그러므로 연속방정식은 다음과 같이 표시할 수 있다.

$$\rho_1 A_1 V_1 = \rho_2 A_2 V_2 \tag{3-1}$$

위 식은 정상유동에서는 유관의 모든 단면을 지나는 질량유량 $\rho A V$가 일정하다는 것을 나타낸다. 또한 이 식은 다음과 같은 방정식으로 쓸 수 있다.

$$\rho A V = \text{constant}$$

$$d(\rho A V) = 0$$

$$\frac{dA}{A} + \frac{d\rho}{\rho} + \frac{dV}{V} = 0$$

위 식에 중력가속도 g를 곱하면

$$G = A_1 \gamma_1 V_1 = A_2 \gamma_2 V_2$$

가 되고, 여기서 G는 시간당 무게의 차원이며, 이것을 **중량유량**(weight flow rate)이라 한다. 또한, 이것은 비중량 γ가 압력과 온도의 변화에 따라서 유관의 단면을 통과하여 변화하는 기체의 유량을 표시하는 간단한 방법이다.

비중량의 변화를 무시할 수 있는 액체와 기체유동에 대한 연속방정식은 다음과 같다.

$$Q = A_1 V_1 = A_2 V_2 \tag{3-2}$$

그러므로 일정한 일도의 유체에 대하여는 유관의 단면을 통과하는 속도와 단면적의 곱은 일정하다는 것을 알 수 있다. 이 양을 **유량** 또는 **체적유량**(volume flow rate)이라 하고 m^3/sec의 차원을 갖는다.

✎ 예제 3.1

유량 $2[KN/s]$의 물이 그림과 같은 관로를 유동한다. 유량을 m^3/s의 단위로 환산하고, 200 $[mm]$관과 $100[mm]$관에서의 평균속도를 구하시오.

〈풀이〉

$$Q = \frac{2 \times 10^3}{9.8 \times 10^3} = 0.204\,[m^3/s]$$

$$V_1 = \frac{0.204}{\frac{\pi}{4} \times 0.2^2} = 6.494\,[m/s]$$

$$V_2 = \frac{0.204}{\frac{\pi}{4} \times 0.1^2} = 25.97\,[m/s]$$

✎ 예제 3.2

$20[N/s]$의 공기가 예제 3-1의 관로를 통하여 유동한다. $200[mm]$관에서의 공기의 비중량은 $9.8[N/m^3]$이다.

이 관로 수축부를 유동하는 사이에 압력과 온도는 강하하여 공기를 팽창시키고 밀도에 감소를 가져온다. $100[mm]$관에서의 공기의 비중량을 $8.75[N/m^3]$으로 가정하여 두 관에서의 질량유량과 체적유량 평균속도를 계산하여라.

〈풀이〉

$$Q_2 = \frac{20}{9.8} = 2.04\,[m^3/s]$$

$$Q_1 = \frac{20}{8.75} = 2.29\,[m^3/s]$$

$$V_2 = \frac{2.04}{\frac{\pi}{4} \times 0.2^2} = 64.94\,[m/s]$$

$$V_1 = \frac{2.29}{\frac{\pi}{4} \times 0.1^2} = 291.6\,[m/s]$$

$$\rho A V = C = \frac{G}{g} = \frac{20}{9.8} = 2.04\,[m^3/s]$$

3.5 연속방정식 - 2차원유동

2차원 유동에 대한 연속방정식은 그림 3-6에서와 같이 유동장에서 임의의 곳에 그려지는 미소치수의 부분에 출입하는 유량을 고려함으로써 유도할 수 있다. 여기서 속도의 수평성분과 수직성분 그리고 밀도는 표 3-1과 같다.

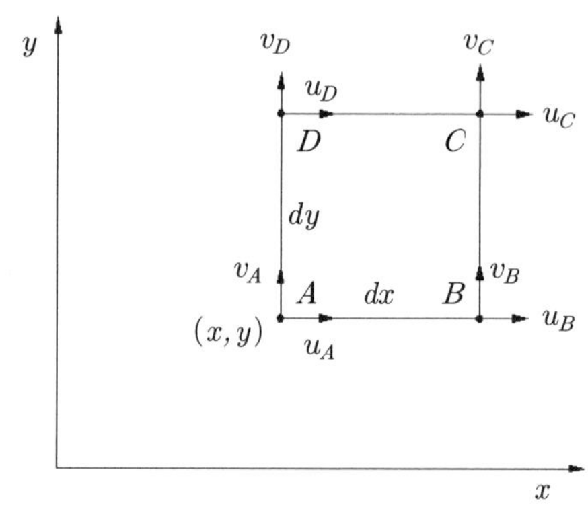

그림 3-6

표 3-1

	x-component of velocity	y-component of velocity	Density	Mean velocity across	Mean density along	Mean velocity along
A	$u_A = u$	$v_A = v$	$\rho_A = \rho$			
AB				$\frac{v_A + v_B}{2}$	$\frac{\rho_A + \rho_B}{2}$	$\frac{u_A + u_B}{2}$
B	$u_B = u + \frac{\partial u}{\partial x}dx$	$v_B = v + \frac{\partial v}{\partial x}dx$	$\rho_B = \rho + \frac{\partial \rho}{\partial x}dx$			
BC				$\frac{u_B + u_C}{2}$	$\frac{\rho_B + \rho_C}{2}$	$\frac{v_B + v_C}{2}$
C	$u_C = u + \frac{\partial u}{\partial x}dx + \frac{\partial u}{\partial y}dy$	$v_C = v + \frac{\partial v}{\partial x}dx + \frac{\partial v}{\partial y}dy$	$\rho_C = \rho + \frac{\partial \rho}{\partial x}dx + \frac{\partial \rho}{\partial y}dy$			
CD				$\frac{v_C + v_D}{2}$	$\frac{\rho_C + \rho_D}{2}$	$\frac{u_C + u_D}{2}$
D	$u_D = u + \frac{\partial u}{\partial y}dy$	$v_D = v + \frac{\partial v}{\partial y}dy$	$\rho_D = \rho + \frac{\partial \rho}{\partial y}dy$			
DA				$\frac{u_A + u_D}{2}$	$\frac{\rho_A + \rho_D}{2}$	$\frac{v_A + v_D}{2}$

3.6 일반적 연속방정식

가장 광범위한 유체흐름은 압축성 유체의 3차원 비정상류의 흐름으로서 이 때 적용되는 식이 일반적 연속방정식이다.

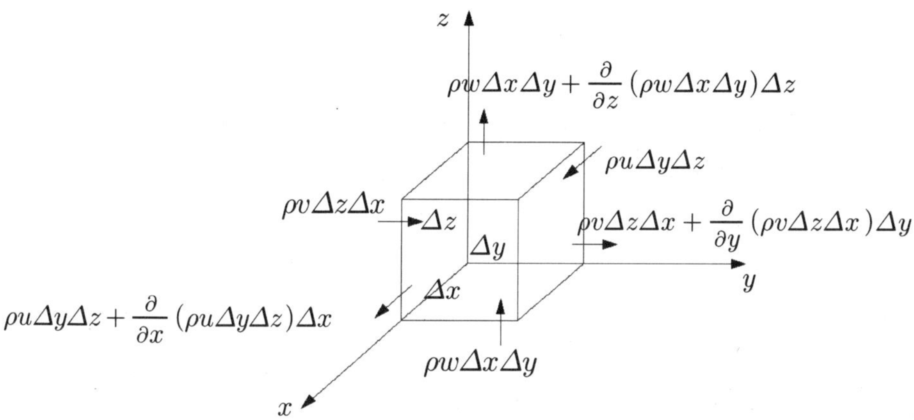

그림 3-7 검사체적 요소와 질량유량

그림 3-7에서와 같이 직육면체인 검사체적에 대하여 외부로부터 흘러 들어가는 질량유량에서 흘러나오는 질량유량의 값을 제외한 값은 검사체적내의 질량의 증가율과 같다.

수학적으로 표현하면 $\Delta y\Delta z$ 단면을 통하여 흘러 들어가는 질량유량은

$$\rho u\Delta y\cdot\Delta z$$

이고 역시 단면 $\Delta y\Delta z$를 통하여 흘러나오는 질량유량은

$$\rho u\Delta y\cdot\Delta z+\frac{\partial}{\partial x}(\rho u\Delta y\cdot\Delta z)\Delta x$$

이므로 x 방향의 유량에 의한 질량의 증가는

$$-\frac{\partial}{\partial x}(\rho u\Delta y\cdot\Delta z)\Delta x$$

같은 방법으로 y와 z 방향의 유량에 의한 질량의 증가는

$$-\frac{\partial}{\partial y}(\rho v \Delta z \cdot \Delta x)\Delta y$$

$$-\frac{\partial}{\partial z}(\rho w \Delta x \cdot \Delta y)\Delta z$$

이고 검사체적내의 단위시간 동안의 질량 증가량은 질량증가율과 같으므로

$$-\frac{\partial}{\partial x}(\rho u \Delta y \cdot \Delta z)\Delta x - \frac{\partial}{\partial y}(\rho v \Delta z \cdot \Delta x)\Delta y - \frac{\partial}{\partial z}(\rho w \Delta x \cdot \Delta y)\Delta z$$

$$= \frac{\partial}{\partial t}(\rho \Delta x \cdot \Delta y \cdot \Delta z)$$

이다. 그런데 $\Delta x, \Delta y, \Delta z$는 x, y, z 방향의 변수가 아니므로 위 식의 양변을 Δx, Δy, Δz로 나누고 정리하면

$$\frac{\partial}{\partial x}(\rho u) + \frac{\partial}{\partial y}(\rho v) + \frac{\partial}{\partial z}(\rho w) + \frac{\partial \rho}{\partial t} = 0 \qquad (3-3)$$

을 얻는다. 위 식을 일반적 연속방정식이라 부른다. 이 식은 압축성, 비정상류의 3차원 흐름에도 적용할 수 있다. 또한, 이것을 벡터식으로 쓰면 간단하게 다음과 같이 표시된다.

$$\nabla \cdot \rho V + \frac{\partial \rho}{\partial t} = 0$$

여기서 ∇은 벡터 미분연산자로서 del이라 부른다. $\nabla \cdot V$를 속도벡터 V의 다이버젠스(divergence)라 하고 벡터적 $\nabla \times V$를 속도벡터 V의 컬(curl)이라 부른다.

그리고 식 (3-3)에서 정상류의 흐름이면 $\frac{\partial \rho}{\partial t} = 0$가 될 것이고 비압축성 유체 흐름이면 ρ는 상수로서 소거된다. 또 2차원 흐름이면 $w = 0$이다. 즉, 정상류 비압축성 2차원 흐름의 연속방정식은 다음과 같다.

$$\frac{\partial u}{\partial x} + \frac{\partial v}{\partial y} = 0$$

✎ **예제 3.3**

속도성분이 $u = 6x + yx$, $v = -6y$로 주어진 흐름이 있다. 이 흐름이 2차원 정상류임을 확인하라.

〈풀이〉

2차원 정상류 조건 $\dfrac{\partial u}{\partial x} + \dfrac{\partial v}{\partial y} = 0$ 에서,

$\dfrac{\partial u}{\partial x} = 6$, $\dfrac{\partial v}{\partial y} = -6$ 이므로 이 흐름은 2차원 흐름이다.

3.7 오일러(Euler)의 운동방정식

유선 또는 미소 단면적의 유관을 따라 움직이는 비점성 유체의 요소에 뉴턴의 제2 운동법칙을 적용하여 얻는 미분방정식을 오일러의 운동방정식이라 한다.

이 방정식은 보다 일반적인 Navier－stokes 방정식의 특수한 경우로서 비점성 유체에 관한 것이다. 비정상류까지 포함하는 운동방정식을 세우기 위하여 속도 V를 변위 s와 시간 t의 함수라 하면 $V = V(s, t)$로 되고

$$dV = \frac{\partial V}{\partial s}ds + \frac{\partial V}{\partial t}dt \quad \text{혹은} \quad \frac{dV}{dt} = \frac{\partial V}{\partial s}\frac{ds}{dt} + \frac{\partial V}{\partial t}$$

이고 유선 방향 속도는 $V = \dfrac{ds}{dt}$ 이므로 이 방향 가속도는

$$a_s = \frac{dV}{dt} = V\frac{\partial V}{\partial s} + \frac{\partial V}{\partial t}$$

이다.

이제 비점성 유체 요소에 뉴턴의 운동 제 2법칙을 적용해보자. 그림 3－8에서 주어진 유선을 따라 $\Sigma F_s = ma_s$를 구하면

$$p\Delta A - (p + \frac{\partial p}{\partial s}\Delta s)\Delta A - \rho g \Delta A \Delta s \sin\theta = \rho \Delta A \Delta s \left(V\frac{\partial V}{\partial s} + \frac{\partial V}{\partial t} \right)$$

$\sin\theta = \dfrac{\partial z}{\partial s}$ 이므로 위 식을 정리하면 다음과 같은 식을 얻는다.

$$V\frac{\partial V}{\partial s} + \frac{1}{\rho}\frac{\partial p}{\partial s} + g\frac{\partial z}{\partial s} = -\frac{\partial V}{\partial t} \qquad (3-4)$$

이 식을 비점성 유체에 관한 유선방향의 오일러 운동방정식이라 한다. 정상류일 때는 $\dfrac{\partial v}{\partial t} = 0$ 이고 유체 변수들은 s만의 함수이므로 오일러 운동방정식은 다음과 같이 된다.

$$V\frac{\partial V}{ds} + \frac{1}{\rho}\frac{dp}{ds} + g\frac{dz}{ds} = 0 \text{ 또는 } \frac{d\,(V^2)}{2g} + \frac{dp}{\rho g} + dz = 0 \qquad (3-5)$$

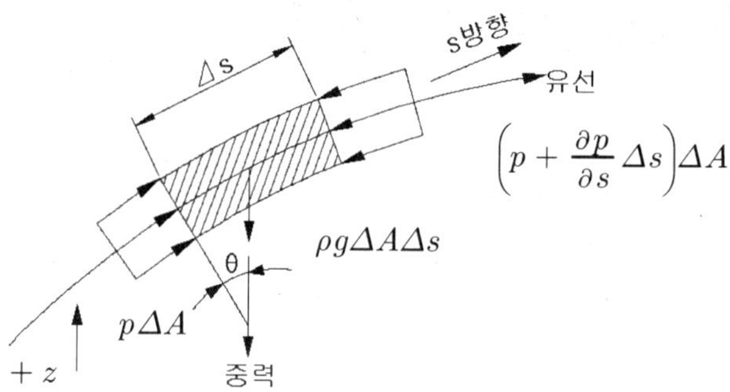

그림 3-8

3.8 베르누이 방정식 (Bernoulli's equation)

식 (3-5)는 하나의 유선(또는 미소단면의 유관)을 따라 즉 1차원 흐름이고 정상류 비점성 유체에 관한 운동방정식이다.

여기서 오일러 방정식에 비압축성 유체라는 조건을 한 더 붙이면 적분하여

$$\frac{V^2}{2g} + \frac{p}{\gamma} + z = \text{일정} \qquad (3-6a)$$

이 된다. 이 방정식을 베르누이 방정식이라 하며 초보적인 유체역학 문제 해결에 가장 많이 적용되는 식 가운데 하나이다.

베르누이 방정식을 다음과 같이 쓰기도 한다.

$$\frac{\rho V_1^2}{2} + p_1 + g\rho z_1 = \frac{\rho V_2^2}{2} + p_2 + g\rho z_2 \ = \text{일정(전압)} \tag{3-6b}$$

또는

$$\frac{V_1^2}{2g} + \frac{p_1}{g\rho} + z_1 = \frac{V_2^2}{2g} + \frac{p_2}{g\rho} + z_2 \ = \text{일정(全水頭)} \tag{3-6c}$$

위 식에서 $\frac{\rho V^2}{2}$을 동압(dynamic pressure)

p를 정압(static pressure)

$\rho g z$를 포텐셜 압력

$\frac{V^2}{2g}$을 속도수두(velocity head)

$\frac{p}{g\rho}$를 압력수두(pressure head)

z를 위치수두라 한다.

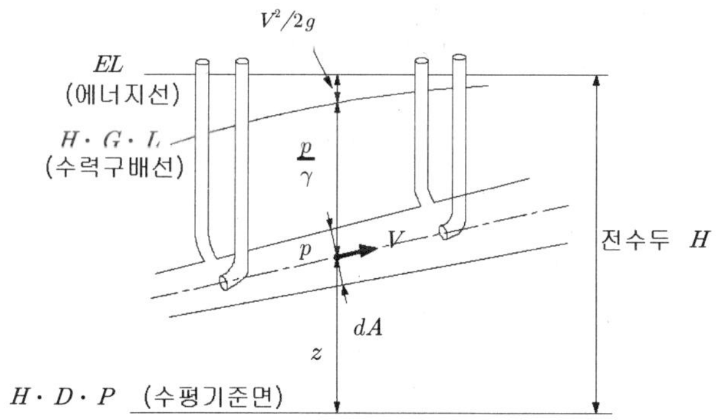

그림 3-9

수두의 차원은 길이(L)이고 단위는 m를 사용하지만 위 식을 유도하는 과정을 고려하여 수두의 단위를 $N \cdot m/N(=J/N)$으로 사용하는 것이 의미를 알기 쉽게 한다. 즉 베르누이 방정식이 가지는 의미는 "유선상의 임의의 한 점에서 단위 중량의 유체가 가지는 속도, 압력, 위치에너지의 합은 일정하다"는 것이다. 그리고 자주 사용하는 용어로는 속도에 의한 에너지를 운동에너지 압력이 할 수 있는 일(work)을 유동일이라고도 한다.

그림 3−9는 베르누이 방정식에 관한 피토(pitot)의 실험 모형으로서 전수두가 일정함을 보여주고 있다.

베르누이 방정식이 비점성 유체에 관한 것이긴 하지만 점성효과가 극히 적은 경우나 압축성이 적은 경우에는 이 식을 적용하여 실제 결과와 매우 가까운 결과를 얻을 수 있다고 알려져 있다. 기체와 같이 점성효과는 무시할 수 있으나 압축성은 고려하여야 할 경우에는 오일러 방정식에서 밀도 ρ를 압력 p의 함수로 대입하여 적분하면 비점성 압축성 유체에 관한 식을 얻을 수 있다. 이 때 밀도 ρ가 압력 p의 어떤 함수인가에 따라 결과 식은 여러 가지 형태가 있을 수 있다. 예를 들면 마찰을 무시하고 등엔트로피 변화를 하는 유체 흐름에 대해서는 $\dfrac{p}{\rho^k} = C$를 식 (3−4)에 대입하여

$$V\frac{\partial v}{\partial s} + \frac{C^{1/k}}{P^{1/k}}\frac{\partial p}{\partial s} + g\frac{\partial z}{\partial s} = 0$$

되고 이 식을 유선에 따라 적분하면

$$\frac{V^2}{2} + \frac{k}{k-1}\left(\frac{p}{\rho}\right) + gz = \text{const}$$

또는

$$\frac{V_1^2}{2} + \frac{k}{k-1}\left(\frac{p_1}{\rho_1}\right) + gz_1 = \frac{V_2^2}{2} + \frac{k}{k-1}\left(\frac{p_2}{\rho_2}\right) + gz_2$$

를 얻는다. 위 식에서 만일 $V_1 = 0$, $z_2 - z_1 = 0$이면

$$V_2 = \sqrt{\frac{2kR}{k-1}(T_1 - T_2)}$$

가 되고, 이 식은 속도가 온도만의 함수로 나타난 식이다.

3.9 베르누이 방정식의 응용

저수지의 유체에 대하여 베르누이 방정식을 고려해 보자.

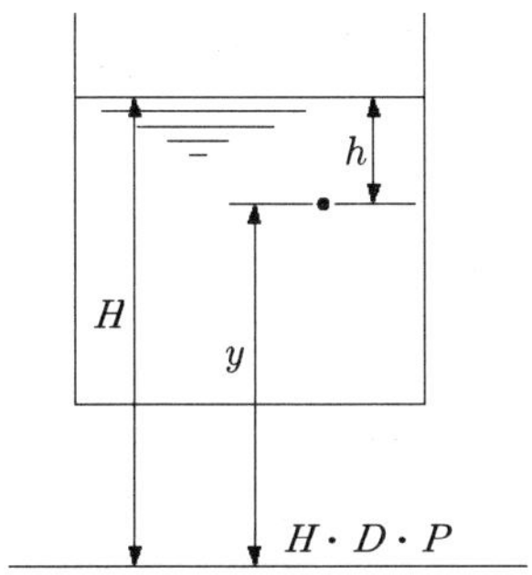

그림 3-10

그림 3-10과 같이 위치표시가 된 저수지 속의 임의의 한 점에 베르누이 방정식을 적용하면

$$\frac{V^2}{2g} + \frac{p}{\gamma} + z = 0 + (H - h) + h = H$$

가 되므로 저수지의 유체는 단위 무게당의 에너지가 어느 점에서든지 일정함을 알 수 있다. 따라서 저수지나 용적이 큰 저장탱크의 유체는 모두 동일 유선상의 점으로 보아 베르누이 방정식을 적용할 수 있다.

3.9.1 오리피스(Orifice)

그림 3-11에서 보는 바와 같이 끝이 날카로운 운형출구를 오리피스라 부른다. 유체의 자유표면 ①과 출구단면 ②에 대하여 베르누이 방정식을 적용하면 유출유체의 속도를 구할 수 있다.

$$0 + 0 + z_1 = \frac{V_2^2}{2g} + 0 + z_2$$

$$\frac{V_2^2}{2g} = z_1 - z_2 = h$$

$$\therefore\ V_2 = \sqrt{2gh} \tag{3-7}$$

위 식을 **토리첼리(Torricelli)의 정리**라고 부르며, 이 속도는 물체의 자유낙하 속도와 같다. V_2에 오리피스 단면적 A를 곱하면 유량을 구할 수 있으나 실제로는 점성효과로 인하여 속도와 유량이 이보다 작다. 실제의 속도 V'와 이론속도 V를 비교하여

$$V' = C_v V$$

로 쓰고 여기서 C_v를 **속도계수**(Coefficient of velocity)라 하며 출구 단면의 크기와 h의 크기에 따라 약간의 변화가 있다. 물의 경우 보통 $C_v = 0.93 \sim 0.98$을 취급한다. 그리고 유출유체 제트의 단면적 A'도 오리피스 단면적 A보다 조금 작아지는데

$$A' = C_c A \text{ 혹은 } d'^2 = C_c d^2$$

라 쓰고 C_c를 **수축계수**(Coefficient of contraction)라고 하며 물의 경우 대체로 $C_c = 0.61 \sim 0.66$의 값을 취하는 것으로 실험결과가 알려져 있다.

그러면 오리피스에서의 실제유량 Q'는

$$Q' = A'V' = C_c A \cdot C_v V = C_c C_v A V = CAV = CA\sqrt{2gh}$$

로 구하게 된다. 여기서 C를 **유량계수**(Flow coefficient)라 부르고 물의 경우 일반적인 C 값은 0.59~0.68을 취한다. 오리피스는 그림 3-11 이외에도 출구 측에 유체가 있는 경우, 관로 내에 설치된 경우 등이 있다.

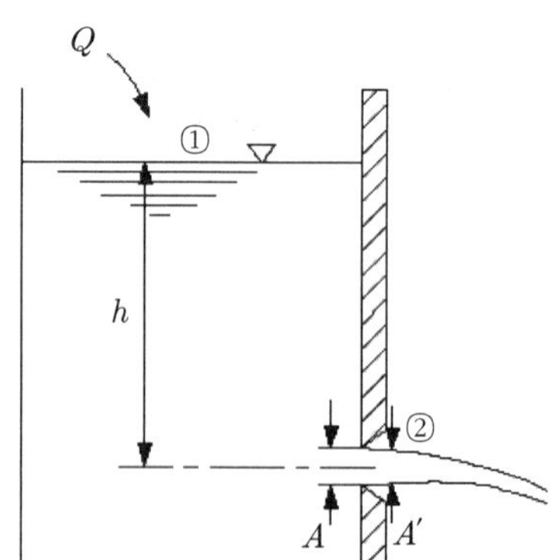

그림 3-11 자유흐름의 오리피스

3.9.2 벤츄리계(Venturi meter)

그림 3−12와 같이 점차 축소 확대된 관에서 정압을 측정함으로써 유량을 구할 수 있도록 만든 관을 벤츄리관이라 한다. 관 벽의 작은 구멍들은 정압측정을 위한 것이다.

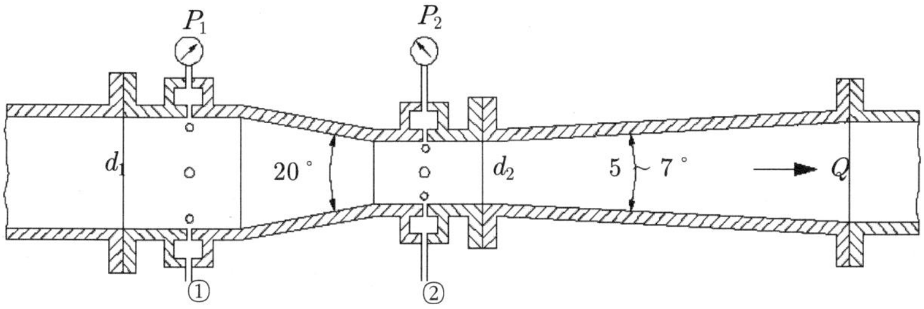

그림 3−12 벤츄리계

단면 ①과 ②에 대하여 베르누이 방정식을 적용하면, 위치 수두는 같고 연속방정식에서 $V_1 = \left(\dfrac{d_2}{d_1}\right)^2 V_2$ 이므로

$$\frac{p_1 - p_2}{\gamma} = \frac{V_2^2 - V_1^2}{2g} = \frac{1}{2g}\left\{1 - \left(\frac{d_2}{d_1}\right)^4\right\} V_2^2$$

$$V_2 = \sqrt{\frac{2g\dfrac{p_1 - p_2}{\gamma}}{1 - \left(\dfrac{d_2}{d_1}\right)^4}}$$

$$\therefore\ Q = A_2 V_2 = \frac{A_2}{\sqrt{1 - \left(\dfrac{d_2}{d_1}\right)^4}}\sqrt{2g\frac{p_1 - p_2}{\gamma}} \qquad (3-8)$$

를 얻는다. 위 식을 살펴보면 벤츄리관의 직경들은 이미 알고 있는 것이므로 압력차 $p_1 - p_2$를 측정함으로써 유량계산을 할 수 있음을 알 수 있다.

3.9.3 피토관(Pitot tube)

그림 3−13에서 관 벽면 작은 구멍을 통하여 연결된 관은 **정압관**이고, 관 속에서 유선방향에 평행하게 놓인 관 끝에 구멍이 뚫려 있는 관을 **피토관**이라 한다. 피토관 끝의

유체는 정지하고 있을 것이므로 이 점을 **정체점**(Stagnation point), 여기서의 압력을 **정체압**(stagnation pressure) 또는 **전압**(Total pressure)이라 부른다.

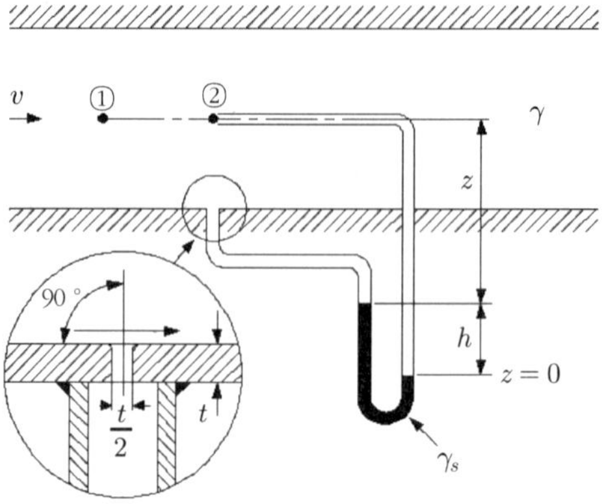

그림 3-13 피토-정압관

그림과 같이 정압관과 피토관을 연결하여 압력차를 측정할 수 있게 한 것을 피토-정압관이라 부르는데 여기서의 압력차는 유체 동압을 의미한다.

지금 그림에서 단면 ①과 단면 ②에 대하여 베르누이 방정식을 적용해 보자.

$z_1 = z_2$, $V_2 = 0$, $p_2 = p_s$로 하면

$$\frac{V_1^2}{2g} + \frac{p_1}{\gamma} = \frac{p_s}{\gamma}$$

$$p_s = p_1 + \frac{\rho V_1^2}{2}$$

로 되어 전압 p_s는 정압과 동압의 합과 같음을 알 수 있고 한편 동압은

$$\frac{\rho V_1^2}{2g} = p_s - p_1$$

이므로 관속의 유속 V는 시차액주계의 압력차 $p_s - p_1$을 읽음으로써 계산할 수 있게 된다.

$$V = \sqrt{\frac{2g}{\gamma}(p_1 - p_s)}$$

액주계 유체의 비중량을 γ_s, 액주계 읽음을 h라 하면, 유속 V는 다음과 같이 나타낼 수 있다.

$$V = \sqrt{2gh\left(\frac{\gamma_s}{\gamma} - 1\right)} \tag{3-9}$$

3.10 손실수두와 동력

이상유체에 관한 베르누이 방정식의 적용범위를 넓히기 위하여 손실수두 항을 첨가하면 실제유체에 대해서도 이용할 수 있다.

일반적으로 관류에서 상, 하류라 하면 위치에 무관하게 흐름 방향으로 생각하여 그림 3-14에서와 같이 단면 ①을 상류 쪽에 단면 ②를 하류 쪽에 잡는다.

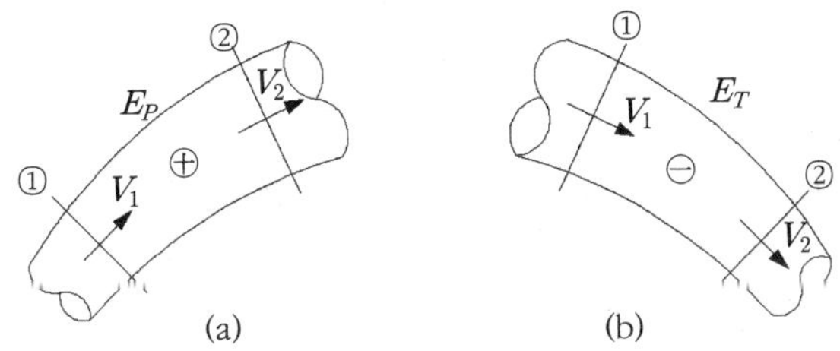

그림 3-14

점성효과로 인하여 흐르는 유체가 손실을 갖는다면 에너지선은 수평 기준면과 평행하지 못 하고 단면 ②의 전 수두는 단면 ①의 전 수두보다 손실수두 만큼 작을 것이므로 베르누이 방정식은

$$\frac{V_1^2}{2g} + \frac{P_1}{\rho g} + z_1 = \frac{V_2^2}{2g} + \frac{P_2}{\rho g} + z_2 + H_L$$

로 표시하게 되고 그림 3-14(a)와 같이 단면 ①과 ② 사이에 펌프가 설치되어 유체가 펌프로부터 에너지를 공급받는다면

$$\frac{V_1^2}{2g} + \frac{P_1}{\rho g} + z_1 + E_P = \frac{V_2^2}{2g} + \frac{P_2}{\rho g} + z_2 + H_L$$

로 쓰고 그림 3−14(b)와 같이 단면 사이에 터빈(turbine)이 설치되어 유체로부터 에너지를 뺏어 간다면

$$\frac{V_1^2}{2g} + \frac{P_1}{\rho g} + z_1 = \frac{V_2^2}{2g} + \frac{P_2}{\rho g} + z_2 + E_T + H_L$$

로 베르누이 방정식을 수정하여 이용한다. 여기서 손실수두(H_L), 펌프에너지(E_P), 터빈에너지(E_T)는 각각 단위 중량의 유체가 잃는 에너지, 공급받는 에너지, 공급하는 에너지이다.

펌프가 단위 중량의 유체에 E_P만큼 에너지를 공급한다면 단위시간 당의 에너지는 동력(power)이므로 펌프의 동력은

$$P = E_P \times \rho g Q$$

이다.

✎ 예제 3.4

그림과 같이 단면이 축소된 수평 원 관에 물이 흐르고 있다. 단면 ①과 ② 사이의 손실을 무시하고 유량 $Q[m^3/sec]x$를 구하라.

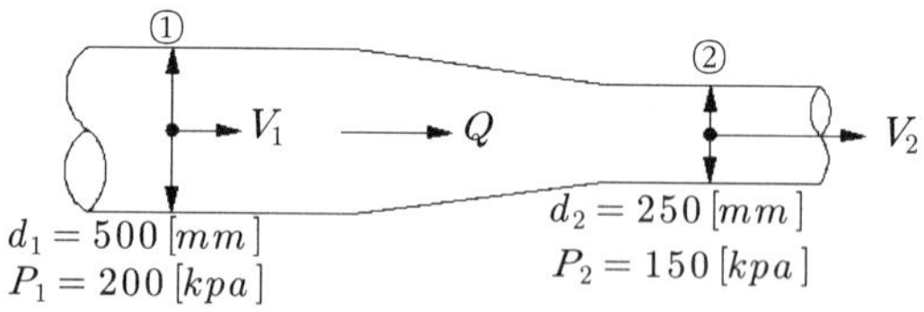

〈풀이〉

단면 ①과 ② 사이에 베르누이 방정식을 적용하면

$$\frac{V_1^2}{2g} + \frac{p_1}{\rho g} + z_1 = \frac{V_2^2}{2g} + \frac{p_2}{\rho g} + z_2$$

여기서 $z_1 = z_2 = 0$ 이므로

연속방적식에서 $Q = A_1 V_1 = A_2 V_2$

$$\frac{\pi \times 0.5^2}{4} \times V_1 = \frac{\pi \times 0.25^2}{4} \times V_2$$

$$\therefore\ V_2 = 4 V_1$$

따라서

$$\frac{V_2^2 - V_1^2}{2g} = \frac{p_1 - p_2}{\rho g}$$

여기서

$$V_1 = \sqrt{\frac{2(p_1 - p_2)}{15\rho}} = \sqrt{\frac{2 \times 50 \times 10^3}{15 \times 1000}} = 2.58\,[m/sec]$$

따라서

$$Q_1 = A_1 V_1 = \frac{\pi \times 0.5^2}{4} \times 2.58 = 0.51\,[m^3/sec]$$

✎ 예제 3.5

그림과 같이 사이펀에 유량 $Q = 0.05\,[m^3/sec]$의 물이 흐르고 있다. ①점과 ③점 사이의 손실수두를 구하고 ②점에서의 압력을 구하라. 단, ①점과 ②점 사이의 손실은 전체 손실의 $\frac{1}{3}$ 이다.

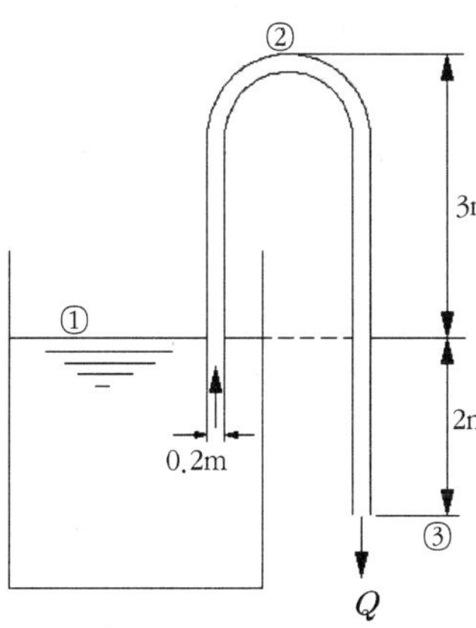

〈풀이〉

먼저 사이펀 내에 흐르는 유체의 속
도를 구하면

$$V = \frac{Q}{A} = \frac{4 \times 0.05}{\pi \times 0.2^2} = 1.59\,[m/sec]$$

그리고 ①점과 ③점 사이에 베루누이 방정식을 적용하면

$$\frac{V_1^2}{2g} + \frac{P_1}{\rho g} + Z_1 = \frac{V_3^2}{2g} + \frac{P_3}{\rho g} + Z_3 + H_{L13}$$

$$0 + 0 + 2 = \frac{1.59^2}{2g} + 0 + 0 + H_L$$

$$\therefore\ H_{L13} = 2 - \frac{1.59^2}{2g} = 1.87\,[m]$$

①점과 ②점 사이에 베르누이 방정식을 적용하면

$$\frac{V_1^2}{2g} + \frac{P_1}{\rho g} + Z_1 = \frac{V_2^2}{2g} + \frac{P_2}{\rho g} + Z_2 + H_{L12}$$

$$H_{L12} = H_{L13} \times \frac{1}{3} = 1.87 \times \frac{1}{3} = 0.62\,[m]$$

$$\therefore\ P_2 = -\rho g\left(\frac{1.59^2}{2g} + 3 + 0.62\right)$$

$$= -36740\,[N/m^2] = 0.3674\,[bar]\ \text{(진공)}$$

✎ 예제 3.6

그림과 같이 0.145$[m^3/seca]$의 물을 퍼 올리는 펌프가 있다. 압력계 ①과 ②의 읽음이 각각 250[mmHg] 진공과 270[KPa]이라면 펌프가 유체에 공급하는 동력은 얼마인가 ?

〈풀이〉

① 먼저 압력수두를 구하면

$$\frac{P_1}{\rho g} = -\frac{101325 \times 250}{760 \times 9800} = -3.4\,[m]$$

$$\frac{P_2}{\rho g} = \frac{270 \times 10^3}{9800} = 27.55\,[m]$$

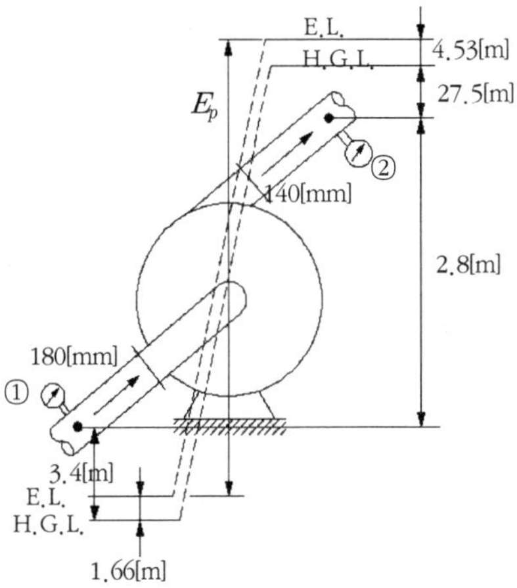

수력구배선(H.G.L.)은 점 ①에서 아랫방향으로 3.4[m] 그리고 점 ②에서 위로 27.55[m] 되는 점을 통과한다.

흡입관과 송출관에서의 평균속도와 속도수두를 구하면

$$V_1 = \frac{Q}{A_1} = \frac{4 \times 0.145}{\pi \times 0.18^2} = 5.7\,[m/sec] \qquad \frac{V_1^2}{2g} = \frac{5.7^2}{2 \times 9.8} = 1.66\,[m]$$

$$V_2 = \frac{Q}{A_2} = \frac{4 \times 0.145}{\pi \times 0.14^2} = 8.42\,[m/sec] \qquad \frac{V_2^2}{2g} = \frac{9.42^2}{2 \times 9.8} = 4.53\,[m]$$

따라서 에너지선(E.L.)은 ①, ② 단면에서의 수력구배선(H.G.L.) 보다 각각 1.66[m], 4.53[m] 위에 있게 된다.

② 단면에서 갑자기 E.L.이 상승한 것은 펌프동력이 가해진 결과이며 E_p는 두 점에서의 E.L.의 차와 같다. 그러므로

$$E_p = 4.53 + 27.55 + 2.8 + 3.4 - 1.66 = 36.62\,[J/N]$$

따라서 펌프의 동력 P는

$$P = 0.145 \times 9800 \times 36.62 = 52037\,[W] = 52.04\,[KW]$$

3.11 공동현상 (Cavitation)

액체는 증기압 이하의 압력에서 비등한다. 흐르는 유체도 마찬가지로 국소압력이 증기압으로 강하하면 기포가 발생하는데 이러한 현상을 **공동현상**이라 한다. 기포는 액체 속에 용해되어 있던 기체가(주로 공기) 유리(遊離)되면서 액체가 기화된 기체와 합쳐서 생성된다. 액체 속에 용입된 기체량은 압력의 강하에 따라 줄어듦으로써 유리되고 온도가 높아지면 증기압도 높아지므로 고압, 저온의 액체가 저압 고온이 될 수록 공동현상은 잘 일어난다.

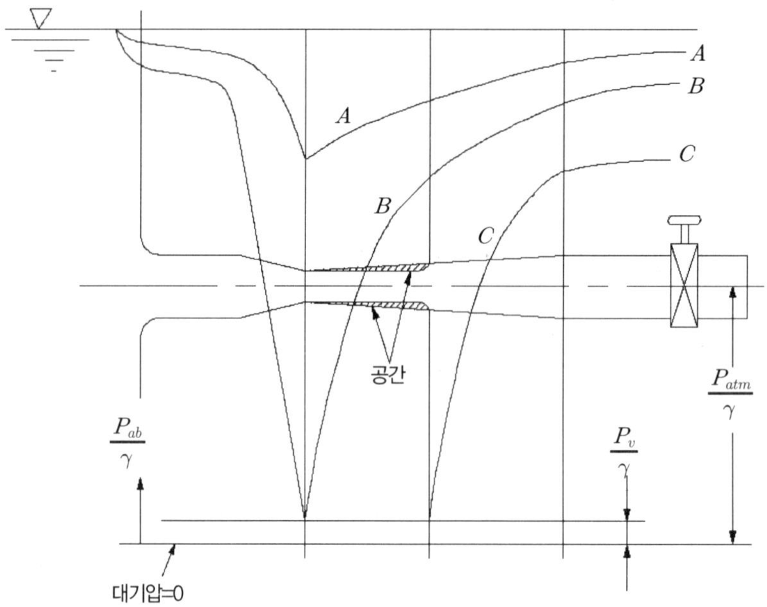

그림 3-15

그림 3-15는 밸브로 유량을 조절할 수 있는 장치이다. 액체가 관의 수축부를 통과할 때 베르누이 방정식에 의하여 목(throat) 부분에서 압력이 가장 낮아지고 이 때 압력이 그 유체의 증기압까지 내려가면 기체의 유리와 증기의 발생으로 공동현상을 일으킬 수 있다.

그림에서 A선은 최소압력이 증기압보다 높을 때의 수력구배선(H.G.L.)이고 B선은 밸브를 좀 더 열어 목 부분에서 압력이 최초로 증기압까지 내려갔을 때이다. C선은 밸브를 더욱 많이 열어도 유량 증가는 없이 공동의 구역만 확장되고 있는 것을 보여 주고 있다. 공동이 유지되는 곳에서는 액체의 평균압력도 증기압이다. 공동의 기체는 빠른 속도로 하류로 이동하다가 갑자기 무너지면서 공소를 메우기 위하여 돌진한 액체는 순간적으로 높은 압력을 가지고 유체 벽에 손상을 준다.

공동현상에 의한 피해는 고체 경계면의 침식(erosion), 효율의 감소와 심한진동 등이다. 침식의 직접적인 원인으로는 충격에 의한 손상이 주된 것이며 기포중의 산소에 의한 산화작용이 부식(corrosion)을 일으키기도 하고 전해작용에 의하여 부식이 일어난다고도 한다.

공동현상이 문제가 되는 경우는 터빈, 펌프, 선박의 프로펠러와 같은 고속 수력기계설계에서, 높은 댐의 하류구조물, 수중 고속 운동체에서 그리고 유압기계의 관로설계 등에서 고려하여야 할 중요한 문제이다.

최근에는 공동현상의 방지를 위한 설계는 물론이고 피할 수 없는 공동현상의 정확한 예측과 적절한 자료개발에 의한 손상방지 및 성능유지를 위하여 노력하고 있다.

✎ 예제 3.7

그림과 같은 관에 40[℃]의 물이 흐르고 있다. ②점에서 공동현상이 일어나지 않을 ①점에서 최소압력을 구하라. 단, 관의 손실은 무시하고 40[℃] 물의 증기압은 55.324[mmHg]abs 이다.

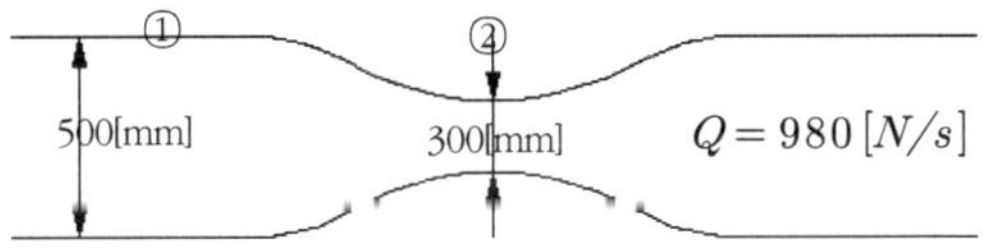

〈풀이〉

$$Q = \frac{980\,[N/s]}{9800\,[N/m^3]} = 0.1\,[m^3/sec]$$

연속방정식에 의하여

$$V_1 = \frac{Q}{A_1} = \frac{4 \times 0.1}{\pi \times 0.5^2} = 0.51\,[m/sec]$$

$$V_2 = \frac{Q}{A_2} = \frac{4 \times 0.1}{\pi \times 0.3^2} = 1.41\,[m/sec]$$

베르누이 방정식에서

$$P_1 = \frac{\rho(V_2^2 - V_1^2)}{2} + P_2$$
$$= \frac{1000 \times (1.41^2 - 0.51^2)}{2} + 1.01325 \times 10^5 \times \frac{55.324}{760}$$
$$= 8240\,[N/m^2]abs = 8.24\,[KPa]abs$$

그러므로 ① 단면에서의 압력이 8.24[KPa]abs 보다 낮으면 ② 단면에 공동현상이 일어난다.

3장 연습문제

1. 어떤 기체가 지름 $55[mm]$인 파이프에 $0.03[kg/\text{sec}]$로 흐르고 있다. 이 때 기체의 압력이 $3[kg_f/cm^2]$, 온도가 $12[°C]$, $R=450[kg_f \cdot m/kg_f °K]$일 때 평균속도는 몇 $[m/\text{sec}]$인가?

2. 비중 0.85인 기름이 지름 120[mm]인 파이프에 평균속도 $5[m/\text{sec}]$로 흐를 때 질량 유동률은 몇 $[kg_f \cdot \text{sec}^2/m \cdot \text{sec}]$인가? 단, 물의 비중량은 $1000[kg_f/m^3]$이다.

3. 물이 지름 $25[cm]$의 관에 $45[kg_f/\text{sec}]$로 흐른다. 이 때 평균 유속은 몇 $[m/\text{sec}]$인가?

4. 관의 지름이 $65[cm]$인 곳에 흐르고 있는 물의 평균속도가 $3.4[m/\text{sec}]$이다. 이 때 유량은 몇 $[m^3/\text{sec}]$인가?

5. 그림과 같이 물이 흐르는 관에서 단면 ①에서의 지름은 $0.7[m]$이고, 평균유속은 $1.2[m/\text{sec}]$이다. 단면 ②에서 지름이 $1.4[m]$일 때 단면 ②에서의 유속은 몇 $[m/\text{sec}]$인가?

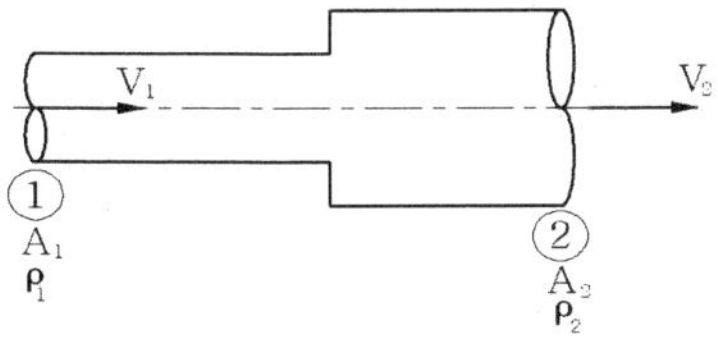

문제 5

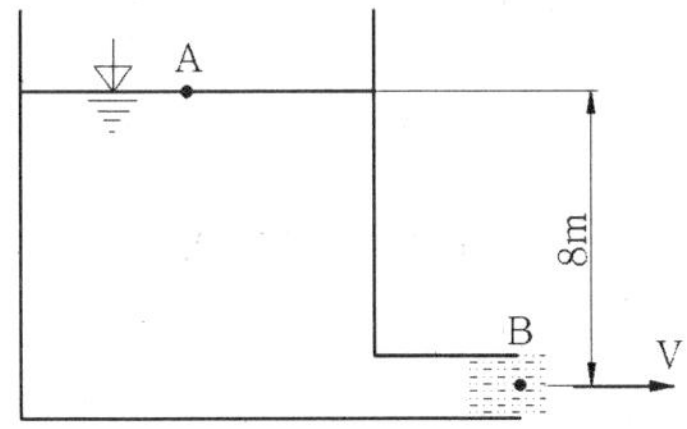

문제 6

6. 그림과 같이 물통에 밑면에서부터 $8[m]$의 높이까지 물을 채우고 그 밑면에 구멍 B를 뚫었다. 이 구멍으로부터 흘러나오는 물의 속도를 구하라.

7. 수평관에서 물의 속도가 $10[m/\mathrm{sec}]$이고 압력이 $150[KPa]$이다. 이 때 속도수두와 압력수두를 구하라.

8. 문제 7에서 수평관이 기준면으로부터 $4[m]$ 위에 있다면 전수두는 몇 $[m]$인가?

9. 그림과 같이 유량 $1100[kg_f/\mathrm{sec}]$의 물이 관 속을 흐르고 있다. 단면 1과 단면 2에서 평균속도는 각각 몇 $[m/\mathrm{sec}]$인가?

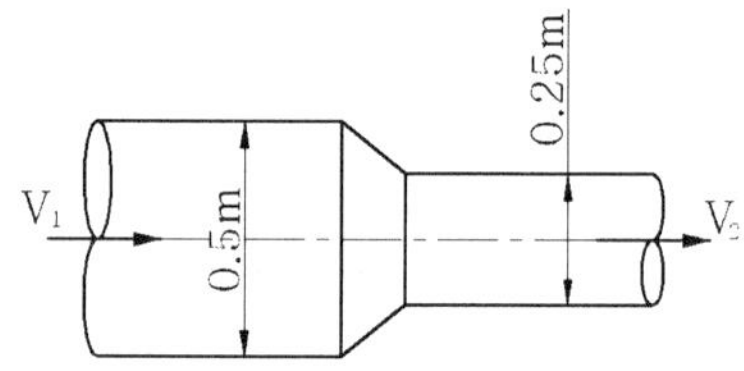

문제 9

10. 물이 관 속에서 평균속도 $20[m/\mathrm{sec}]$로 흐르고 있다.
이 때 속도수두는 몇 $[m]$인가 ?

11. 지름이 $150[mm]$인 실린더 속에 외경 $145[mm]$인 피스톤이 $0.1[m/\mathrm{sec}]$의 속도로 움직일 때 피스톤과 실린더 사이의 틈으로 역류하는 기름의 속도는 몇 $[m/\mathrm{sec}]$인가?

12. 송출구의 지름이 $300[mm]$인 펌프의 양수량이 $5[m^3/\mathrm{sec}]$일 때 유속은 몇 $[m/\mathrm{sec}]$인가?

Chapter. 4

역적(力積)과 운동량

※ 역적 운동량 방정식도 기초방정식의 하나로서 베르누이 방징식만큼 많이 이용된다. 흔히 베르누이 방정식으로 해결하지 못하는 문제를 이 원리를 적용하여 쉽게 해를 얻는 경우가 많다. 즉, 이 방정식의 특징은 압축성, 점성에 관계없이 유체흐름에 적용된다는 것이며 응용 예로는 펌프, 터빈 등 회전 유체기계와 분사(jet) 추진 등에 관한 이론이다. 초보자는 여러 가지 종류의 문제들에 대하여 많은 연습을 함으로써 원리를 완전히 이해하게 될 것이다.

4.1 역적과 운동량

질량 m인 물체가 속도 V로 움직일 때 mV를 그 물체의 운동량(momentum)이라 하고, 물체에 가해진 전외력의 합 ΣF와 미소시간 dt의 곱 ΣFdt를 역적(impulse)이라 한다. 뉴턴의 제2법칙에 따르면 운동량의 시간에 대한 변화율은 외력의 합과 같다. 즉,

$$\frac{d}{dt}(mV) = \Sigma F \quad \text{또는} \quad d(mV) = \Sigma Fdt$$

이며 속도와 합력은 벡터량이다.

이 원리를 흐르는 유체에 적용하는데 있어서 보다 쉽게 이해하기 위하여 그림 4-1과 같이 곡관에서의 정상류 1차원 흐름을 생각해보자.

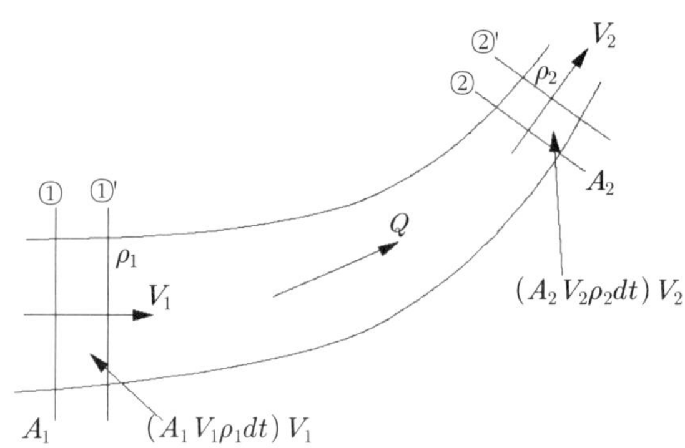

그림 4-1 운동량의 변화

단면 ①과 ② 사이의 공간을 검사체적으로 하고 어느 순간의 검사체적내의 유체가 dt 시간 후에 단면 ①′와 ②′사이의 유체로 이동하였다면 검사체적 내에 유체의 운동량 변화는

(단면 ①′②′ 사이의 유체운동량) − (단면 ①② 사이의 유체운동량)

인데 단면 ①′② 사이의 유체가 가지는 운동량은 공통으로 갖는 운동량이므로 결과적으로 시간 dt 동안의 운동량 변화는

(단면 ②②′ 사이의 유체운동량) − (단면 ①①′ 사이의 유체운동량)

과 같다. 이 사실을 위 법칙에 적용하여 정리하면

$$\Sigma F dt = (A_2 V_2 \rho_2 dt) V_2 - (A_1 V_1 \rho_1 dt) V_1$$
$$= Q\rho (V_2 - V_1) dt$$
$$\therefore \Sigma F = Q\rho (V_2 - V_1) \quad (4-1)$$

위 식을 역적-운동량 방정식이라 부른다.

힘과 속도는 벡터량이므로 평균속도 V_1과 V_2의 크기가 같다고 하더라도 방향이 다르면 외력 F는 존재하여야 한다. 따라서 속도변화 방향은 힘 방향과 같아야 하고, 공간상에서 x, y, z 방향의 속도변화 성분은 각각 외력의 x, y, z 방향 분력에 의한 것이므로 위 식을 다음과 같이 스칼라식으로 쓸 수 있다.

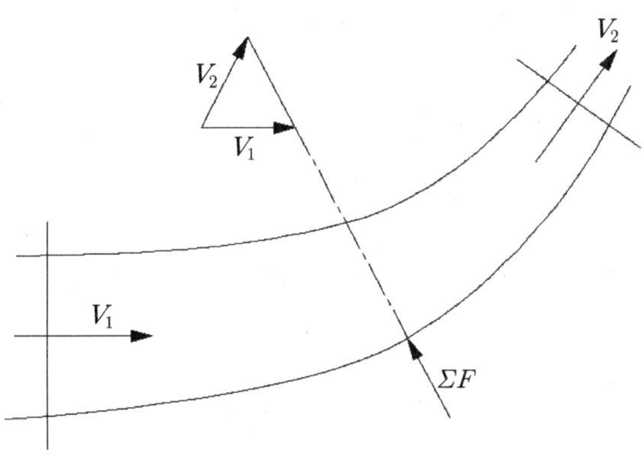

그림 4-2 속도 변화 벡터

$$\Sigma F_x = Q\rho (V_{2x} - V_{1x}) \quad (4-2)(a)$$
$$\Sigma F_y = Q\rho (V_{2y} - V_{1y}) \quad (4-2)(b)$$
$$\Sigma F_z = Q\rho (V_{2z} - V_{1z}) \quad (4-2)(c)$$

4.2 관에 작용하는 힘

유체가 관에 미치는 힘은 작용과 반작용의 원리에 의하여 유체가 관으로부터 받는 외력과 크기가 같고 방향이 반대이다. 따라서 운동량 방정식에 의하여 힘의 크기와 방향을 구하는 것으로 문제를 해결한다.

그림 4-3과 같이 평면상의 곡관에 정상류 비압축성 흐름이 있다고 하자.

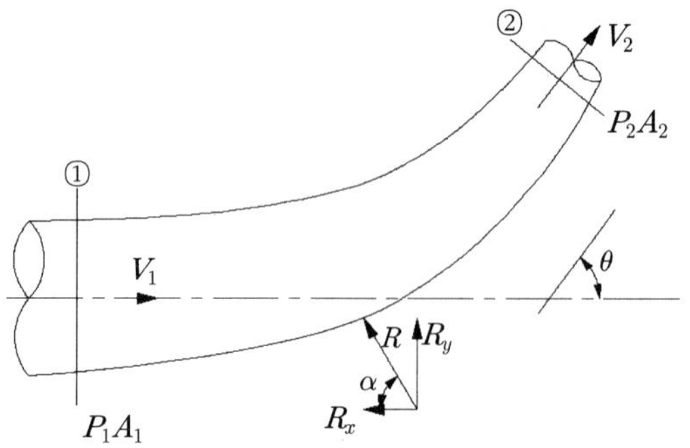

그림 4-3 곡관에 미치는 힘

이 경우 단면 ①과 ② 사이의 검사체적에 대한 운동량 방정식은 유체가 관 벽면으로부터 받는 외력의 x, y 성분을 각각 R_x, R_y라 하면

$$P_1A_1 - P_2A_2\cos\theta - R_x = Q\rho\,(V_2\cos\theta - V_1)$$
$$R_y - W - P_2A_2\sin\theta = Q\rho\,(V_2\sin\theta - 0) \qquad (4-3)$$

가 된다. 여기서 R_x, R_y를 구하고 R과 α는 다음과 같이 구해진다.

$$R = \sqrt{R_x^2 + R_y^2} \qquad \alpha = \tan^{-1}\frac{R_y}{R_x}$$

✎ 예제 4.1

질량 0.3[kg]인 야구공이 40[m/sec]의 속도로 날아온다. 이 공을 배트로 쳐서 50[m/sec]로 날아갈 때 야구공의 운동량 변화량을 구하고, 공을 배트로 충격한 시간이 0.1[sec]이면 배트가 공에 준 힘은 몇 [N] 인가?

〈풀이〉

운동량 변화량은

$$\Delta(mV) = m\,(V_2 - V_1)$$
$$= 0.3 \times \{50 - (-40)\} = 27\,[kg \cdot m/sec]$$
$$F = \frac{m\,(V_2 - V_1)}{t} = \frac{27}{0.1} = 270\,[kg \cdot m/sec^2]$$
$$= 270\,[N]$$

✎ 예제 4.2

질량 200[g]의 당구공이 큐로 $\frac{1}{100}$ 초 사이에 50[N]의 힘을 받아 움직일 때 충격 후 공의 속도는 몇 [m/sec] 인가?

〈풀이〉

당구공에 준 충격력

$$F \times t = 50 \times \frac{1}{100} = 0.5\,[N \cdot sec]$$

처음에 당구공은 정지상태이므로 $V_1 = 0$ 이므로

$$F \times t = m(V_2 - V_1) \text{에서}$$

$$V_2 = \frac{F \times t}{m} = \frac{0.5}{0.2} = 2.5\,[m/sec]$$

✎ 예제 4.3

그림과 같이 단면이 일정한 수평 원관에 정상류 비압축성 유체 흐름이 있다. 단면 ①과 ② 사이의 유체가 벽면으로부터 받는 힘을 구하라.

단, $P_1 = 30\,[Pa]$, $P_2 = 20\,[Pa]$ 이다.

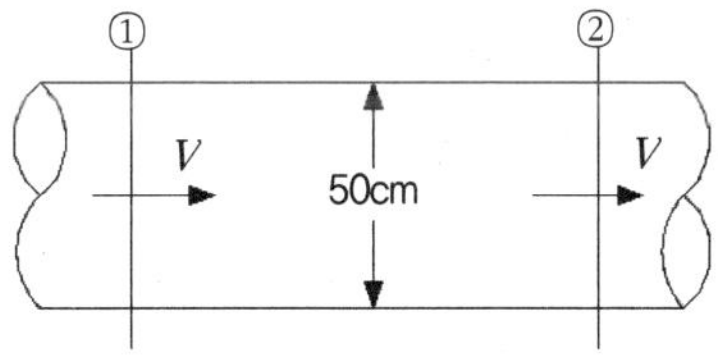

〈풀이〉

운동량 방정식에서 속도 변화가 없으므로 외력의 합은 0이다.

$$P_1A_1 - P_2A_2 - F_x = 0$$

$$F_x = P_1A - P_2A$$

$$= \frac{\pi \times 0.5^2}{4}(30 - 20) = 1.96\,[N]$$

✎ 예제 4.4

그림에서 $P_1 = 20[N/cm^2]$, $P_2 = 8[N/cm^2]$, $d_1 = 50[cm]$, $d_2 = 40[cm]$, $\theta = 60$이고 $980[N/s]$의 물이 관 속을 흐른다. R과 α를 구하라. 단, 유체의 자중은 무시한다.

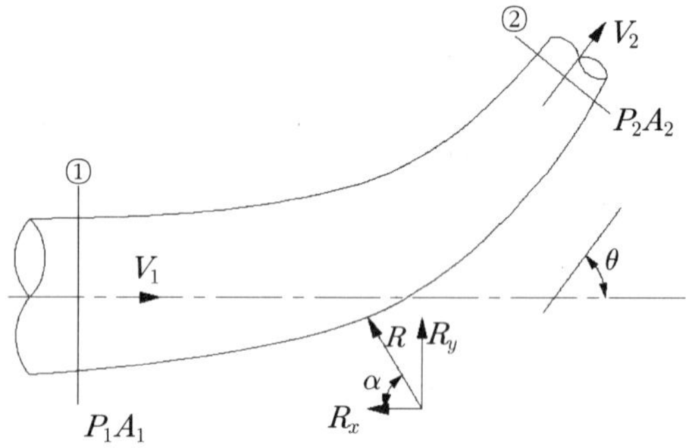

〈풀이〉

$\rho g Q = 980[N/sec]$, $\rho g = 9800[N/m^3]$에서

$Q = 0.1[m^3/sec]$

$$V_1 = \frac{Q}{A_1} = \frac{4 \times 0.1}{\pi \times 0.5^2} = 0.51[m/sec]$$

$$V_2 = \frac{Q}{A_2} = \frac{4 \times 0.1}{\pi \times 0.4^2} = 0.8[m/sec]$$

$P_1A_1 - P_2A_2\cos\theta - R_x = \rho Q(V_2\cos\theta - V_1)$

$R_y - W - P_2A_2\sin 60 = \rho Q(V_2\sin\theta - 0)$에서

$$R_x = P_1A_1 - P_2A_2\cos\theta - \rho Q(V_2\cos\theta - V_1)$$
$$= \left(20 \times 10^4 \times \frac{\pi \times 0.5^2}{4}\right) - \left(8 \times 10^4 \times \frac{\pi \times 0.4^2}{4} \times \cos 60\right)$$
$$- (0.1 \times 10^3(0.8 \times \cos 60 - 0.51)) = 29228[N]$$

$$R_y = P_2A_2\sin 60 + \rho Q V_2 \sin\theta$$
$$= \left(8 \times 10^4 \times \frac{\pi \times 0.4^2}{4} \times \sin 60\right) + (0.1 \times 10^3 \times 0.8 \times \sin 60)$$
$$= 8776[N]$$

$$R = \sqrt{29228^2 + 8776^2} = 30517[N]$$

$$\alpha = \tan^{-1}\frac{R_y}{R_x} = \tan^{-1}\frac{8776}{29228} = 16.7^\circ$$

4.3 분류가 고정날개에 작용하는 힘

오리피스나 노즐에서 분사되는 유체가 면에 부딪치면 방향이 바뀌어져 면에 접하여 흐른다. 유체의 방향이 변했다면 외력의 작용이 있는 것이므로 운동량 방정식을 적용하게 되는데 여기에는 문제 해결을 쉽게 하기 위하여 다음과 같은 가정을 한다.

① 벽면과 분류 사이의 마찰은 무시한다.

② 유체의 자중은 무시한다.(위치에너지)

③ 정상류에서 분류 단면적의 크기는 일정하다.

④ 분류 정압은 대기압과 같다.

그림 4-4 에서 입구 분류 방향으로 x 축을 잡고 출구 유체 속도방향이 x 축과 θ의 각을 이룬다면 정압과 자중에 의한 힘은 없으므로 외력은 곡면으로부터 받는 외력 R 뿐이다. 힘 R의 x, y 방향 분력을 R_x, R_y라 하면

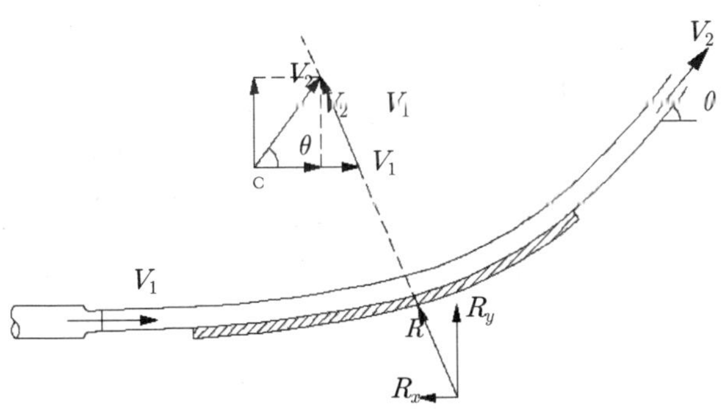

그림 4-4

$$\Sigma F_x = -R_x = \rho Q(V_2 \cos\theta - V_1)$$
$$\Sigma F_y = R_y = \rho Q(V_2 \sin\theta - 0) \qquad (4-4)$$

그리고 V_1과 V_2의 크기가 같으므로 $V_1 = V_2 = V$라 하면

$$R_x = \rho QV(1-\cos\theta)$$
$$R_y = \rho QV\sin\theta$$

✎ 예제 4.5

그림과 같이 비중 0.9인 기름이 속도 12[m/sec]로 흐르고 있다. 판을 고정시키는데 필요한 힘 F는 몇 [N]인가?

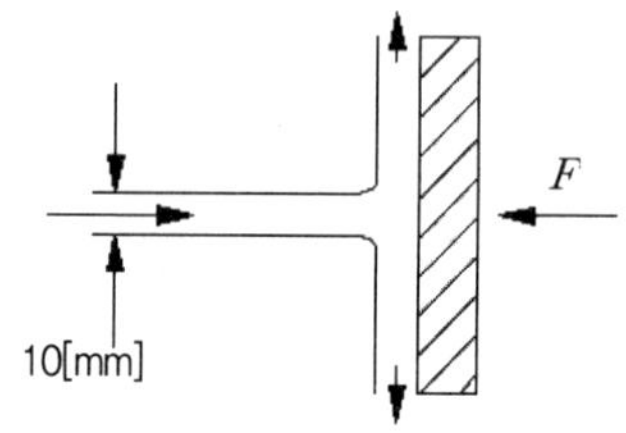

〈풀이〉

판을 떠나는 기름의 속도 V_2의 x 성분 속도 $V_{x2}=0$이다. 운동량 방정식에서

$$-F = \rho Q(V_{x2} - V_{x1})$$

$V_{x1} = 12[m/sec]$이므로

$$F = \rho QV_{x1} = \frac{9800\times 0.9}{9.8}\times\left(\frac{\pi\times 0.1^2}{4}\times 12\right)\times 12$$
$$= 1017.8[N]$$

✎ 예제 4.6

그림과 같이 분류가 평판에 경사지게 부딪치고 있다. 분산된 유량 Q_1, Q_2와 평판이 유체에 작용하는 힘을 구하라.

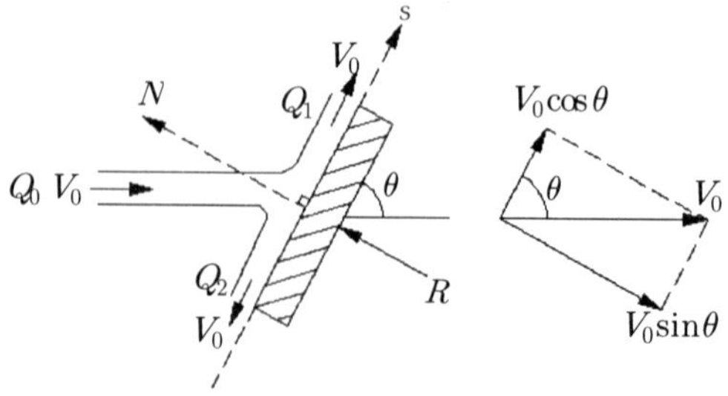

〈풀이〉

운동량의 변화를 평판에 평행인 S 방향과 수직인 N 방향으로 분해하여 생각하면 마찰을 무시하므로 S 방향의 외력은 0이다.

$$\Sigma F_s = (Q_1 \rho V_0 - Q_2 \rho V_0) - Q_0 \rho V_0 \cos\theta = 0$$
$$Q_1 - Q_2 = Q_0 \cos\theta$$

연속방정식에서

$$Q_1 + Q_2 = Q_0$$

위 식을 연립방정식으로 정리하면

$$Q_1 = \frac{Q_0}{2}(1 + \cos\theta)$$
$$Q_2 = \frac{Q_0}{2}(1 - \cos\theta)$$

N 방향의 운동량 변화는 N 방향의 외력에 의하므로 평판에 수직으로 작용하는 힘 R은

$$R = -Q_0 \rho(-V_0 \sin\theta) = Q_0 \rho V_0 \sin\theta$$

4.4 분류가 이동 날개에 작용하는 힘

수차(turbine)나 펌프는 움직이는 날개와 유체의 운동량 변화에 의한 동력교환이 이루어지고 있는 것이다.

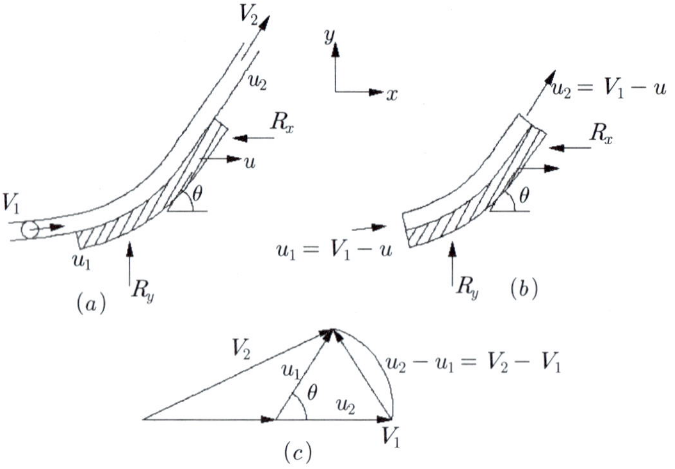

그림 4-5

그림 4-5에서 V_1, V_2는 날개 입구와 출구에서의 분류 절대속도, u는 날개의 이동속도, u_1, u_2는 분류의 날개에 대한 입·출구 상대속도이다. 분출유량은 AV_1이지만 날개를 거쳐 가는 유량은 Au_1이고, x, y 방향의 운동량 방정식은

$$\Sigma F_x = -R_x = Au_1\rho(u_2\cos\theta - u_1)$$
$$\Sigma F_y = R_y = Au_1\rho(u_2\sin\theta - 0)$$

그런데 u_1과 u_2의 크기는 그림 (b)에서와 같이 정상류에서 $V_1 - u$와 같으므로

$$R_x = A\rho(V_1 - u)^2(1 - \cos\theta)$$
$$R_y = A\rho(V_1 - u)^2\sin\theta$$

이다. 날개가 얻는 동력은 다음과 같다.

$$P = R_x \times u = A\rho(V_1 - u)^2(1 - \cos\ )u$$

그리고 그림 (c)의 벡터 선도에서 상대속도의 변화와 절대속도의 변화가 같음을 알 수 있으므로 구하기 쉬운 속도를 이용하는 것이 편리하다.

✎ 예제 4.7

그림과 같이 50°로 구부러진 날개가 5[m/sec]로 움직이고 있다. 이 때 노즐로부터 10[m/sec]인 물의 분류가 분출되어 날개에 부딪친다. 분류가 날개를 떠나는 순간에 절대속도를 노즐에서 분출되는 분류방향과 이것에 수직한 방향의 성분으로 나누면 각각 몇 [m/sec]인가?

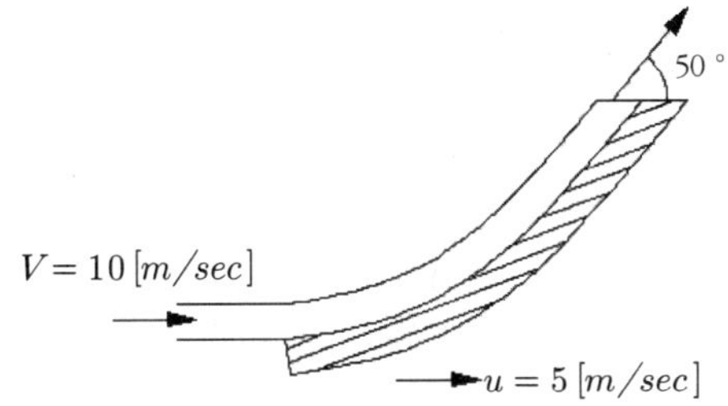

〈풀이〉

날개에 대한 분류의 상대속도

$$V-u = 10-5 = 5\,[m/sec]$$

따라서 절대속도 V는

$$\therefore\ V_{x2} = (V-u)\cos 50 + u$$
$$= 5 \times \cos 50 + 5 = 9.2\,[m/sec]$$
$$\therefore\ V_{y2} = (V-u)\sin 50$$
$$= 5 \times \sin 50 = 3.8\,[m/sec]$$

✎ 예제 4.8

그림과 같이 0.1[m^3/sec]의 물이 30[m/sec]의 속도로 노즐에서 분사되어 10[m/sec]의 속도로 움직이고 150°로 구부러진 날개에 부딪치고 있다. 날개가 갖는 동력을 계산하고 운동에너지의 차와 비교하라.

〈풀이〉

운동량 방정식에서

$$-R_x = \frac{0.1}{30} \times 20 \times 10^3 \times (20 \times \cos 150 - 20) - 2488\,[N]$$
$$P_1 = 2488 \times 10 = 24880\,[J/sec] = 24.88\,[KW]$$

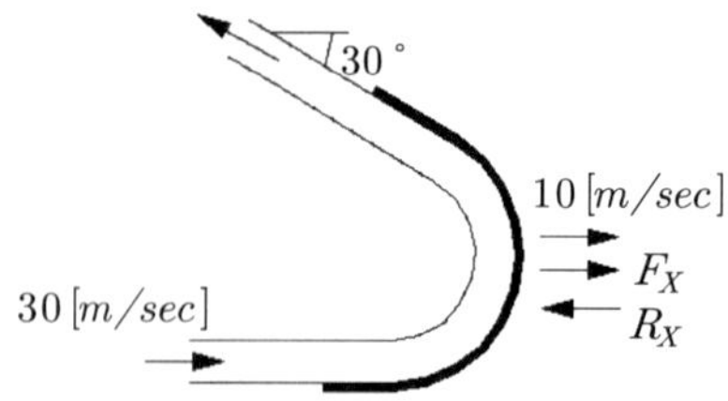

(a)

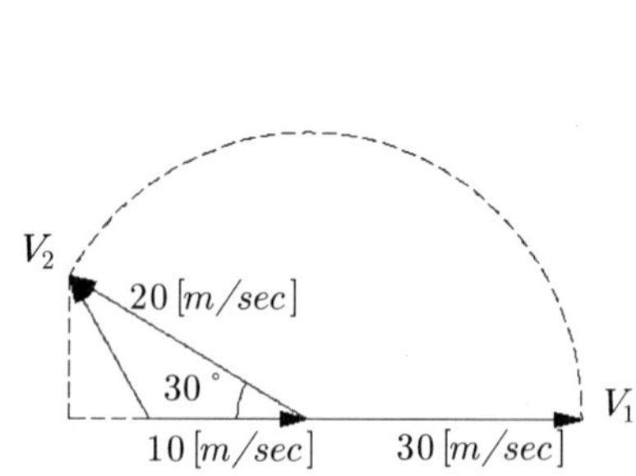

(b)

그림 (b)에서

$$V_2 = \sqrt{(10-20\times\cos 30)^2 + (20\times\sin 30)^2} = 12.39\,[m/sec]$$

$$P_2 = \frac{Q\rho}{2}\,(V_1^2 - V_2^2) = \frac{1}{2}\times\frac{0.1}{30}\times 20\times 1000\times(30^2 - 12.39^2)$$

$$= 24882.9\,[J/sec]$$

위 결과에서 알 수 있듯이 날개가 갖는 동력과 출구 유체의 동력을 합하면 유체가 가졌던 동력과 같음을 알 수 있다. 그리고 단일 날개에서는 유량을 $A(V_1-u)$로 하지만 펠톤수차와 같은 연속날개에서는 유량을 AV_1으로 함을 주의해야 한다.

4.5 분사추진

분사 추진식 방식이나 항공기에 역적 운동량 방정식을 적용하면 추력(thrust)을 계산할 수 있다. 정지하고 있는 유체 속에서 움직이는 물체의 속도가 V_1이면 물체에 대한 정지 유체의 상대 속도 크기도 V_1이다.

유체가 물체를 통과하면서 상대 속도가 V_1에서 V_2로 증가되었다면 유체가 물체에 미치는 힘은 추력(F_{th})으로서

$$F_{th} = Q\rho\,(V_2 - V_1) = Q\rho\,V$$

여기서 V는 유체의 절대속도이며 입·출구에서의 유체 정압 변화를 무시했다. 물체의 추진 동력은

$$P = F_{th}\times V_1 = Q\rho\,(V_2 - V_1)\,V_1$$

이다. 비행기의 경우 분류에 자체 연료가 포함되어 분사된다면 연료의 운동량 변화도 고려된다. 즉, 추력은

$$F_{th} = Q\rho(V_2 - V_1) + Q_f \rho_f V_2$$

이고, $Q_f \rho_f$는 연료의 질량 유량이다.

기계적 이론 효율(η)은 입력(P_i)에 대한 출력(P_o)의 비로서, 여기서 입력은 추진 동력과 손실의 합으로 잡고 출력은 추진 동력으로 잡는다.

$$\eta = \frac{P_o}{P_o + \text{손실}} = \frac{F_{th} V_1}{F_{th} V_1 + \dfrac{Q\rho V^2}{2}} = \frac{1}{1 + \dfrac{V}{2V_1}}$$

어떤 물체가 힘을 받으면 가속도가 생긴다. 지금까지 비행기의 속도는 일정한 것으로 보고 추력을 계산하였으므로 비행체는 가속도 운동이 아니며 비행체가 받는 전 외력은 평형을 이루고 있다. 비행체가 처음 속도를 갖지 않을 때는 추력에 의해 가속되고 속도가 점점 빨라져서 속도의 제곱에 비례하는 항력 $D = C_d A \rho \dfrac{V^2}{2}$가 추력 F_{th}와 크기가 같게 되면 외력은 평형을 이루고 그 때의 속도로 등속운동을 유지하게 된다.

이 사실은 반대로 등속 비행 중의 추력을 계산하면 그 속도에 대한 비행체의 항력(Drag)을 알 수 있게 된다.

✎ 예제 4.9

그림과 같이 측면에 지름 30[cm]인 노즐이 수면으로부터 6[m] 아래에 있다. 이 차가 받는 추력은 몇 $[kg_f]$인가?

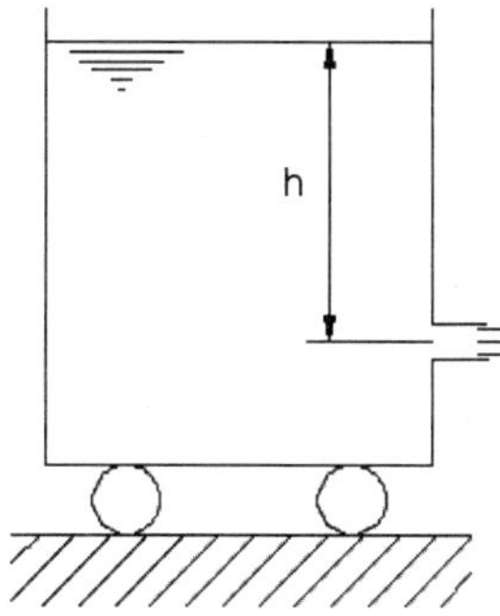

〈풀이〉

노즐의 유속은

$$V = \sqrt{2gh} = \sqrt{2 \times 9.8 \times 6} = 10.84\,[m/sec]$$

유량 $Q = AV$이므로

$$F = \rho A V^2 = \frac{1000}{9.8} \times \frac{\pi \times 0.3^2}{4} \times 10.84^2$$
$$= 847.5\,[kg_f]$$

✎ 예제 4.10

그림과 같이 작은 배가 분사추진으로 움직이고 있다. 4[m/sec]의 속도로 흐르는 강물에서 강변에 상대적으로 10[m/sec]의 속도로 거슬러 올라간다. 이 배는 앞부분에서 물을 공급받아 배 뒤편에서 0.157[$m^3/secx$]의 물을 단면적 60[cm^2]인 노즐을 통하여 분출하고 있다. 배의 추진 동력을 구하라.

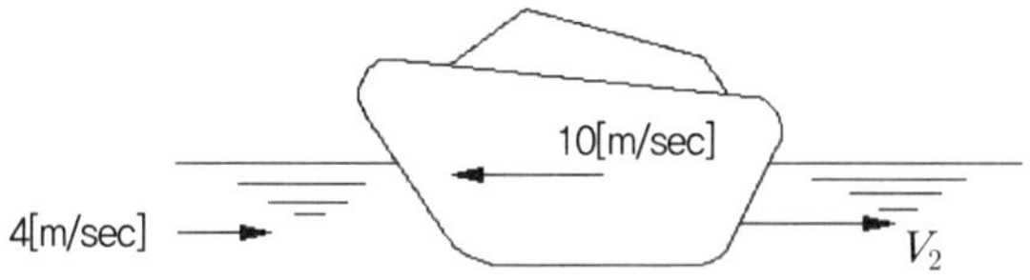

〈풀이〉

입구 유체의 배에 대한 상대속도는 14[m/sec]이므로 추력(F_{th})은

$$F_{th} = 0.157 \times 10^3 \times \left(\frac{0.157}{60 \times 10^{-4}} - 14 \right)$$
$$= 1910.17\,[N]$$

동력 P는

$$P = F_{th} \times 10 = 19101.7\,[J/sec] = 19.1\,[KJ/sec]$$

✎ 예제 4.11

800[km/hr]의 속도로 날고 있는 제트기가 500[m/sec]의 속도로 배기를 노즐에서 분출할 때 제트기의 추진력은 몇 [N]인가?

단, 흡기량은 25[kg/sec]로서 배기에는 연소가스가 2.5% 증가하는 것으로 한다.

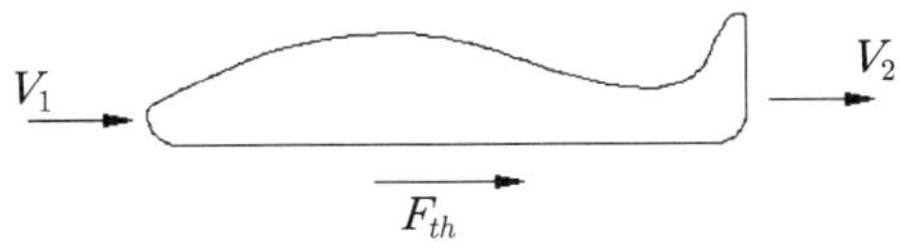

〈풀이〉

비행기 속도 V_1은

$$V_1 = \frac{800 \times 1000}{3600} = 222.22\,[m/sec]$$

그리고

$$\rho_1 Q_1 = 25\,[kg/sec]$$

$$\rho_2 Q_2 = \rho_1 Q_1 + \rho_1 Q_1 \times \frac{2.5}{100} = 25 + 25 \times \frac{2.5}{100} = 25.625\,[kg/sec]$$

따라서 추력은

$$F_{th} = \rho_2 Q_2 V_2 - \rho_1 Q_1 V_1 = 25.625 \times 500 - 25 \times 22.22$$
$$= 7257\,[N]$$

4.6 운동량 모멘트의 원리

유체 회전 기계의 이론은 분류와 날개 사이의 관계에 기초를 두고 있다. 고정 날개에서는 동력의 교환이 일어날 수 없다.

힘과 변위가 있을 경우에만 동력이 존재하게 되므로 움직이더라도 운동량 변화에 의한 힘의 교환이 없다면 역시 동력은 생각할 수 없다. 예를 들면 회전하지 않는 물레방아나 원주 속도가 물의 낙하 속도와 같게 돌고 있는 물레방아는 동력을 얻지 못한다.

앞에서 취급한 문제들은 날개가 선형으로 움직이는 경우였지만 날개가 회전 운동을 하고 있을 때는 운동량 방정식에 의한 힘의 작용은 회전 중심으로부터의 거리에 따라 회전력의 크기가 다르므로 미소 운동량 변화에 의한 접선 방향 힘들에 각각의 반지름이 곱해져서 회전력이 계산된다.

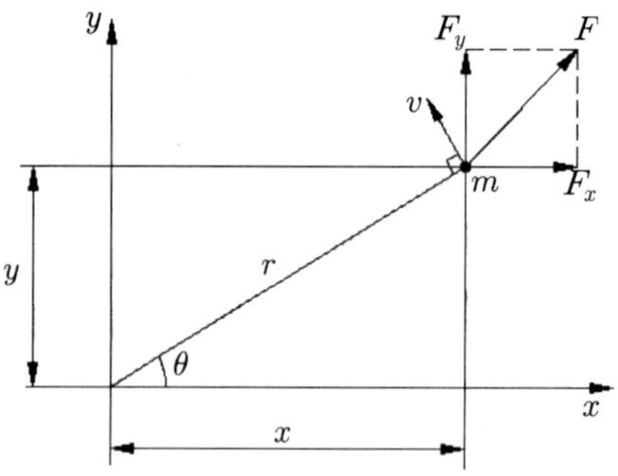

그림 4-6 운동량의 모멘트

그림 4−6에서 모멘트(T)를 고려하여 질량 m에 힘 F가 가해지고 원주속도가 v라고 하면

$$F_x = m\frac{d^2x}{dt^2}$$

$$F_y = m\frac{d^2y}{dt^2}$$

이고 원점을 중심으로 한 모멘트는

$$\begin{aligned} T &= xF_x - yF_x \\ &= m\left(x\frac{d^2y}{dt^2} - y\frac{d^2x}{dt^2}\right) \\ &= m\frac{d}{dt}\left(x\frac{dy}{dt} - y\frac{dx}{dt}\right) \end{aligned}$$

로 표시할 수 있으므로, $x = r\cos\theta$, $y = r\sin\theta$로 치환하면

$$\begin{aligned} T &= m\frac{d}{dt}\left(r^2\frac{d\theta}{dt}\right) \\ &= m\frac{d}{dt}(rv) \end{aligned}$$

따라서 일반적으로 다음과 같은 관계식이 성립한다.

$$T = \frac{d}{dt}(mrv) \tag{4-5}$$

이 원리를 그림 4-7과 같이 선회하면서 유출하는 정상류에 대하여 생각하면,

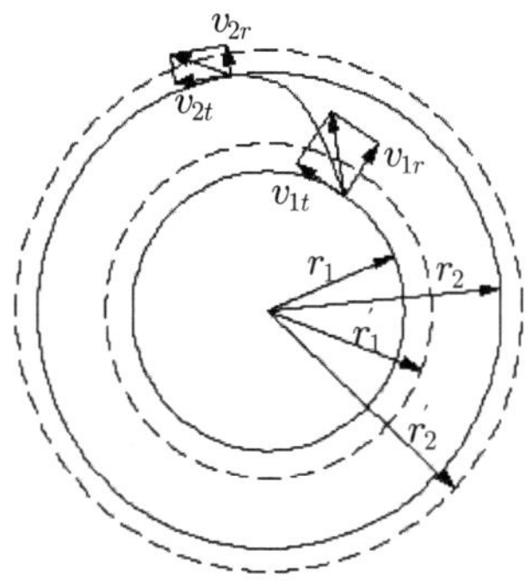

그림 4-7 운동량 모멘트의 변화

반지름 r_1과 r_2 사이의 유체가 dt시간 후에 r_1'와 r_2' 사이 유체로 변하였다면 운동량 모멘트(mrv)의 변화는

$$(2\pi r_2 v_{2r} dt \rho_2) r_2 v_{2t} - (2\pi r_1 v_{1r} dt \rho_1) r_1 v_{1t}$$

여기서 v_{1r}, v_{2r}은 반지름 r_1, r_2인 곳의 반지름 방향 속도 성분이고 v_{1t}, v_{2t}는 반지름 r_1, r_2인 곳의 원주 방향 속도 성분이다.

식 (4-5)에서

$$T = (2\pi r_2 v_{2r} \rho_2) r_2 v_{2t} - (2\pi r_1 v_{1r} \rho_1) r_1 v_{1t}$$

또한, 연속방정식에 의해

$$2\pi r_1 v_{1r} \rho_1 = 2\pi r_2 v_{2r} \rho_2 = Q\rho = \text{일정}$$

이므로

$$T = \rho Q (r_2 v_{2t} - r_1 v_{1t})$$

이 된다. 이 식은 유체가 흐르면서 운동량이 증가되는 경우로서 펌프에 대한 식이며(그

림 4−8)(a), 터빈에 대해서는 그림 4−8(b)에서와 같이 운동량의 감소가 일어나므로 운동량 모멘트 식은 다음과 같다.

$$T = \rho Q(r_1 v_{1t} - r_2 v_{2t})$$

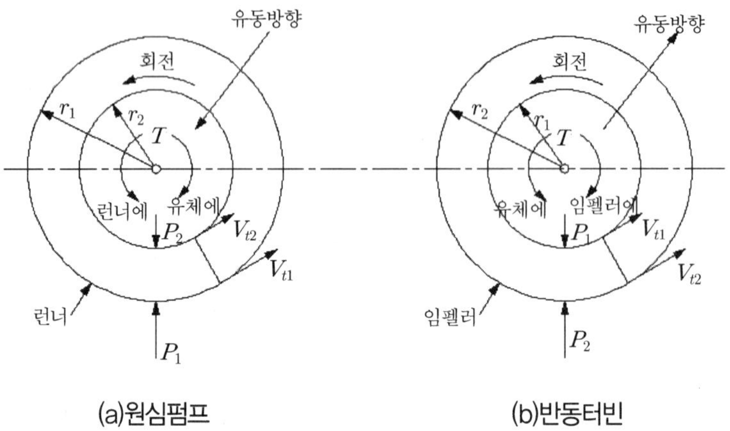

그림 4−8

그리고 동력은 $P = T\omega = \gamma QE$이므로 펌프 에너지 수두는

$$E_p = \frac{\omega}{g}(r_2 v_{2t} - r_1 v_{1t})2$$

이다.

✎ 예제 4.12

그림과 같은 살수기(sprinkler)가 노즐에서 3[l/sec]로 물을 분출시킨다. 이 살수기가 정지해 있도록 하기 위해 얼마의 토크가 필요한가?

단, 노즐의 직경은 0.5[cm]이다.

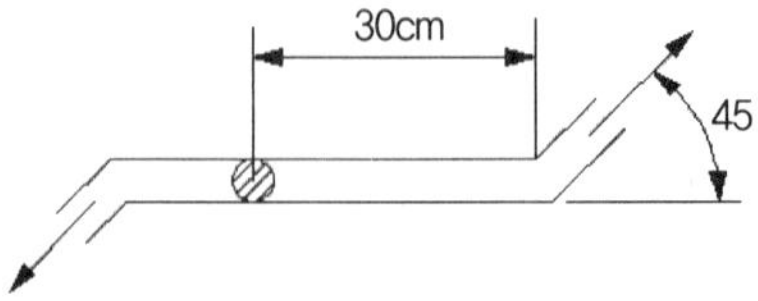

〈풀이〉

노즐에서의 속도 V는

$$V = \frac{Q}{2A} = \frac{3 \times 10^{-3}}{2 \times \frac{\pi}{4}(0.5 \times 10^{-2})^2} = 76.39[\mathrm{m/sec}]$$

그러므로

$$u_2 = Vsin45 = 54.01[\mathrm{m/sec}]$$

토크 T는

$$T = (\rho Q u_2) r = \frac{1000}{9.8} \times 0.003 \times u_2 \times 0.3$$

$$= 48.6[\mathrm{kg_f \cdot m}]$$

4장 연습문제

1. 어떤 물체가 일정한 속도 30[m/sec]로 운동하고 있다. 이 물체의 질량이 0.5[kg]이면 운동량은 몇 [kg·m/sec]인가?

2. 직경 500[mm]인 수평 원관에 물이 흐르고 있다. 단면 1에서의 압력이 100 $[Kpa]$이고, 단면 2에서의 압력이 50$[Kpa]$이면 두 단면 사이의 벽면이 받는 마찰력은 몇 [N]인가?

3. 지름이 100[mm]인 노즐에서 50[m/sec]의 물분류로 고정날개에 그림과 같이 충돌하고 있다. 이 때 날개를 고정시키는데 필요한 힘 F_x, F_y와 합력 F를 구하라.

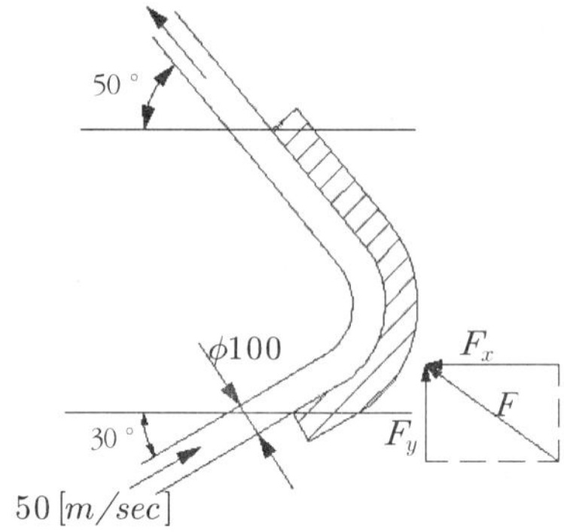

문제 3

4. 그림과 같이 비중이 0.85인 기름이 노즐로부터 분출되고 있다. 노즐 입구에서 압력 $p_1 = 8\,[kg_f/cm^2]$일 때 노즐이 받는 힘은 얼마인가?
단, 마찰에 의한 손실은 없는 것으로 한다.

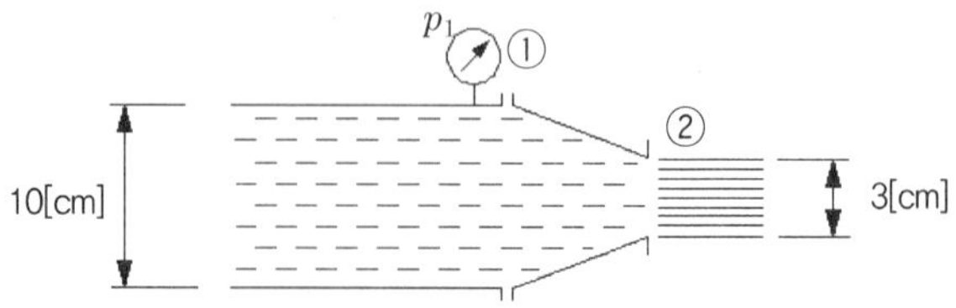

문제 4

5. 30[m/sec]로 움직이는 이동날개에 운동방향으로 300[N]의 힘을 가했을 때 얻어지는 동력은 몇 [KW] 인가?

6. 보트가 35[km/hr]의 속도로 달리고 있다. 이 보트가 지름 50[cm]의 프로펠러에서 5[m^3/sec]로 물을 분사할 때

① 보트에 발생하는 추력은 몇 [N] 인가?
② 프로펠러의 이론 효율은 몇 [%] 인가?
③ 프로펠러를 구동하는데 필요한 동력은 얼마인가?
④ 프로펠러로부터 얻어지는 동력은 몇 [KW] 인가?

7. 어떤 로켓이 연료와 산화제를 혼합해서 120[kg/sec]의 연소 속도로 연료를 연소시켜 로켓에서 2500[m/sec]로 분사한다. 이 때 발생하는 추력은 몇 [N] 인가?

8. 물 분류의 속도가 45[m/sec] 분사되어 25[m/sec]로 움직이는 이동날개에 분사될 때 단위시간당 운동량 변화를 일으키는 질량유량은 몇 [kg/sec] 인가? 단, 물의 밀도는 1000[kg/m^3]이고 물 분류의 단면적은 0.02[m^2]이다.

9. 이동날개에 분류를 분출시켜 분류방향으로 160[kg_f]의 힘을 가했을 때 날개가 분류방향으로 25[m/sec]의 속도로 이동될 때 얻어지는 동력은 몇 [HP]인가?

10. 직경 400[mm]인 수평 원 관에 물이 흐르고 있다. 50[m] 거리에서 압력강하가 100[KPa]이면 관 벽면에서의 전단응력은 얼마인가?

11. 그림과 같은 오리피스 판에 미치는 힘을 구하라. 관의 직경은 50[cm]이고 유출되는 유체의 직경은 20[cm]이다.

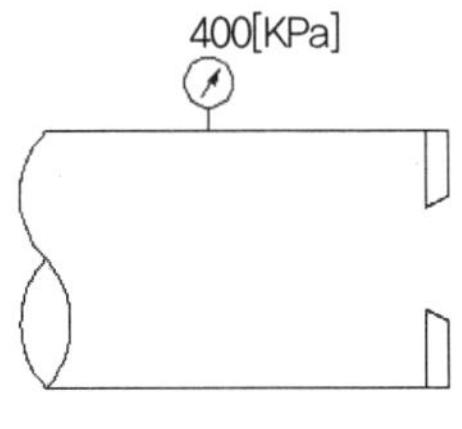

문제 11

12. 직경 50[cm]인 90° 엘보우에 비중 0.8인 기름이 0.7$[m^3/sec]$로 흐른다. 입구에서의 압력이 300[KPa]일 때 이 엘보우를 고정시키는데 필요한 x, y 성분의 힘은 얼마인가? 단, 물과 엘보우의 무게는 무시한다.

13. $d_1 = 50\,[cm]$, $d_2 = 25\,[cm]$, $P_1 = 150\,[KPa]$, $P_2 = 120\,[KPa]$이다. 단면 사이의 물의 자중과 손실을 무시하고 단면 ①② 사이의 곡관이 유체에 미치는 반력 R의 크기와 방향을 구하라.

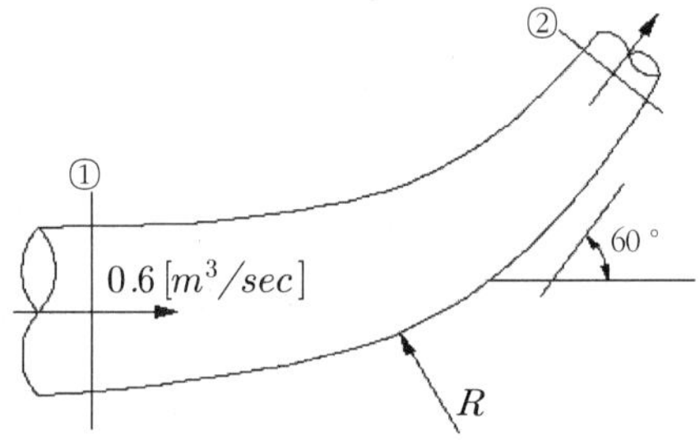

문제 13

Chapter. 5

실제유체의 흐름

* 실제유체의 흐름은 점성의 존재에 의하여 생기는 현상으로서 이상유체의 흐름보다 대단히 복잡하다. 점성은 유체입자들 사이 또는 이것들과 경계벽들 사이에 전단 또는 마찰력 등을 일으킴으로서 운동에 대한 저항을 가져온다. 흐름이 일어나려면 일이 이 저항력들에 이겨서 행해져야 하며, 이 과정에서 에너지는 열로 변환된다. 점성이 포함됨으로써 또한 두 가지의 물리적으로 서로 다른 제도의 가능성이 있게 되고, 이상유체의 흐름과 완전히 다른 흐름을 생기게 한다.
* 그 속도분포에 관한 영향은 또한 균일한 속도분포의 가정을 무료로 만든다. 오일러 방정식은 실체유체의 전단응력을 포함하도록 바꿔지지만, 그 결과는 일반해가 알려지지 않은 한 조의 편미분방정식들이다. 이러한 복잡성의 관점에서 공학자들은 해석적인 해의 가망이 없는 문제들을 해결하기 위하여 실험적인 결과와 반경험적인 방법에 의존하여야 한다. 이것은 다양한 물리적 현상의 유효한 기본적인 이해를 필요로 한다. 따라서 여기서는 이론적으로 매우 복잡한 것은 피하고 실험에 의한 자료를 이용하여 손실수두, 압력강하를 구하는데 중점을 두었다.

5.1 레이놀드 수

점성의 영향은 실제유체의 흐름으로 하여금 두 가지의 대단히 다른 조건들, 즉 층류(laminar flow)와 난류(turbulent)의 제도 하에서 일어나게 한다. 이 제도의 특성은 그림과 같은 장치로 Reynolds에 의해 보여 졌다. 저수탱크에 연결된 유리관의 다른 쪽 끝에 있는 밸브 C를 조절함으로써 관 속을 흐르는 물의 속도를 조절할 수 있고 마찰을 줄이기 위한 종 모양의 관 입구에서는 물감을 공급하는 가는 관 B가 설치되어 있다.

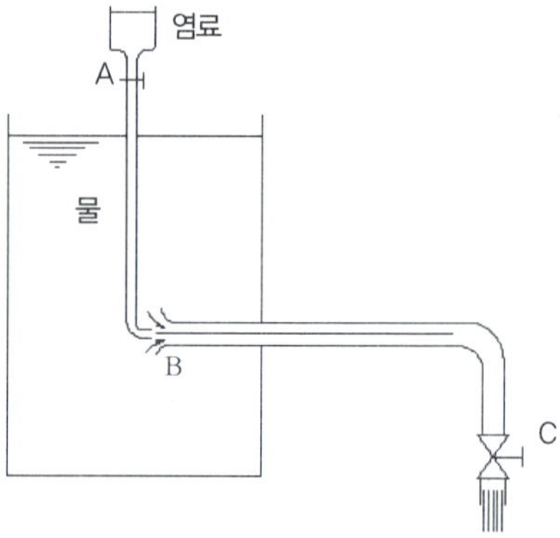

그림 5-1 레이놀드의 실험

처음 밸브를 조금 열어 느린 속도로 물이 흐르게 하면 물감은 관에 평행하게 깨끗한 직선을 이룬다. 그리고 밸브를 점점 더 열어 속도를 빠르게 하면 물감은 흔들리고, 나중에는 흐트러져 물감이 이루는 선을 볼 수 없게 되며 이와 같이 물감의 움직임을 관찰함으로써 유체흐름의 상태가 속도에 의해서 구분됨을 알았다. 즉, 느린 속도에서 물감이 가는 선을 이루는 경우의 흐름은 층류흐름일 때이고 속도가 빠를 때 물감이 흐트러져 선이 보이지 않는 경우는 난류흐름임을 보여주는 것이다.

층류는 유체 층간에 미끄러짐이 있을 뿐 질서정연하게 흐르는 흐름이고, 난류는 유체 입자가 난동을 일으키면서 무질서하게 흐르는 흐름을 말한다. 레이놀드는 또 층류, 난류의 구분이 속도(V)만에 의해서 결정되는 것이 아니고 유체의 점성계수(μ), 밀도(ρ), 관의 직경 (d)에도 관계됨을 알고 이들 변수에 의한 무차원함수를 정의하였는데 이 함수를 레이놀드 수(R)라 부르며 원 관에서는 다음과 같다.

$$R = \frac{\rho V d}{\mu} = \frac{Vd}{\nu}$$

ρ : 유체의 밀도

V : 유체의 평균속도

d : 관의 직경

μ : 유체의 점성계수

v : 유체의 동점성계수

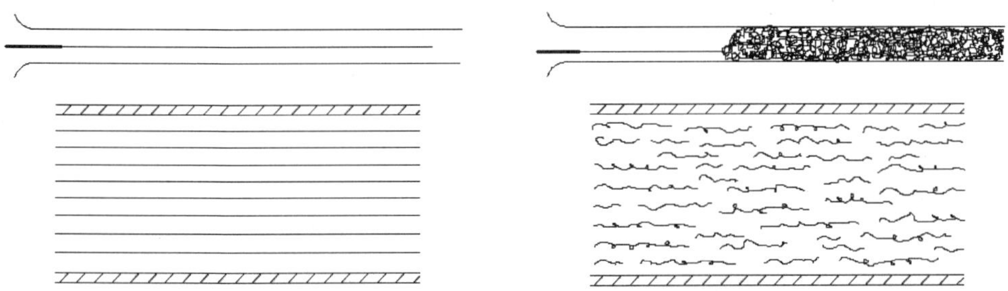

(a) 층류 (b) 난류

그림 5-2 원관속 유체의 흐름

단면이 일정한 원 관에서의 레이놀드 수에 의한 층류와 난류의 구별은 실험에 의하여 R가 약 2100보다 작은 값일 때 층류이고, R가 4000을 넘을 때 난류가 되며 R의 값이 2100~4000 사이에서는 불안정한 과도적 현상을 보이는 흐름이라 한다. 그리고 앞의 실험에서 속도를 높여 갈 때 층류에서 난류로 변하는 R의 값은 대체로 4000이고, 다시 난류에서 층류로 변하게 되는 R의 값은 2100 근처이므로 4000을 상임계 레이놀드 수, 2100을 하임계 레이놀드 수라고 부른다. 여기서 레이놀드 수의 정확한 값을 이야기 하지 않는 것은 실험조건, 즉 관 입구에서의 형상이나 저장유체의안정도 또는 관 벽면의 거칠기에 따라 다소 유동적이기 때문이다.

예제 5.1

직경 5[cm]의 수평원관에 평균속도 0.7[m/sec]로 흐르고 있다. 물의 온도가 0[℃]일 때 레이놀드 수를 구하고 층류와 난류를 판별하라.

〈풀이〉

표 1-2에서 0[℃]일 때 물의 동점성계수$v = 0.017887[\text{stokes}] = 1.7887 \times 10^{-6} [\text{m}^2/\text{sec}]$

이므로

$$R = \frac{V \cdot d}{\nu} = \frac{0.7 \times 0.05}{1.7887 \times 10^{-6}} = 19567 \qquad \therefore \text{ 난류이다.}$$

✎ 예제 5.2

15[℃]인 물이 직경 25[cm]의 관 속을 0.3$[m^3/sec]$의 유량으로 흐르고 있다. 이 때의 레이놀드 수를 구하라.

단, 15[℃]에서 물의 동점성계수는 $\nu = 1.141 \times 10^{-6}[m^2/sec]$이다.

〈풀이〉

$$V = \frac{Q}{A} = \frac{0.3}{\frac{\pi}{4} \times 0.35^2} = 3.1\,[m/sec]$$

$$\therefore R = \frac{V \cdot d}{\nu} = \frac{3.1 \times 0.3}{1.141 \times 10^{-6}} = 819843$$

✎ 예제 5.3

직경 5[cm]인 원관에 15[℃]인 물이 흐르고 있다. 난류로 흐를 수 있는 최소유량을 구하라.

〈풀이〉

예제 5–2에서 동점성계수는 $\nu = 1.141 \times 10^{-6}[m^2/sec]$이므로

$$R = \frac{V \cdot d}{\nu} = 4000 \text{ 에서}$$

$$V = \frac{4000 \times 1.141 \times 10^{-6}}{0.05} = 0.09\,[m/sec]$$

$$\therefore Q = A \cdot V = \frac{\pi \times 0.05^2}{4} \times 0.09 = 0.0035\,[m^3/sec]$$

5.2 원관 속의 층류 흐름

단면이 일정한 곧은 원 관속을 정상류가 층류로 흐를 때 전단응력과 속도의 분포는 이론적으로 구할 수 있다. 그림 5–3에서와 같이 층류는 층 사이는 미끄럼이 일어나면서

전단응력을 발생하고 전단응력은 벽면에서 최대이며 관 중심에서는 0이 되는 것을 알 수 있다. 그리고 단면의 크기가 일정하므로 속도는 일정하게 유지되고 흐름 방향의 마찰력에 의한 손실은 압력과 위치에너지의 감소로 나타날 것이다.

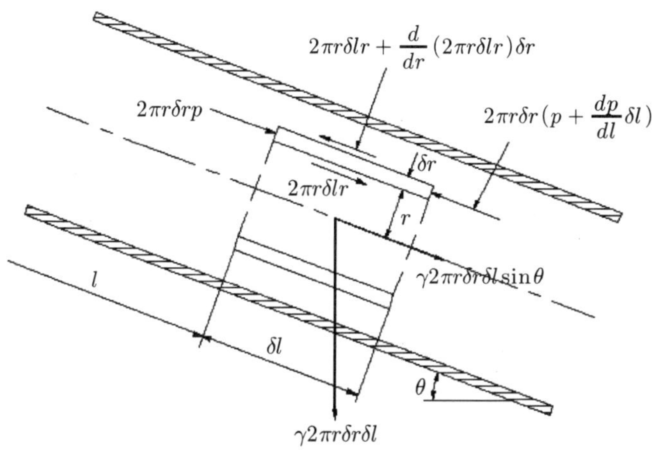

그림 5-3 층류의 체적요소에 대한 자유물체도

그림의 체적요소가 일정한 속도로 이동한다면 체적요소에 미치는 외력은 평형을 이루어야 하므로 다음과 같은 식이 성립한다.

$$2\pi r\delta rp - \left(2\pi r\delta rp + 2\pi r\delta r\frac{dp}{dl}\right) + 2\pi r\delta l\tau$$
$$-\left(2\pi r\delta l\tau + \frac{d}{dr}(2\pi r\delta l\tau)\cdot\delta r\right) + \gamma 2\pi r\delta r\delta l\sin\theta = 0$$

위 식을 정리하면

$$-2\pi\delta r\delta lr\frac{dp}{dl} - 2\pi\delta l\delta r\frac{d}{dr}(r\tau) + 2\pi\delta r\delta l\gamma\sin\theta = 0$$

$\sin\theta = -\frac{dh}{dl}$로 변환하고 양변을 $2\pi r\delta r\delta l$로 나누면

$$\frac{d}{dl}(p+\gamma h) + \frac{1}{r}\frac{d}{dr}(\tau r) = 0 \qquad (5-1)$$

위 식에서 $d(p+\gamma h)/dl$는 r의 함수가 아니므로 r에 관해 적분하면

$$\frac{r^2}{2}\frac{d}{dl}(p+\gamma h)+\tau r=c \qquad (5-2)$$

원 관에서는 경계조건으로 $r=0$일 때, $\tau=0$으로 놓으면 적분상수 c는 0이 되므로

$$\tau=-\frac{r}{2}\frac{d}{dl}(p+\gamma h) \qquad (5-3)(a)$$

가 된다. 이 식에서 $-d(p+\gamma h)/dl$은 수력구배선의 하강을 뜻하며 수평원관에서는 $h=0$이다. 즉,

$$\tau=-\frac{r}{2}\frac{dp}{dl} \qquad (5-3)(b)$$

지금 수평 원 관일 때 속도분포를 구하기 위하여 뉴턴의 점성법칙을 위 식과 연립하여 전단응력을 소거하면

$$\tau=-\mu\frac{du}{dr}=-\frac{r}{2}\frac{dp}{dl}$$

이며, 여기서 점성계수 앞의 (−) 부호는 r가 증가할 때 u는 감소함을 뜻한다. u를 r에 관하여 적분하고 경계조건으로 $r=r_0$(관의 반경)일 때 $u=0$을 대입하여 적분상수를 구하면

$$\frac{du}{dr}=\frac{r}{2\mu}\frac{dp}{dl} \qquad (5-4)$$

$$u=\frac{1}{4\mu}\frac{dp}{dl}r^2+c$$

$$u=-\frac{1}{4\mu}\frac{dp}{dl}(r_0^2-r^2) \qquad (5-5)$$

를 얻는다. 이 식으로 원 관에서의 층류 속도분포는 회전 포물면임을 알 수 있다. 식 (5−4)에서 최대속도는 $r=0$일 때이므로

$$u_{\max}=-\frac{r_0^2}{4\mu}\frac{dp}{dl} \qquad (5-6)$$

이고 회전 포물체의 체적은 이것을 둘러싸는 원통 체적의 절반이므로 평균속도(V)는 최

대속도의 절반이다.

$$V = -\frac{r_0^2}{8\mu}\frac{dp}{dl} \tag{5-7}$$

따라서 유량 Q는 평균속도에 단면적을 곱하여

$$Q = -\frac{\pi r_0^4}{8\mu}\frac{dp}{dl} \tag{5-8}$$

물론 유량은 속도분포가 주어져 있으므로 다음 식과 같이 관 중심에서 벽면까지 미소 면적×속도를 적분하여도 쉽게 계산된다.

$$Q = \int_0^{r_0} 2\pi r u dr$$

관의 길이 L에 걸쳐 압력강하가 Δp라 하면

$$-\frac{dp}{dl} = \frac{\Delta p}{L}$$

로 쓸 수 있으며 이 식을 식 (5−8)에 대입하고 반경 r_0을 직경 D로 대치하면

$$Q = \frac{\Delta p \pi D^4}{128\mu L} \tag{5-9}$$

이다. 위 식을 **하겐−포아젤리(Hargen−poiseuille)의 방정식**이라 부른다. 이 식은 두 사람이 각각 별도로 하겐은 1839년에 포아젤리는 1840년에 실험적 방법에 의하여 결정하였다.

지금까지의 층류에 관한 이론적 해석 결과는 실험의 결과와 일치한다는 것이 밝혀졌고 이러한 사실들은 이론적 해석에 적용한 뉴턴의 점성법칙이 층류 흐름에는 유용하다는 것을 입증하는 것이며 또한 벽면에서의 속도가 0이고, 관 중심에서는 전단응력이 0이라고 한 경계조건 역시 타당함을 보여 준다.

✎ 예제 5.4

동점성계수(ν)가 $2.4\times10^{-4}[m^2/sec]$이고, 비중(s)이 0.8인 40[℃] 엔진 오일을 1[km] 떨어진 곳으로 원 관을 송유하려 한다. 관의 직경이 100[mm]이고 유량이 $0.2[m^3/sec]$이면 1[km] 거리에서의 손실수두는 얼마인가? 또 송유하는데 필요한 최소 펌프동력은 얼마인가?

〈풀이〉

레이놀드 수를 구하면

$$R=\frac{Vd}{\nu}=\frac{4Qd}{\pi d^2\nu}=\frac{4\times0.02\times0.1}{\pi\times0.1^2\times2.4\times10^{-4}}=1061$$

이 유체는 층류흐름이므로 하겐－포아젤리의 방정식을 이용할 수 있다. 그런데 곧고 긴 원관에서 길이 L만큼 떨어진 두 단면에 베르누이 방정식을 적용하면 속도수두와 위치수두는 두 단면에서 각각 같으므로

$$H_L=\frac{p_1-p_2}{\rho g}=\frac{\Delta p}{\rho g},\ \Delta p=\rho gH_L$$

이다. 하겐－포아젤리 방정식에서

$$H_L=\frac{128\nu LQ}{\pi d^4 g}=\frac{128\times2.4\times10^{-3}\times0.02}{\pi\times0.1^4\times9.8}=199.6[m]$$

펌프동력은 $P=H_L\times\rho gQ$ 또는 $P=\Delta p\times Q$로 계산된다.

$$P=199.6\times9800\times0.02=39114[N\cdot m/sec]$$

✎ 예제 5.5

유량이 $0.1[m^3/sec]$으로 직경이 100[mm]인 관 속으로 중유($s=0.9$, $\mu=9.8\,\text{poise}$)가 흐르고 있다. 거리가 10[km] 떨어진 곳으로 수송하는데 필요한 동력은 몇 [KW]인가?

〈풀이〉

평균속도는

$$V=\frac{0.1}{\frac{\pi\times0.1^2}{4}}=12.73[m/sec]$$

여기서

$$\mu = 9.8\,[poise] = 9.8\,[dyne \cdot sec/cm^2] = 0.98\,[N \cdot sec/m^2]$$
$$\rho = \rho_w s = 1000 \times 0.9 = 900\,[kg/m^3] = 900\,[N \cdot sec^2/m^4]$$

레이놀드 수 R_e는

$$R_e = \frac{\rho Vd}{\mu} = \frac{900 \times 12.73 \times 0.1}{0.98} = 1169 < 2100$$

따라서 이 흐름은 층류이므로 하겐-포아젤 방정식에서

$$Q = \frac{\Delta p \pi D^4}{128 \mu L} \text{ 이므로}$$
$$\Delta p = \frac{128 Q \mu L}{\pi D^4} = \frac{28 \times 0.1 \times 0.98 \times 10000}{\pi \times 0.1^4} = 8.7 \times 10^7\,[N/m^2]$$

따라서 동력 P는

$$P = \gamma h_L Q = \Delta p Q = 8.7 \times 10^7 \times 0.1 = 8.7 \times 10^6\,[N \cdot m/sec]$$
$$= 8.7 \times 10^6\,[W] = 8.7 \times 10^3\,[KW]$$

5.3 원관 속의 난류 흐름

층류는 이론적 해석이 실험과 일치하여 완전성을 가지지만 난류해석은 매우 복잡하고 어려울 뿐 아니라 이론적 해석이 실제의 다양한 실험결과와 잘 일치하지 않으며 오늘날까지의 여러 가지 이론들 모두가 완전한 것은 없다. 그러나 실제유체 흐름의 대부분은 난류이기 때문에 이 흐름의 특성 규명은 불가피하다. 난류의 난동에 의한 불규칙성은 뉴유톤의 점성법칙이 의미를 잃게 되며 운동방정식 또한 흐름방향 이외의 속도성분으로 인하여 간단하지 못하므로 난류에 대한 이론적 전개는 층류와는 근본적으로 다른 각도에서 이루어지게 된다. 즉 와동(eddy motion)에 관한 순환(circulation)의 이론과 경계층(boundary layer)의 개념, 박리(separation)현상, 차원해석법에 의한 무차원 함수 간의 관계를 실험적 자료와 결부시키는 일 등으로 전단응력 및 속도분포 상황을 체계적으로 설명하려고 노력해 왔다. 이 분야에는 독일의 공학자 Prandtl(1875~1953)이 1925년 획기적인 난류이론의 창조에 기여한 바가 크다. 이들 이론에 관하여 초보자는 종합적이고 구체적인 이해를 하기란 무리이므로 여기서는 결과적인 현상 파악에 중점을 두고 전단응력에 의한 손실수두 들에 관하여 알아보기로 한다.

일정 단면의 원 관에 비압축성 유체의 난류흐름이 있을 때 손실수두는 다음 변수들과 함수관계가 있음이 실험적으로 알려져 왔다.

관의 길이 : L
관의 직경 : D
관 벽면의 조도 : e
유체의 속도 : V
유체의 밀도 : ρ
유체의 점성계수 : μ

이들 변수들 사이의 함수관계는 차원해석법에 의하면 다음과 같은 무차원 함수들과 손실수두(H_L)가 함수관계를 가진다.

$$H_L = \frac{V^2}{2g} F_1 \left\{ \left(\frac{DV\rho}{\mu} \right), \left(\frac{V^2}{gD} \right), \left(\frac{e}{D} \right), \left(\frac{L}{D} \right) \right\} \tag{5-10}$$

그런데 실험에 의하면 프루우드 수라고 불리우는 무차원 함수 V^2/gD는 이 경우에 중요하지 않는 것으로 보였고, 손실수두는 L/D에 직접 비례하여 변하는 것으로 밝혀졌기 때문에 식 (5-10)을 다시 쓰면 다음과 같다.

$$H_L = \frac{L}{D} \frac{V^2}{2g} F_2 \left\{ \left(\frac{DV\rho}{\mu} \right), \left(\frac{e}{D} \right) \right\} \tag{5-11}$$

여기서 원 관에서의 마찰손실 계산에 가장 널리 사용하는 방정식의 형태는 달시-바이스바하 방정식(Darcy-Weisbach equation)이라 알려진 다음 식

$$H_L = f \frac{L}{D} \frac{V^2}{2g} \tag{5-12}$$

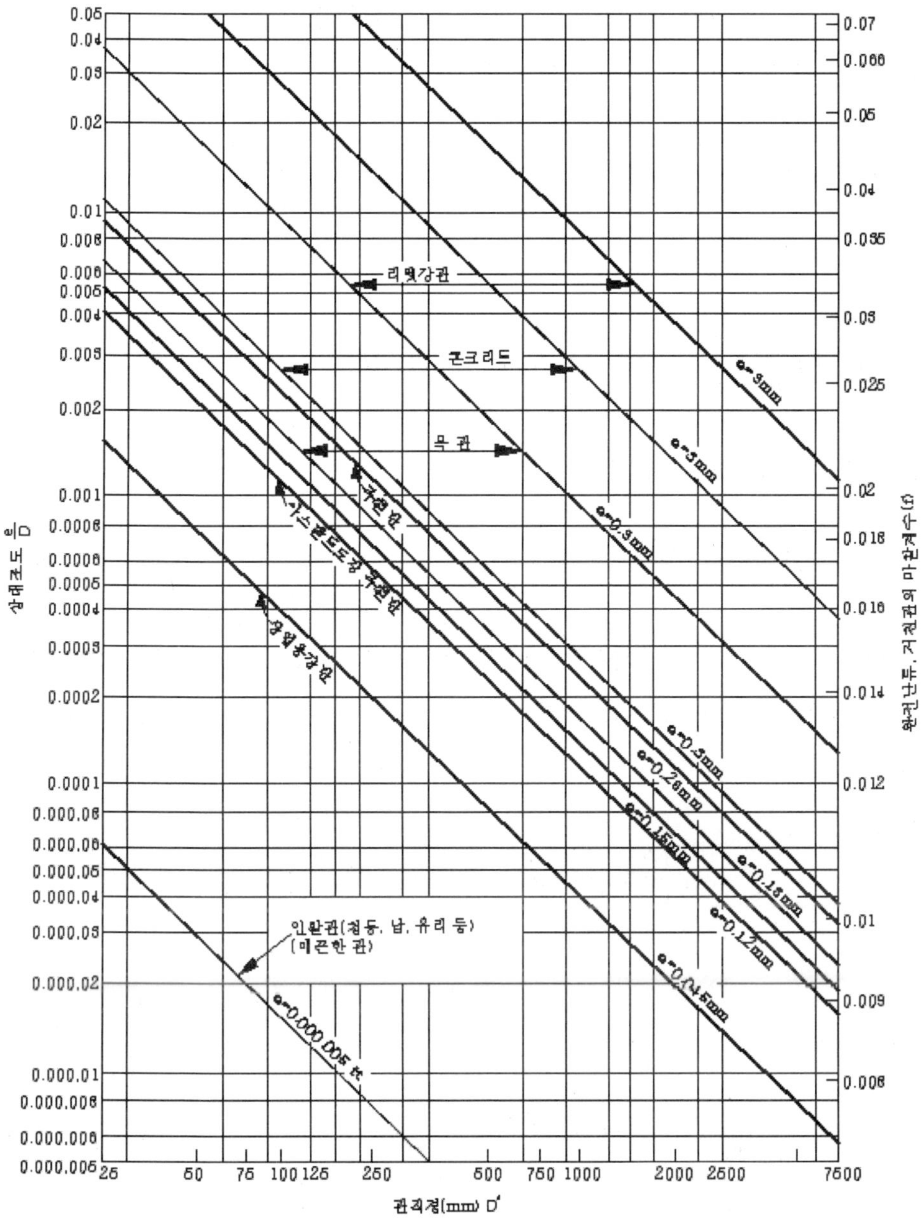

그림 5-4

이며, 이 식에서 f를 원 관에서의 마찰계수(friction factor)라 한다. 또 식 (5-11)과 (5-12)를 비교하면 원 관의 흐름에서는 마찰계수가 레이놀드 수와 e/D의 어떤 함수라는 결론을 얻는다. e/D를 보통 상대조도라 부른다.

앞 절에서 비압축성 유체 층류흐름에 대한 하겐-포아젤리 방정식을 유도하였는데, 단면이 일정한 수평 원 관에서는 압력강하가 $\Delta p = \rho g H_L$이다.

$Q = AV$임에 유의하고 식 (5−9)를 다시 쓰면

$$\Delta p = \rho g H_L = \frac{128\mu LQ}{\pi D^4} = \frac{128\mu L\pi D^2 V/4}{\pi D^4} = \frac{32\mu LV}{D^2}$$

이므로

$$H_L = f\frac{L}{D}\frac{V^2}{2g} = \frac{128\mu L\pi D^2 V/4}{\pi D^4} = \frac{32\mu LV}{\rho g D^2}$$

이것을 간단히 하면 마찰계수는

$$f = \frac{64}{DV\rho/\mu} = \frac{64}{R} \tag{5-13}$$

이다. 따라서 층류흐름의 마찰계수는 단순히 레이놀드 수(R)로 64를 나눈 값과 같고 원관의 상대조도에는 관계가 없다는 결론을 얻는다.

예제 5.6

길이가 450[m]이고 지름이 30[cm]인 관에 평균속도 1.5[m/sec]로 물이 흐르고 있다. 관의 마찰계수가 0.0423일 때 손실수두는 얼마인가?

〈풀이〉

달시의 방정식에서

$$H_L = f\frac{L}{D}\frac{V^2}{2g} = 0.0423 \times \frac{450 \times 1.5^2}{0.3 \times 9.8} = 14.56\,[m]$$

5.4 관로의 부분적 손실

관로의 단면적 변화는 관의 입구와 출구, 밸브, 이음부분, 곡관, 점차확대 또는 축소 부분과 급격한 확대 또는 축소 부분 등이다. 부분적 손실은 일반적으로 두 가지 형태로

나타내고 있다.

첫째는 속도수두 항으로써 표시하고 여기에 적당한 k의 값을 정하는 일이다.

$$H_L = k\frac{v^2}{2g} \tag{5-14}$$

여기서 k를 부분적 손실계수라 하며 레이놀드 수의 증가에 따라 감소한다고 보지만 근본적으로는 유로 단면의 기하학적 모형에 좌우된다.

둘째 방법은 곧은 관로에서의 손실에 해당하는 관 길이로 나타내는 것이다. 즉, 달시 방정식에서 보면

$$f\frac{L_e}{D}\frac{V^2}{2g} = k\frac{V^2}{2g}$$

$$L_e = \frac{k \cdot D}{f} \tag{5-15}$$

여기서 L_e를 등가길이라 한다. 등가길이 L_e를 실제의 관 길이에 대하여 줌으로써 부분적 손실을 고려하게 되는 것이다.

✎ 예제 5.7

직경 15[cm]의 상업용 강관에 완전 난류가 흐르고 있다. 만일 이 관로의 부분적 손실계수의 총합이 12라고 하면 달시방정식을 사용하여 전 손실 두수를 구하기 위한 실제 관 길이에 더해야 할 등가 길이(L_e)는 얼마인가?

〈풀이〉

상업용 강관에 대한 $e = 0.046\,[mm]$, $D = 150\,[mm]$

$$\frac{e}{D} = \frac{0.046}{150} = 0.0003$$

완전 난류구역에서는 f가 e/D에 의해 구해지므로 $f = 0.015$이고,

따라서

$$L_e = \frac{12 \times 150 \times 10^{-3}}{0.015} = 120\,[m]$$

5.4.1 돌연 확대 부분에서의 손실

그림에서 보는 바와 같이 유로 단면이 갑자기 확대된 부분에서는 와류가 발생하고 마찰 손실이 크기 때문에 속도 수두가 줄어든 양 만큼 압력 수두가 상승하지 못한다. 발생된 큰 와류가 사라지면서 다시 정상 난류로 회복되는 거리는 관 지름의 약 50배 정도 된다. 이 단면을 ②의 단면 확대되기 전의 상류 단면을 ①로 잡아 운동량 방정식과 베르누이 방정식을 적용하면 손실 수두는

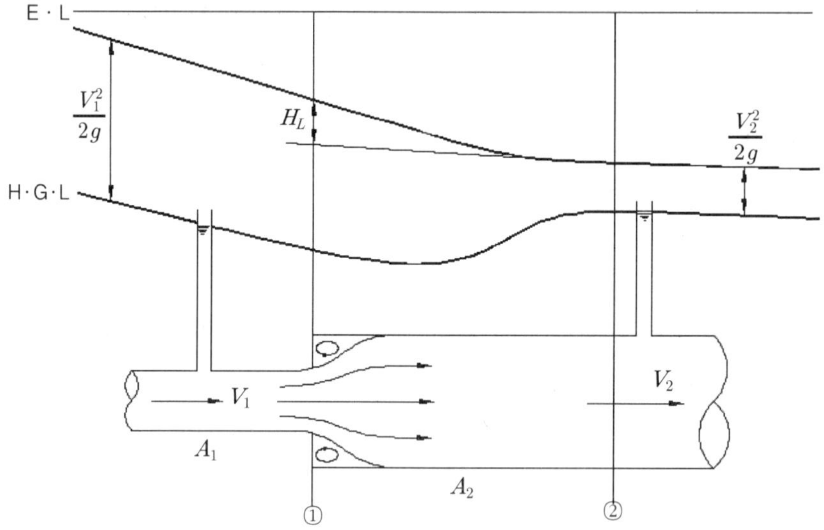

그림 5-5 돌연 확대 부분

$$H_L = \frac{(V_1 - V_2)^2}{2g} \qquad (5-16)(a)$$

로 계산되고 연속 방정식을 적용하면

$$H_L = \left(1 - \frac{A_1}{A_2}\right)^2 \frac{V_1^2}{2g} = k\frac{V_1^2}{2g} \qquad (5-16)(b)$$

로 계산된다. 여기서 k를 돌연 확대관의 부분적 손실계수라 부른다.

$$k = \left(1 - \frac{A_1}{A_2}\right)^2 \qquad (5-17)$$

식 (5−17)에서 만일 A_2가 저수지나 저장용기일 때 $A_1/A_2=0$으로 보면 $k=1$이 된다. 즉 이 때 부분적 손실수두는 속도수두와 같다.

5.4.2 돌연 축소 부분에서의 손실

그림과 같이 단면이 갑자기 숙소된 관을 유체가 흐를 때는 다시 단면적 A_c와 같은 수축부가 형성된다.

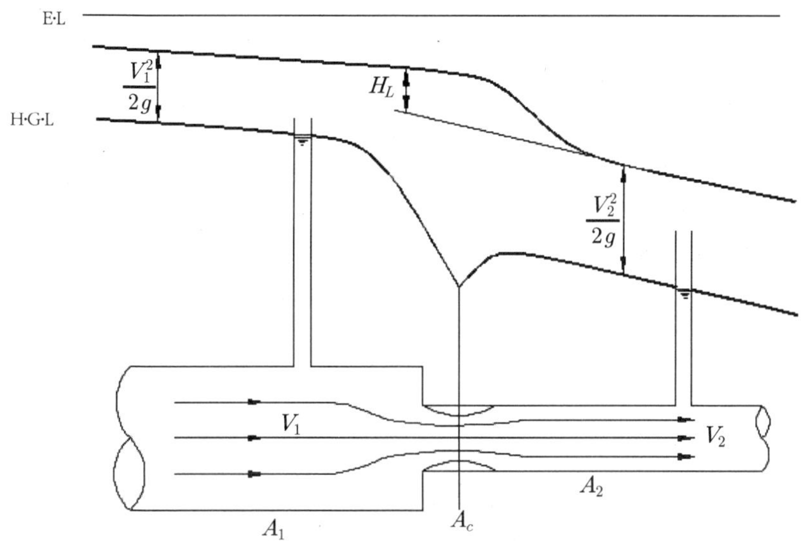

그림 5−6 돌연 축소 부분

수축부에서의 속도를 V_c라 하면 단면 A_c와 A_2 사이에는 식 (5−16)(b)의 관계가 성립한다.

$$H_L=\left(1-\frac{A_c}{A_2}\right)^2\frac{V_c^2}{2g}$$

위 식에서 $A_c/A_2=C_c$로 놓고, 또 연속방정식에서 $V_c=V_2/C_c$이므로

$$H_L=(1-C_c)^2\left(\frac{1}{C_c}\right)^2\frac{V_2^2}{2g}=\left(\frac{1}{C_c}-1\right)^2\frac{V_2^2}{2g} \tag{5-18}$$

또는

$$H_L = k\frac{V_2^2}{2g}$$

여기서 C_c를 수축계수, $k = \left(\frac{1}{C_c} - 1\right)^2$을 돌연 축소관의 부분적 손실계수라 한다.

표 5-1

A_2/A_1	0	0.1	0.2	0.3	0.4	0.5	0.6	0.7	0.8	0.9	1.0
C_c	0.617	0.624	0.632	0.643	0.659	0.681	0.712	0.755	0.813	0.892	1.00
k	0.50	0.46	0.41	0.36	0.30	0.24	0.18	0.12	0.06	0.02	0.00

표에서 $A_2/A_1 = 0$는 단면이 큰 저장 용기의 정지 상태에 있던 유체가 상대적으로 작은 관을 통하여 흐르게 되는 경우로써 입구 모서리가 직각일 때는 손실계수 $k = 0.5$이지만 그림 5-7에서와 같이 입구 형상에 따라 손실계수는 많은 차이가 있다.

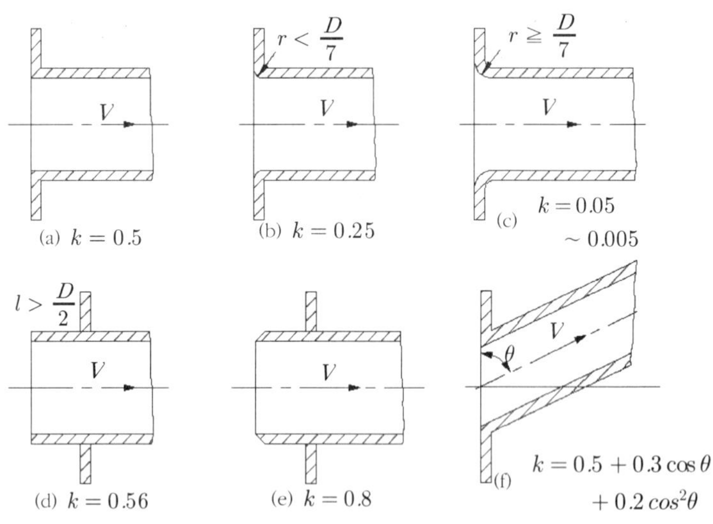

그림 5-7

5.4.3 점차 확대 부분에서의 손실

손실을 적게 하면서 속도수두를 압력수두로 바꾸어 높은 압력을 얻고자 할 때 점차 확대관(diffuser)을 이용한다. 그림은 깁손(Gibson)의 원추 확대관과 럿셀(Russel)의 점차 확대관에 관한 실험 결과로서 원추각 7° 근방에서 손실계수가 가장 작고 62° 근방에서 최대가 되며, 이 때는 돌연 확대보다 더 큰 손실이 일어날 것으로 예측된다. 그리고 여기서의 손실수두는 길이 L에 걸친 벽면에서의 마찰 손실도 포함된 것이다.

5.4.4 점차 축소 부분에서의 손실

점차 축소관에서 축소각이 작을 경우에는 일반적으로 마찰손실 이외의 손실은 일어나지 않는 것으로 본다. 보통 원추각 30° 이하이면 벽면 마찰 이외의 손실은 무시된다. 그러나 속도가 대단히 크거나 압력이 진공압력일 경우에는 유리된 공기나 증기가 발생하여 손실이 일어난다. 즉, 소방용 노즐은 마찰손실을 포함하여 손실계수를 $k=0.03 \sim 0.05$로 사용한다.

5.4.5 곡관(bend)과 엘보우(elbow)의 손실계수

곡관과 엘보우는 유체 흐름의 방향을 바꾸어 주면서 그림 5-8에서와 같이 흐름의 관성에 의하여 안쪽 벽면에 박리현항이 일어나거나 큰 와류와 함께 손실을 증가시키게 된다. 곡관에서 R/d와 θ에 대한 손실계수가 표 5-2에 주어져 있으며 이 때 손실계수는 길이 l에 걸친 벽면에서의 손실을 포함한 손실계수이다.

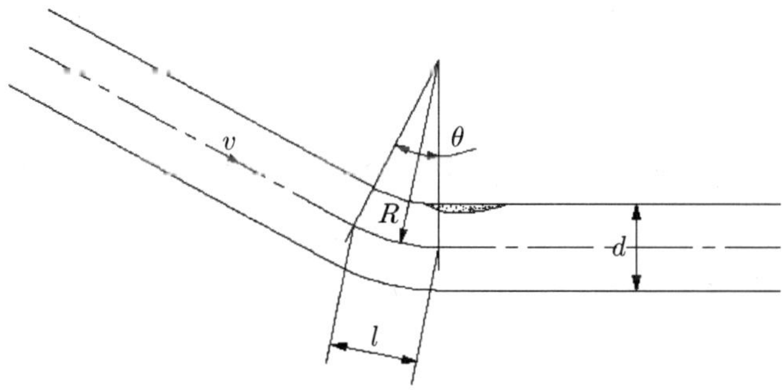

그림 5-8

엘보우는 곡관의 곡률반결 $R=0$인 경우로서 θ와 k값이 표 5-3에 주어져 있다. 그림 5-9(c)는 안내 날개가 설치된 경우로서 와류와 하류 난동이 줄어지기 때문에 손실계수가 훨씬 작아진다.

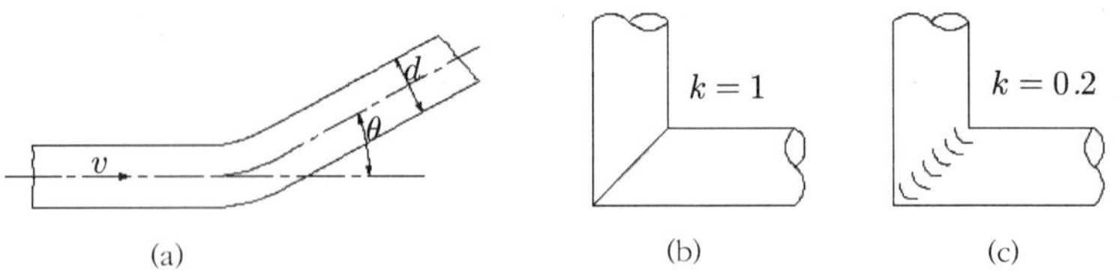

그림 5-9 엘보우와 마이터 밴드

표 5-2 곡관의 손실계수(K)

	Q \ R/d	1	2	4	6	10
매끈한 벽	15°	0.03	0.03	0.03	0.03	0.03
	22.5°	0.045	0.045	0.045	0.045	0.045
	45°	0.14	5.09	0.08	0.08	0.07
	60°	0.19	0.12	0.095	0.085	0.07
	90°	0.21	0.135	0.10	0.085	0.0105
거친 벽	90°	0.51	0.30	0.23	0.18	0.20

표 5-3 엘보의 손실계수(K)

θ	5°	10°	15°	22.5°	30°	45°	60°	90°
매끈한 벽	0.016	0.034	0.042	0.066	0.130	0.236	0.471	1.129
거친 벽	0.024	0.044	0.262	0.154	0.165	0.320	0.684	1.265

5.4.6 밸브(valve)의 손실계수

유체 흐름의 양이나 방향을 제어(control)하기 위해서는 밸브의 설치가 필연적인데 밸브에 의한 손실은 유속과 밸브의 크기, 밸브의 열림 정도, 이음방법 등에 따라 매우 폭넓게 변하며 지금까지의 손실에 비하여 손실계수도 훨씬 크다.

유압기계 시스템에서는 특별히 압력을 줄이기 위한 감압밸브도 필요하지만, 일반적으로는 압력손실을 줄이기 위한 밸브의 설계에 노력을 기울여 왔으며, 이 때문에 밸브의 종류도 제작회사에 따라 수많은 종류가 있다. 따라서 밸브에서의 손실계수를 계산하는 획일적인 방법은 있을 수가 없으며, 밸브의 종류와 특성에 따라 또 실험하는 사람에 따라 다양한 손실계수들이 제안되고 있다.

표 5-4는 슬로우스(sluice) 밸브의 크기와 열림 정도에 따른 손실계수의 예이다.

표 5-4 슬로우스 밸브의 손실계수(K)

호칭구경 (inch)	h/d					
	1/8	1/4	3/8	1/2	3/4	1
1/2	374	53.6	18.26	7.74	2.204	0.808
3/4	308	34.9	9.91	4.23	0.920	0.280
1	211	40.3	10.15	3.54	0.882	0.233
2	146	22.5	7.15	3.22	0.739	0.175
4	67.2	13.0	4.62	1.93	0.412	0.164
6	87.3	17.1	6.12	2.64	0.522	0.145
8	66.0	13.5	4.92	2.19	0.464	0.103
12	96.2	17.4	5.61	2.29	0.412	0.047

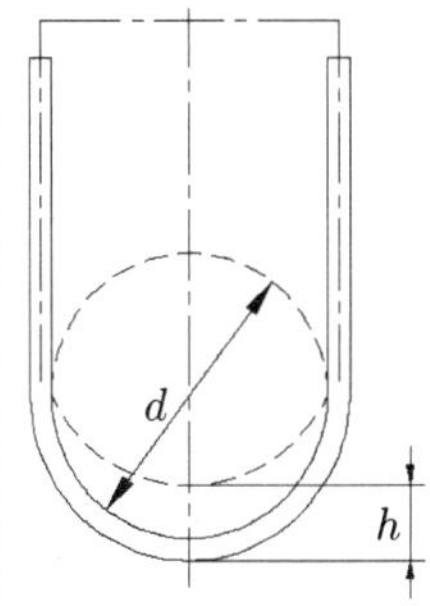

5.5 복합 관로에서의 흐름

지금까지 다뤄온 크고 작은 관로들이 복합적으로 결합된 유로에 대한 문제는 매우 복잡하며 더욱이 다지관이나 관로망 등에 관한 문제는 시행착오법(error and trial method)에 의한 근사적인 해답을 구할 수밖에 없다. 그리고 문제의 복잡성을 덜기 위하여 상대적으로 작은 양이면 부분적 손실을 무시하거나 속도수두를 무시할 때도 있다. 속도수두를 무시하면 E.L과 H.G.L은 일치하게 된다.

5.5.1 직열관

크기가 다른 2개 이상의 관로가 한 줄로 연결된 것을 직렬관이라 한다. 그림 5-10와 같이 두 저수지를 연결한 관로를 통하여 물이 흐르는 경우를 생각해보자. A 저수지의 물이 관로를 통한 다음 B 저수지의 물이 되었다면 물이 흐르면서 갖게 된 전 손실수두는 두 저수지의 수위차 H이다.

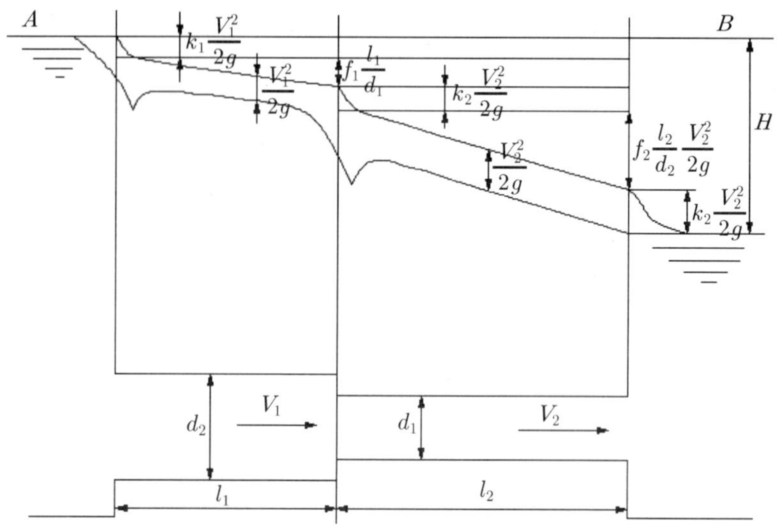

그림 5-10

그림에서

$$H = k_1 \frac{V_1}{2g} + f_1 \frac{l_1}{d_1}\frac{V_1^2}{2g} + k_2 \frac{V_2^2}{2g} + f_2 \frac{l_2}{d_2}\frac{V_2^2}{2g} + k_3 \frac{V_2^2}{2g} \tag{5-19}$$

위 식에서 $A_2/A_1 = \alpha$라 하면 표 5-1에서 α에 대한 k_2값을 알 수 있고 $V_1 = \alpha V_2$, $k_1 = 0.5$, $k_3 = 1$이므로

$$H = \frac{V_2^2}{2g}\left(0.5\alpha^2 + f_1 \frac{l_1}{d_1}\alpha^2 + k_2 + f_2 \frac{l_2}{d_2} + 1\right)$$

이다. 여기서 f_1, f_2를 알면 주어진 수면차에 대한 속도 V_2를 구할 수 있고 유량도 구할 수 있다. 반대로 유량이 주어진 양이라 하면 필요한 수면차 H를 계산할 수 있다. 그리고 V_2와 f_1, f_2가 주어지지 않았다면 무디선도를 이용하는 시행착오법을 사용하여 f_1과 f_2를 가정하고 V_2를 구한다. 즉, 가정된 f값에 의하여 구해진 V_2로 레이놀드 수 R을 계산하고 이 R과 상대조도 e/d로 무디선도에서 f를 구하여 가정한 값과 비교하는 것이다.

다시 식 (5-19)에서 l_1과 l_2가 큰 값이면 부분적 손실을 무시하고 전 손실수두는 관 마찰에 의한 손실수두만의 합으로 표시될 것이다.

예제 5.8

그림 5-10에서 d_1, d_2는 각각 200[mm], 100[mm], l_1, l_2는 800[m], 120[m], f_1, f_2를 0.03과 0.02라 하면 수면의 높이차가 60[m]일 때 유량(Q)은 얼마인가?

〈풀이〉

$A_1/A_2 = 4$이므로, 표 5-1에서 $k_2 = 0.39$로 보고 $V_1 = V_2/4$이므로 식 (5-21)에서

$$60 = \frac{V_2^2}{2g}\left(0.5 \times \frac{1}{16} + 0.03 \times \frac{800}{0.2} \times \frac{1}{16} + 0.39 + 0.02 \times \frac{1200}{0.1} + 1\right)$$

$$V_2^2 = 60 \times 2 \times 9.8 \times \frac{1}{249} = 4.72$$

$$\therefore\ V_2 = 2.17\,[m/sec]$$

$$\therefore\ Q = \frac{\pi}{4} \times 0.1^2 \times 2.17 = 0.017\,[m^3/sec]$$

$$= 17\,[l/sec]$$

5.5.2 등가길이(equivalent length)

앞 절에서 부분적 손실을 관 마찰손실로 환산하기 위한 등가길이를 $L_e = kD/f$로 표시했으나 직렬관에서도 크기가 다른 관로를 하나의 관로로 통일해서 생각할 수 있는 등가 길이를 구할 수 있다.

직경 d_1, 길이 l_1인 관에서의 손실수두와 같은 크기의 손실수두를 갖는 직경 d_2인 관에서의 길이를 l_{1e}라 하면 다음 관계식이 성립한다.

$$H = f_1 \frac{l_1}{d_1}\frac{v_1^2}{2g} = f_2 \frac{l_{1e}}{d_2}\frac{v_2^2}{2g}$$

$$l_{1e} = l_1 \frac{f_1}{f_2}\frac{d_2}{d_1}$$

연속방정식에서 $(v_1/v_2)^2 = (d_2/d_1)^4$ 이므로

$$l_{1e} = l_1 \frac{f_1}{f_2}\left(\frac{d_2}{d_1}\right)^5 \qquad (5-20)$$

이 된다. 따라서 직경 d_1인 관에서의 손실수두는 직경 d_2인 관 길이에 등가길이 l_{1e}를 더하여 손실을 구함으로서 포함하게 된다.

✎ 예제 5.9

예제 5.8에서 관 길이 l_2에 가할 관 길이 l_1의 등가길이 l_{1e}를 계산하라.

〈풀이〉

$$
\begin{aligned}
l_{1e} &= l_1 \frac{f_1}{f_2}\left(\frac{d_2}{d_1}\right)^5 \\
&= 800 \times \frac{0.03}{0.02} \times \left(\frac{1}{2}\right)^5 \\
&= 37.5\,[m]
\end{aligned}
$$

5.5.3 병렬관

관로가 한 점에서 여러 개로 갈라졌다가 다시 하나의 관로로 합쳐진 것을 병렬관(또는 평행관 : parallel pipes)이라고 한다.

그림 5-11에서 보는 바와 같이 A 점에서 유체가 가지는 기계적 에너지는 어느 경로로 갈 것이든지 간에 같으며, 다시 B 점에서의 유체를 생각하면 어느 경로를 통하여 흘러 왔던 간에 같은 에너지를 갖는 유체로 된다. 즉 경로에 관계없이 단위중량의 유체가 손실로 잃는 에너지는 같아야 하므로 각 관로의 손실수두는 같다. 따라서 병렬관에서는 다음과 같은 방정식이 성립한다.

$$
H_{L1} = H_{L2} = H_{L3} = \left(\frac{P_A}{\gamma} + Z_A\right) - \left(\frac{P_B}{\gamma} + Z_B\right) \tag{5-21}
$$

$$
Q = Q_1 + Q_2 + Q_3 \tag{5-22}
$$

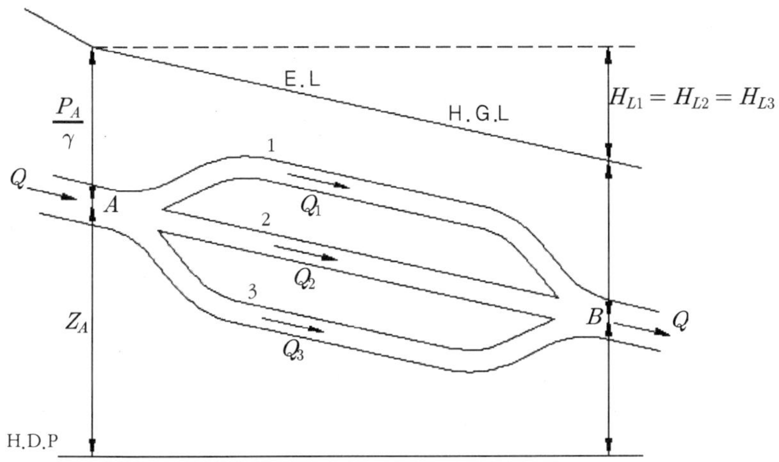

그림 5-11 병렬관

식 (5−21)에서 부분적 손실을 무시하고 손실수두를 유량으로 표현하면

$$H_{L1}=H_{L2}=H_{L3}=f_1\frac{l_1}{d_1}\frac{V_1^2}{2g}=f_2\frac{l_2}{d_2}\frac{V_2^2}{2g}=f_3\frac{l_3}{d_3}\frac{V_3^2}{2g}$$

$$\frac{8f_1l_1}{\pi^2d_1^5}Q_1^2=\frac{8f_2l_2}{\pi^2d_2^5}Q_2^2=\frac{8f_3l_3}{\pi^2d_3^5}Q_3^2$$

여기서 각 항의 계수를 각각 a^2, b^2, c^2이라 놓으면 방정식은 다음과 같이 간단히 표현된다.

$$aQ_1=bQ_2=cQ_3 \qquad (5-23)$$

따라서 관 특성이 주어지면 a, b, c는 결정되고 총 유량을 알면 식 (5−22)와 식 (5−23)을 연립방정식으로 풀어서 Q_1, Q_2, Q_3를 각각 구할 수 있다. 또한, 위의 사실을 응용하여 기존 관로에 병렬관을 연결하면 유량을 증가시킬 수도 있다.

✎ 예제 5.10

그림과 같은 병렬관에서 ①, ②관로의 마찰계수는 0.03으로 같고 전체유량은 0.04$[m^3/sec]$일 때 각 관로의 유량을 계산하라.

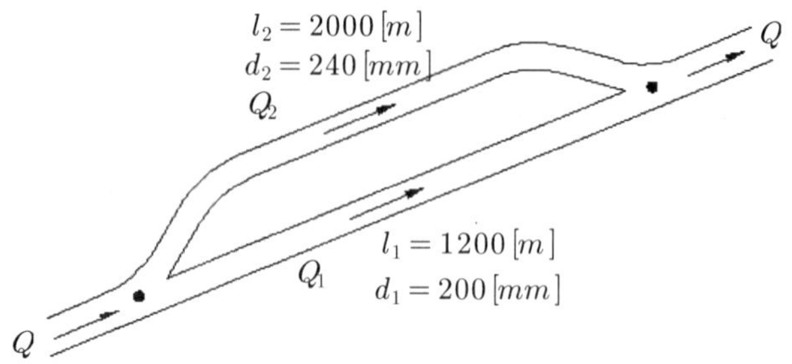

〈풀이〉

$$0.03 \times \frac{1200}{0.2} \times \frac{V_1^2}{2g} = 0.03 \times \frac{2000}{0.24} \times \frac{V_2^2}{2g}$$

$$V_2 = 0.6\sqrt{2\,V_1}$$

$$Q_2 = \left(\frac{0.24}{0.2}\right)^2 \times 0.6\sqrt{2}\,Q_1$$

$Q_1 + Q_2 = 0.04$ 이므로

$$Q_1 = \frac{0.04}{1 + \left(\frac{6}{5}\right)^2 \times 0.6 \times \sqrt{2}} = 0.018\,[m^3/sec]$$

$$Q_2 = 0.04 - 0.018$$
$$= 0.022\,[m^3/sec]$$

✎ 예제 5.11

직경 300[mm], 길이 1200[m]인 관로가 표고차 20[m]인 두 저장 용기에 연결되어 있고 유량은 0.08$[m^3/sec]$이다. 만일 길이 500[m]인 같은 크기와 재료로 된 관을 기존 관로에 병렬로 접속시키면 유량은 얼마나 변하겠는가?

〈풀이〉

단일 관로일 때 손실수두와 유량관계에서

$$20 = a(0.08)^2,\ a = 32.5$$

유량 변화에 따른 마찰계수의 변화를 무시하면 a는 관 길이에 비례하므로 병렬된 부분이 갖는 a 값은

$$3125 \times \frac{500}{1200} = 1302$$

나머지 단일 관로 부분이 갖는 a 값은

$$3125 \times \frac{700}{1200} = 1823$$

병렬 접속관을 통하는 유량을 Q_B라 하면

$$24 = 1823Q^2 + 1302Q_B^2$$

기존 관로를 통하는 유량을 Q_A라 하면

$$24 = 1823Q^2 + 1302Q_A^2$$

이다. 여기서 $Q_A = Q_B$이고 $Q_A + Q_B = Q$이므로

$$Q = 0.106\,[m^3/sec]$$ 이다.

따라서 병렬관의 설치로 32.5[%]의 유량이 증가된다.

5.5.4 다지관(多枝管)

한 점으로부터 여러 갈래의 관로가 각각 저장용기에 연결된 것을 다지관(branching pipes)이라 한다. 그림 5-12와 같은 3개의 수조에 대한 흐름을 생각하면 다음 3가지 중 어느 하나로 생각할 수 있다.

① A에서 B와 C로 흐른다.

② A에서 C로 흐르고 B로는 흐름이 없다.

③ A와 B에서 C로 흐른다.

위와 같은 경우에 대한 유량 관계식은 다음과 같이 표현할 수 있다.

① $Q_A = Q_B + Q_C$

② $Q_A = Q_C$, $Q_B = 0$

③ $Q_A + Q_B = Q_C$

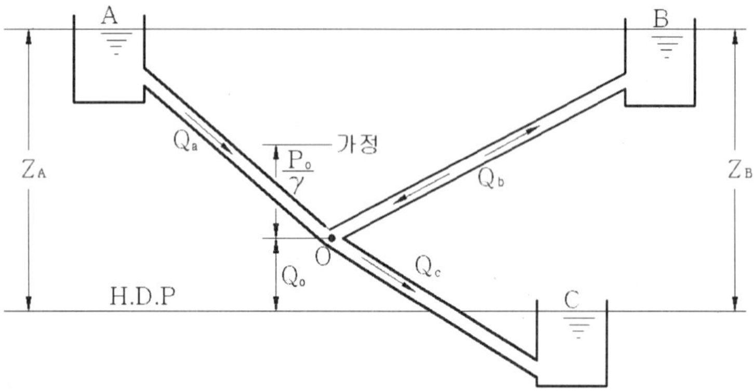

그림 5-12

이 문제를 해결하기 위해서는 역시 공통점 O에서의 전수두를 수력구배선의 높이로 잡고 속도수두를 무시한다. 공통점 O에서 각 수조에 이르는 관로의 손실수두를 각각 H_{LA}, H_{LB}, H_{LC}, O 점에서 전수두를 $Z_0 + \frac{P_o}{\gamma}$이라고 하면 다음 방정식이 성립한다.

$$H_{LA} = Z_A - \left(Z_o + \frac{P_o}{\gamma}\right) = f_A \frac{l_A}{d_A} \frac{V_A}{2g}$$

$$H_{LB} = \left| Z_B - \left(Z_o + \frac{P_o}{\gamma}\right) \right| = f_B \frac{l_B}{d_B} \frac{V_B^2}{2g}$$

$$H_{LC} = \left(Z_o + \frac{P_o}{\gamma}\right) - Z_C = f_C \frac{l_C}{d_C} \frac{V_C^2}{2b}$$

각 관로의 속도를 구하기 위해서는 먼저 $\left(Z_o + \frac{P_o}{\gamma}\right)$를 가정하여 속도를 계산하고 이 속도로 유량 관계식이 만족되도록 시행착오법을 사용해서 적당한 값을 정한다.

✎ 예제 5.12

예제 5-10의 그림에서 다음 값들이 주어질 때 각 관로의 유량을 계산하라.

$$Z_A = 30,\ d_A = 30[cm],\ l_A = 1000,\ f_A = 0.02$$
$$Z_B = 12,\ d_B = 25[cm],\ l_B = 800,\ f_B = 0.03$$
$$Z_C = 0,\ d_C = 40[cm],\ l_C = 600,\ f_C = 0.024$$

〈풀이〉

$Z_o + \dfrac{P_o}{\gamma} = 10[m]$로 가정하면

$$20 = 0.02 \times \frac{1000}{0.3} \times \frac{V_A^2}{2 \times 9.8} \qquad V_A = 2.4248 \qquad Q_A = 0.1714$$
$$2 = 0.03 \times \frac{800}{0.25} \times \frac{V_B^2}{2 \times 9.8} \qquad V_B = 0.6390 \qquad Q_B = 0.0313$$
$$10 = 0.024 \times \frac{500}{0.4} \times \frac{V_C^2}{2 \times 9.8} \qquad V_C = 2.3333 \qquad Q_C = 0.2932$$

$Q_A + Q_B < Q_C$이므로 가정을 조금 더 작게 잡아야 함을 알 수 있고 위의 3가지 경우 중 ③의 경우에 해당한다는 것도 알 수 있다.

$Z_o + \dfrac{P_o}{\gamma} = 6[m]$로 가정하면

$$24 = 0.02 \times \frac{1000}{0.3} \times \frac{V_A^2}{2 \times 9.8} \qquad V_A = 2.6563 \qquad Q_A = 0.1878$$
$$6 = 0.03 \times \frac{800}{0.25} \times \frac{V_B^2}{2 \times 9.8} \qquad V_B = 1.1068 \qquad Q_B = 0.0543$$
$$6 = 0.024 \times \frac{500}{0.4} \times \frac{V_C^2}{2 \times 9.8} \qquad V_C = 1.8074 \qquad Q_C = 0.2271$$

$0.1878 + 0.0543 > 0.2271$이므로 아직 만족스럽지는 못하다. 다음에는 보간법에 의해 조금만 크게 잡아 $Z_o + \dfrac{P_o}{\gamma} = 6.6[m]$로 가정하면

$$23.4 = 0.02 \times \frac{1000}{0.3} \times \frac{V_A^2}{2 \times 9.8} \qquad V_A = 2.6229 \qquad Q_A = 0.1854$$

$$5.4 = 0.03 \times \frac{800}{0.25} \times \frac{V_B^2}{2 \times 9.8} \qquad V_B = 1.1050 \qquad Q_B = 0.0515$$

$$6.6 = 0.024 \times \frac{500}{0.4} \times \frac{V_C^2}{2 \times 9.8} \qquad V_C = 1.8956 \qquad Q_C = 0.2382$$

$0.1854 + 0.0515 \fallingdotseq 0.2382$ 이므로 위 가정에 만족하면 유량은 확정된다. 그리고 너무 정확하게 계산을 되풀이 할 필요가 없는 것은 위 식 자체가 근사적인 방식이기 때문이다.

5.5.5 관로망(Pipe networks)

도시의 상수도 구조나 대형생산 공정의 배관구조는 매우 복잡하다. 마치 그물처럼 복잡하게 얽힌 배관을 관로망이라 부르며 그 해석도 매우 복잡하고 수치계산을 반복하여 근사해를 얻을 수밖에 없다. 복잡한 수치계산의 반복은 전자계산기의 출현으로 상당히 쉬워졌으며 기본원리가 간단하므로 아날로그 컴퓨터를 이용하면 간단히 해답을 얻을 수 있다.

관로망의 해답을 쉽게 이해하기 위하여 여기서는 간단한 병렬관에 대한 관로망 방식의 해답을 소개하기로 한다.

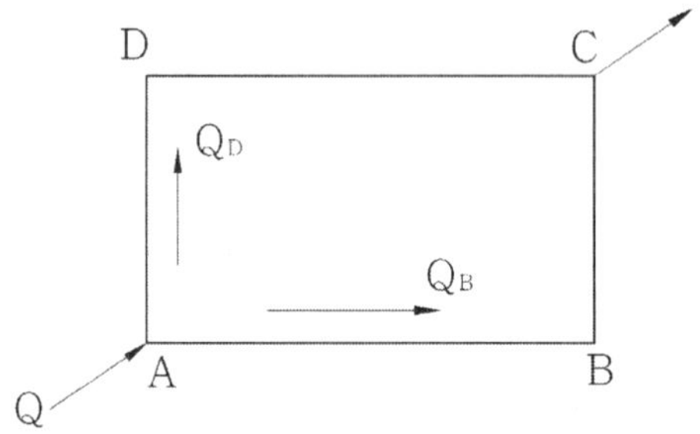

그림 5-13

그림 5-13과 같이 단순회로망에서 A와 B 사이의 손실수두는 경로에 관계없이 일정하다.

$$H_{L(ABC)} = H_{L(ADC)}$$

또는

$$H_{L(ABC)} - H_{L(ADC)} = 0$$

이 관계식을 일반적으로 생각하면 하나의 폐회로를 순환하는 손실수두의 총합은 0이다. 이 때 흐름방향과 반대방향으로는 손실수두를 (−)로 잡는다. 그리고 손실수두와 유량의 관계식은 $H_L = kQ^n$ 으로 한다.

지금 어느 한 관로의 가정된 유량을 Q, 실제의 참유량을 Q_0, 보정유량을 ΔQ라 하면

$$Q_0 = Q + \Delta Q$$
$$kQ_0^n = k(Q + \Delta Q)^n = k(Q^n + nQ^{n+1}\Delta Q + \cdot\cdot\cdot\cdot)$$

여기서 ΔQ는 Q에 비하여 작다고 보고 2차 항 이후의 항을 무시하면 위 회로의 손실수두 식에서

$$k_B(Q_B^n + nQ_B^{n-1}\Delta Q) - k_D(Q_D^n + nQ_D^{n-1}\Delta Q) = 0$$
$$\Delta Q = -\frac{k_B Q_B^n - k_D Q_D^n}{n(k_B Q_B^{n-1} - k_D Q_D^{n-1})}$$

따라서 일반적으로는 다음 방정식이 성립됨을 알 수 있다.

$$\Delta Q = -\frac{\Sigma k_i Q_i^n}{\Sigma n k_i Q_i^{n-1}} = \frac{\Sigma H_{Li}}{n\Sigma \dfrac{H_{Li}}{Q}}$$

위 식에서 ΔQ가 0이 되기 위해서는 $\Sigma H_i = 0$이 되어야 하며, 실제로 0이 아니더라도 ΔQ가 만족할 만큼 작은 값이면 그 때의 가정된 유량을 참유량으로 보는 것이다. 이 방법을 하디−크로스(Hardycross)은 근사해법이라 한다. 그리고 위 식을 사용할 때 유의할 점은 분자의 손실수두합을 구할 때는 음(−)의 손실수두가 있으나 분모는 항상 양수(+)로 된다는 점이다.

5장 연습문제

1. 관에서 레이놀드 수가 1800일 때 마찰계수는 얼마인가?

2. 지름이 5[cm]인 원 관에 물이 2[m/sec]의 속도로 흐르고 있다. 길이 50[m]에 대한 손실수두는 몇 [m]인가? 물의 동점성계수 $\nu = 1.15 \times 10^{-6}[m^2/sec]$이다.

3. 지름 20[cm]인 원 관에 비중 0.92, 점성계수 0.5[poise]인 유체가 평균속도 0.5[m/sec]로 흐르고 있다. 흐름의 종류를 판별하라.

4. 직경 12[mm]인 원 관에 최대속도($u_{\max}$)가 0.12[m/sec]인 층류흐름이 있다. 유량은 얼마인가?

5. 어떤 유체가 지름이 350[mm]인 수평 원관에 흐르고 있다. 이 때 길이 100[m]에서 압력강하가 $1.2[kg_f/cm^2]$이었다면 관 벽에서 전단응력은 몇 $[kg_f/m^2]$인가?

6. $40[^\circ C]$인 글리세린이 $0.5[m/\text{sec}]$로 지름이 $6[cm]$인 관 속을 흐르고 있을 때의 유동상태를 판별하라. 단, $40[^\circ C]$에서 글리세린의 동점성계수는 $0.0005[m^2/\text{sec}]$이다.

7. 점성계수가 $1.2\times10^{-4}[kg_f \cdot \text{sec}/m^2]$인 물이 지름 $1.2[cm]$인 수평 원관 속에서 층류로 흐르고 있다 이 때 $1100[m]$길이에서 압력강하 $\Delta P = 0.15[kg_f/cm^2]$이면 유량 Q는 몇 $[cm^3/\text{sec}]$인가?

8. 어떤 액체가 지름 $220[mm]$인 수평 원관 속을 흐르고 있다. 관 벽에서 전단응력이 $130[Pa]$이고, 관의 길이가 $35[m]$일 때 압력강하는 몇 $[KPa]$인가?

9. 점성계수가 0.27[poise]이고 비중이 0.8인 기름이 안지름 50[cm]의 관을 통하여 유량이 $0.35[m^3/\text{sec}]$으로 흐른다. 이 때 레이놀드 수를 구하라.

10. 온도가 $36[^\circ C]$인 유체가 유량 $0.35[m^3/\text{sec}]$로 원 관을 흐르고 있다. 임계 레이놀드 수가 2100일 때, 층류로 흐를 수 있는 관의 최소 지름은 몇 [m]인가? 단, 유체가 $36[^\circ C]$에서의 동점성계수는 $6\times10^5[m^2/\text{sec}]$이다.

Chapter. 6
개수로 흐름

* 개수로(open channel) 흐름은 물이 자연적인 물의 경로, 규칙적인 수로, 강, 운하, 하수도, 관개용수로, 충만 되지 않은 관로 등에서 흐를 때 일어나는 여러 가지 문제들을 포함한다. 개수로 문제들은 실제에 있어서는 항상 물의 유동을 의미하며 이 문제들에서 사용되는 실험적 결과들은 수력 시험들에 의하여 얻어진 것이지만 현대 유체역학은 이 결과들이 개수로 내의 다른 액체들의 흐름에 대하여도 적용될 수 있는 한계를 나타낸다.
* 문제 해결을 논리적으로 전개하기 위해서는 역시 흐름의 여러 가지 형태를 구분하여야 한다. 즉, 시간과 독립인 정상류와 시간 종속적인 비정상류, 등류와 변류, 상류(常流)와 사류(射流) 등으로 구분하여 연구하게 된다. 그러나 여기서는 정상류에 한하여 고찰하기로 한다.

6.1 정상류와 등류

정상류의 등류는 수로에 따라 흐름의 깊이와 경사가 일정하다. 이 때의 자유표면은 수로 바닥면과 평행이며 유량은 각 단면에서 시간에 관계없이 일정하다. 물론 단면의 모형도 등류로 흐르는 한 동일해야하며 경사에 따라 낮아지는 위치에너지의 감소가 유체를 흐르게 하는데 소비되는 에너지이다. 그림 6−1에서 수로 바닥면의 일정 경사각 α를 보여주고 있다. 속도가 일정하고 깊이가 일정하면 $V_1 = V_2$이고, $V_1^2/2g = V_2^2/2g$로서 속도수두는 일정하다. 단위 거리 당 손실수두를 S라고 하면 거리 L인 두 위치에서의 베르누이 방정식은

$$\frac{V_1^2}{2g} + \frac{P_1}{\gamma} + z_1 = \frac{V_2^2}{2g} + \frac{P_2}{\gamma} + z_2 + SL$$

이고 수로면, 자유표면, 수력구배선, 에너지선은 모두 평행이다. 특히, 수력구배선은 자유표면과 일치한다.

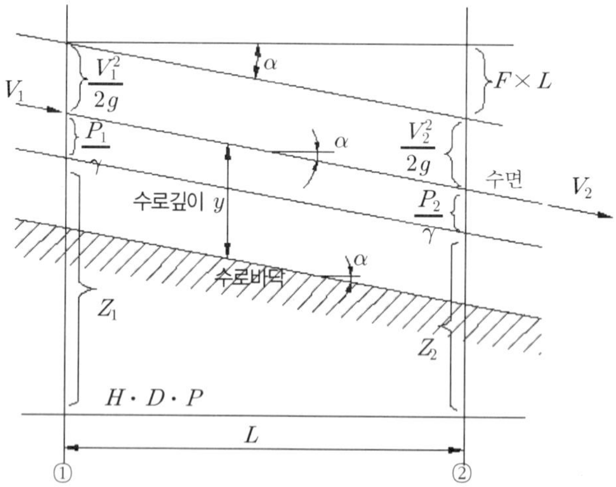

그림 6−1 개수로의 등류 흐름

흐름에 관한 방정식을 구하기 위하여 그림 6−2와 같은 직사각형 단면의 수로에 대하여 생각해보자. 속도가 일정한 등류일 때 검사체적내의 유체에 대한 자유물체도의 외력의 총합은 0으로서 평형을 이룰 것이므로

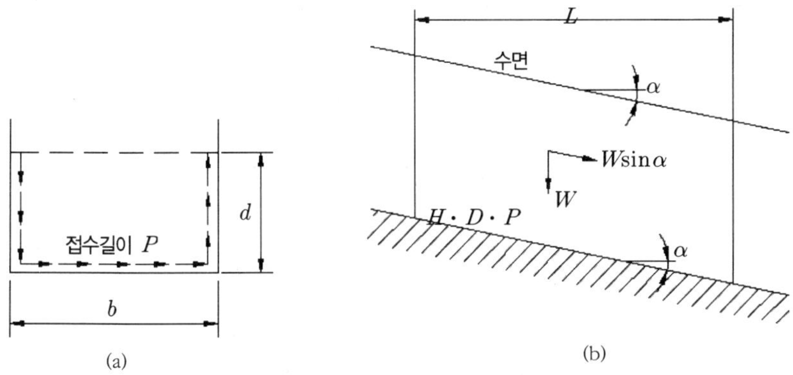

그림 6-2 사각형 단면의 수로

$$\tau \cdot PL = \gamma LA\sin\alpha \tag{6-1}$$

여기서 τ는 유체와 벽면사이의 평균 전단응력이고, P는 접수길이이다. $\gamma LA\sin\alpha$는 유체 자중에 의한 힘의 흐름 방향 분력이다. 식 (6-1)을 전단응력에 관하여 정돈하면

$$\tau = \frac{A}{P}(\gamma\sin\alpha) \tag{6-2}$$

A/P를 수력반경(hydraulic radius)이라 부르며 기호 R_h로 표시한다.

$$\tau = R_h\ \gamma\ \sin\alpha \tag{6-3}$$

각 α가 작을 때는 $\sin\alpha$;$\tan\alpha$는 근사적으로 α와 같다고 봄으로써 $\sin\alpha$는 기울기 S이다.

$$\tau = R_h\gamma S \tag{6-4}$$

한편, 차원 해석법에 의해 전단응력은 속도수두의 함수로 표시될 수 있으며 앞에서 배운 관로 흐름을 고려하면 전단응력은 다음과 같이 무차원 함수 ϕ와 $\rho V^2/2$의 곱으로 표시할 수 있다.

$$\tau = \phi\frac{\rho V^2}{2} \tag{6-5}$$

식 (6-4)와 (6-5)에서 τ를 소거하고 V에 관해 정리하여 $2g\phi$를 C^2으로 놓으면

$$V = C\sqrt{R_h S} \qquad (6-6)$$

식 (6−6)을 체지(Chezy) 방정식이라 부르며 개수로에서 흔히 적용하는 식이다. 계수 C는 상수가 아니라는 사실에 주의해야 하고 레이놀드 수, 수로의 상대조도, 수로 단면의 형상에 따라 정해진다는 것을 알아야 한다. 만닝은 경험에 의하여 다음 식으로 Chezy 계수 C를 정하였다.

$$C = \frac{1}{n} R_h^{\frac{1}{6}} \qquad (6-7)$$

여기서 n는 상대조도에 관계되는 수이며 식 (6−6)과 결합하면

$$V = \frac{1}{n} R_h^{\frac{2}{3}} S^{\frac{1}{2}} \qquad (6-8)$$

표 6−1 만닝의 n 값

개수로의 종류	n
매끈한 콘크리트	0.014
대패질한 목재	0.012
연철, 용접강	0.015
보통 콘크리드, 거친목재, 잘 쌓은 벽돌	0.016
주철관, 시멘트 입힌 관	0.015
리벳강, 보통벽돌	0.018
매끈한 흙벽돌	0.025
주름살 있는 철관	0.025
돌과 잡초가 있는 자연 흙	0.032
암벽수로, 여울	0.04
잡초 있는 완만한 하천	0.055

식 (6−8)을 만닝의 공식(Manning's formula)이라 부르고 표 6−1에 여러 가지 표면들에 대한 만닝의 n 값들이 주어져 있다.

만닝의 공식은 경험적인 것이며 개수로의 어떤 범위 내에서 유용한 것이지만 이것에 관한 다른 어떤 식보다 정확하며 가장 널리 이용된다. 그리고 위 식의 유도 과정에서 직

사각형 단면이라는 조건을 쓰지는 않았으며 n의 차원은 $L^{\frac{1}{6}}$이고 상수 1의 차원은 중력 가속도 g의 제곱근 $\sqrt{g}$와 같은 차원이라 볼 수 있으므로 $\frac{1}{n}$의 차원은 $T^{-1}L^{\frac{1}{3}}$이지만 표 6-1의 n 값들은 무차원수로 취급하고 $\frac{1}{n}$을 수정하여 사용한다.

✎ 예제 6.1

사각단면의 콘크리트 수로를 통하여 9[m^3/min]의 물을 수송하려 한다. 수로 길이 300[m], 수로 양단 높이차는 3[m]일 때, 수로의 치수와 속도를 구하라. 단, 수심은 폭의 반 높이로 차서 흐른다.

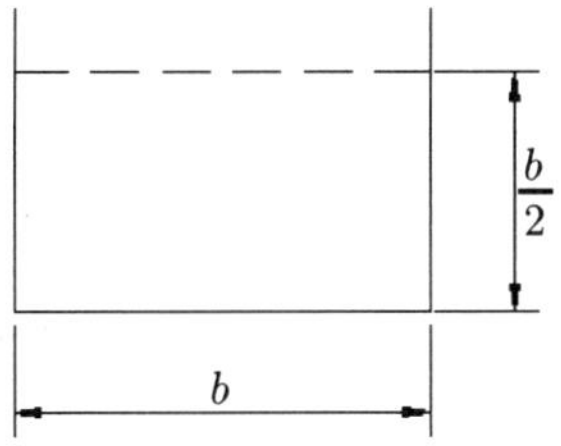

〈풀이〉

수로단면의 폭을 b라 하면 수로 단면적은 $b(b/2)$이므로 수력반경은

$$R_h = \frac{A}{P} = \frac{b^2/2}{2b} = \frac{b}{4}$$

기울기 S는 $3/3000 = 0.01$ 유량은 $9[m^3/min]$이므로

$$V = \frac{Q}{A} = \frac{9/60}{b^2/2} = \frac{3}{10b^2}$$

만닝공식 (6-8)에 의하여

$$V = \frac{1}{n} R_h^{\frac{2}{3}} S^{\frac{1}{2}} = \frac{3}{10b^2}$$

표 6-1에서 $n = 0.015$를 쓰면

$$\frac{1}{0.015}\cdot\left(\frac{b}{4}\right)^{\frac{2}{3}}(0.01)^{\frac{1}{2}}=\frac{3}{10b^2}$$

$$\therefore\ b=0.442\,[m]$$

따라서 흐름 단면적은 $(0.442)\times(0.221)=0.0977[\mathrm{m}^2]$이고 유속은

$$V=\frac{3}{20}\times\frac{1}{0.0977}=1.535\,[m/sec]$$

✎ 예제 6.2

예제 6-1에서 깊이가 폭의 5/8배로 유지될 때 각 치수와 속도는 얼마인가?

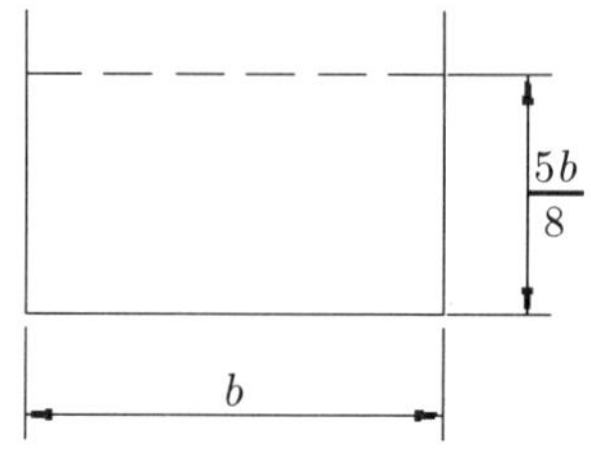

〈풀이〉

$$R_h=\frac{A}{P}=\frac{\frac{5b^2}{8}}{\frac{5b}{8}+\frac{5b}{8}+b}$$

$$=\frac{5}{18}b=0.278b$$

$$Q=\frac{9}{60}=\frac{3}{20}=AV$$

$$V=\frac{3}{20}\times\frac{8}{5b^2}=\frac{6}{25b^2}$$

만닝의 공식에 의하여

$$V=\frac{1}{n}R_h^{\frac{2}{3}}S^{\frac{1}{2}}=\frac{1}{0.015}\times\left(\frac{5b}{10}\right)^{\frac{2}{3}}\times(0.01)^{\frac{1}{2}}$$

$$=\frac{6}{25b^2}$$

$$b^8=\left(\frac{6}{25}\right)^3\times 0.15^3\times\left(\frac{18}{5}\right)^2=6.047\times10^{-4}$$

$$\therefore b = 0.396$$

수로 단면적은 $A = \frac{5}{8} \times 0.396 \times 0.396 = 0.0980\,[m^2]$ 이고 유속은

$$V = \frac{3}{20} \times \frac{1}{0.0980} = 1.531\,[m/sec]$$

따라서 동일한 유량과 기울기를 갖는 개수로 흐름에 있어서 단면의 폭과 깊이의 비가 다르더라도 같은 크기의 단면적과 속도로 흐를 수 있다는 것을 알 수 있다.

6.2 최적 직사각형 단면

많은 경우의 개수로 설계에 있어서 주어진 단면의 형상과 기울기에 대하여 유량이 최대로 되기를 바란다. 즉 기하학적 형상과 흐름 단면적의 크기가 정해져 있다면 흐름 속도가 최대로 될 때 유량이 최대일 것이고 이 최적 조건은 만닝의 공식인 식 (6−8)에서 수력반경(R_h)이 최대일 때이다. 그러면 단면의 기하학적 형상이 직사각형 일 때 최적 조건을 알아보자. 폭 b, 깊이 h이면 단면적은 $A = bh$이고 수력반경 $R_h = A/P = bh/(b+2h)$에서 단면적 A가 일정한 값이면 R_h가 최대가 되는 경우는 접수길이(wetted perimeter) P가 최소가 될 때이다.

$$P = b + 2h = \frac{A}{h} + 2h$$

A를 상수로 보고 P를 h로 미분하여 P의 극소치를 구하면

$$\frac{dP}{dh} = -\frac{A}{h^2} + 2 = 0$$

$$h = \sqrt{\frac{A}{2}}$$

$$\therefore P_{mim} = \frac{A}{h} + 2h = \sqrt{2A}$$

이고 이 때 폭 b와 깊이 h의 관계는

$$2h^2 = A = bh$$
$$b = 2h$$

이다. 즉, 폭이 깊이의 2배인 직사각형 단면의 흐름은 면적이 같은 어떤 다른 직사각형 단면보다 접수길이가 작고 수력반경은 크며 속도가 크다. 접수길이가 짧을수록 수로 건설에 있어서 경제적인 것이다. 물론 형상별로는 반원 단면이 가장 접수 길이가 짧은 것이지만 반원꼴 단면을 만드는 것이 가장 쉽다고는 할 수 없으므로 주어진 단면 형상에서 최적 조건을 찾는 것이다. 사각형에서와 같은 방법으로 다른 모형에서도 최소 접수 길이를 구하면 대개 자유표면에서의 폭이 깊이의 2배로 될 때이다.

✎ 예제 6.3

기울기 0.01, 폭 60[cm]인 사각형 단면 콘크리트 수로에 현재 30[cm] 깊이로 단면 콘크리트 수로에 현재 30[cm] 깊이로 물이 흐르고 있다. 만일 유량이 현재의 2배로 증가된다면 그 때의 깊이는 얼마인가?

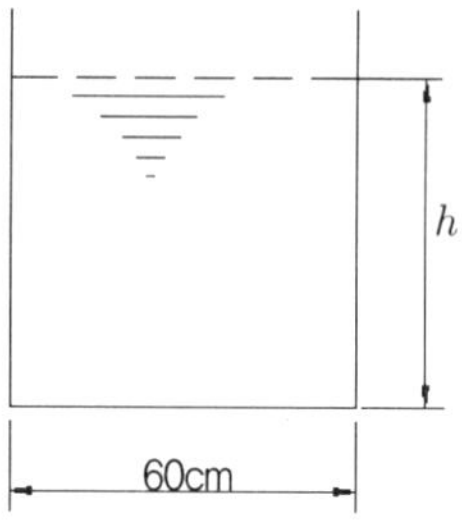

〈풀이〉

표 6−1에서 $n = 0.016$이고, 단면적 $A = 0.6 \times 0.3 = 0.18\,[cm^2]$, 접수길이 $P = 0.6 + 0.3 + 0.3 = 1.2\,[cm]$이므로 수력반경 $R_h = 0.18/1.2 = 0.15\,[cm]$이다. 현재의 유량을 계산하면

$$Q = AV = A \cdot \frac{1}{n} R_h^{\frac{2}{3}} S^{\frac{1}{2}} = 0.18 \times \frac{1}{0.016} \times 0.15^{\frac{2}{3}} \times 0.01^{\frac{1}{2}}$$
$$= 0.3176\,[m^3/sec]$$

유량이 현재의 2배로 증가되었을 때 깊이를 h라 놓고 관계방정식을 세우면

$$2 \times 0.3176 = 0.6h \times \frac{1}{0.016} \times \left(\frac{A}{P}\right)^{\frac{2}{3}} \times (0.01)^{\frac{1}{2}}$$

위 식을 정리하고 $AP = 0.6h(0.6 + 2h)$를 대입하면

$$\left(\frac{A}{P}\right)^{\frac{2}{3}} = \left(\frac{0.6h}{0.6 + 2h}\right)^{\frac{2}{3}} = 0.635 \times \frac{0.1 \times 6}{0.6h}$$

$$\frac{(0.6h)^5}{(0.6 + 2h)^2} = (0.635 \times 0.16)^3 = 1.05 \times 10^{-3}$$

시행착오법에 의해 h를 구하면 $h = 0.52$
다시 구해진 깊이 $h = 0.52\,[m]$로 유량을 계산하면

$$2Q = 0.6 \times 0.52 \times \frac{1}{0.016} \times \left(\frac{0.312}{1.64}\right)^{\frac{2}{3}} \times 0.01^{\frac{1}{2}} = 0.645$$

앞서 구한 유량 $0.635\,[m^3/sec]$와 $0.645\,[m^3/sec]$를 비교하면 단지 1.6% 이내의 오차가 있는데 이 정도의 오차는 만족할 만하다.

6.3 사다리꼴 단면

하천이나 관개수로에 가장 많이 이용하는 단면이 사다리꼴 단면인데 이 때 직사각형 단면의 경우와 같은 방법으로 주어진 단면적 크기와 기울기에서 최적치수를 구해보자. 그림 6-3과 같이 치수 기호를 정하고 단면적(A), 접수길이(P), 수력반경(R_h)을 나타내면

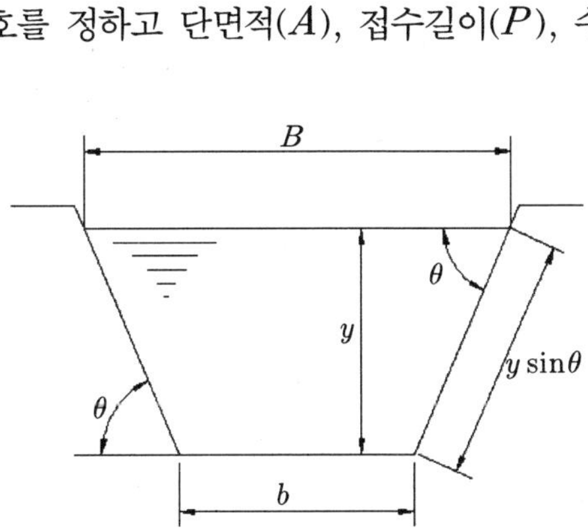

그림 6-3 사다리꼴 단면

$$A = y(b + y\cot\theta) \quad ①$$

$$P = b + \frac{2y}{\sin\theta} \quad ②$$

① 식에서의 b를 ② 식에 대입하고 P의 극소치를 구하면

$$P = \frac{A}{y} - y\cot\theta + \frac{2y}{\sin\theta}$$

$$\frac{\partial P}{\partial y} = -\frac{A}{y^2} - \cot\theta + \frac{2}{\sin\theta}$$

$$\frac{A}{y^2} = \frac{2 - \cos\theta}{\sin\theta}$$

$$y^2 = \frac{A\sin\theta}{2 - \cos\theta} \quad ③$$

③ 식은 θ를 일정한 상수로 본 것이고 다시 θ에 대한 y의 극소치를 구하면

$$2y\frac{dy}{d\theta} = \frac{A\cos\theta(2 - \cos\theta) - A\sin\theta\ \sin\theta}{(2 - \cos\theta)^2} = 0$$

$$2\cos\theta = 1$$

$$\therefore \theta = 60^\circ$$

$\theta = 60^\circ$ 일 때

③ 식에서 $A = y^2(2 - \frac{1}{2})/\frac{\sqrt{3}}{2} = \sqrt{3}y^2$

그리고 ① 식에서 $A = y(b + y\frac{1}{\sqrt{3}})$이므로

$$\sqrt{3}y^2 = y(b + y\frac{1}{\sqrt{3}})$$

$$\therefore y = \frac{\sqrt{3}}{2}b$$

이 때 측변의 길이를 구하면 $\frac{y}{\sin\theta} = \frac{\sqrt{3}}{2}b \times \frac{\sqrt{3}}{2} = b$이다. 이상의 결과를 종합하면 주어진 기울기와 유량을 갖는 사다리꼴 단면으로서 최적 치수는 사다리꼴 단면이 정

육각형의 절반과 같은 형상일 때임을 알 수 있다.

6.4 원형 수로

빗물이나 하수처리에서는 때때로 원형 관을 사용한다. 이 경우에는 물론 원형 관에 유체가 가득 차서 흐르지 않으므로 개수로 흐름에 속한다.

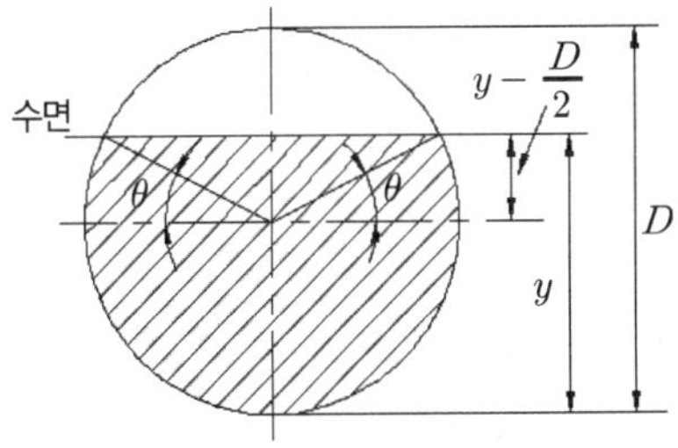

그림 6-4 원형 단면

그림 6-4와 같이 치수를 정하고 식 (6-8)을 이용하여 가득차서 흐를 때와 부분적으로 흐를 때의 유량비를 쓰면

$$\frac{Q}{Q_f}=\frac{AV}{A_fV_f}=\frac{A\left(\frac{1}{n}R^{\frac{2}{3}}S^{\frac{1}{2}}\right)}{A_f\left(\frac{1}{n}R_f^{\frac{2}{3}}S^{\frac{1}{2}}\right)}=\frac{A}{A_f}\left(\frac{R}{R_f}\right)^{\frac{2}{3}} \tag{6-9)(a}$$

여기서 첨자 f는 가득차서 흐를 때의 양을 나타낸다.

수력반경을 바꾸어 쓰면

$$\frac{Q}{Q_f}=\left(\frac{A}{A_f}\right)^{\frac{5}{3}}\left(\frac{P_f}{P}\right)^{\frac{2}{3}} \tag{6-9)(b}$$

그림 6 4로부터 θ를 리디안 각이라고 하면 단면적 A는

$$A=\left(\frac{\pi D^2}{4}\right)\left(\frac{\pi+2\theta}{2\pi}\right)+\left(y-\frac{D}{2}\right)\left(\frac{D}{2}\cos\theta\right) \tag{6-10}$$

접수길이 P는

$$P = \frac{\pi D\left(\frac{\pi}{2}+\theta\right)}{2\pi} \tag{6-11}$$

θ는 y와 D의 함수로 주어져 있으므로

$$\theta = \sin^{-1}\left(\frac{2y-D}{D}\right) \tag{6-12}$$

가득차서 흐를 때는

$$A_f = \frac{\pi D^2}{4}\ ,\ P_f = \pi D \tag{6-13}$$

식 (6−10)~(6−13)을 식 (6−9)(b)에 대입하면

$$\frac{Q}{Q_f} = \left(\frac{\pi+2\theta}{2\pi}+\frac{\cos\theta\,(2y-D)}{\pi D}\right)^{\frac{5}{3}}\left(\frac{2\pi}{\pi+2\theta}\right)^{\frac{2}{3}} \tag{6-14}$$

같은 방법으로 속도비는

$$\frac{V}{V_f} = \left(\frac{\pi+2\theta}{2\pi}+\frac{\cos\,(2y-D)}{\pi D}\right)^{\frac{2}{3}}\left(\frac{2\pi}{\pi+2\theta}\right)^{\frac{2}{3}}$$

$$= \left(\frac{2\cos\theta\,(2y-D)}{D(\pi+2\theta)}\right)^{\frac{2}{3}} \tag{6-15}$$

식 (6−12)로부터 식 (6−14)와 (6−15)의 $\frac{Q}{Q_f}$와 $\frac{V}{V_f}$는 $\frac{y}{D}$만의 함수임을 알 수 있다. 물론 수면이 중심 이하일 때도 마찬가지이며 이들 함수관계를 그래프로 나타낸 것이 그림 6−5이다.

그림에 의하면 유량은 $y = 0.94D$일 때 최대이고 속도는 $y = 0.8D$에서 최대이다.

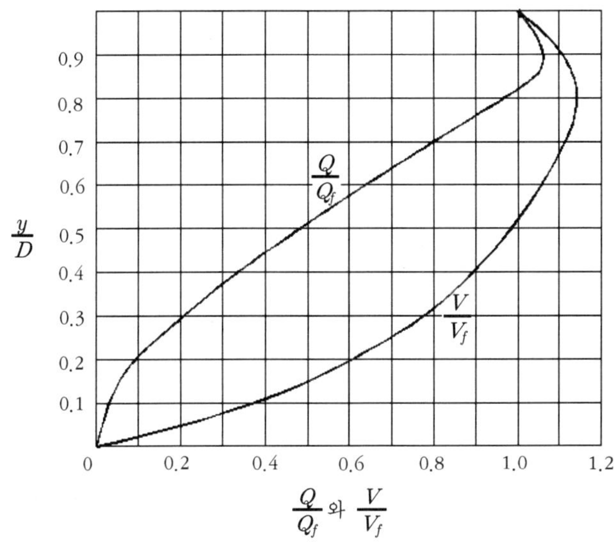

그림 6-5 원 관의 개수로 흐름

✎ 예제 6.4

유량 30[l/sec]의 물이 지름 60[cm]의 원 관에 흐르고 있다. 수로 기울기가 0.0015, $n = 0.02$ 일 때 흐름의 깊이(y)를 구하라.

〈풀이〉

원 관에 가득차서 흐를 때의 유량은

$$Q_f = AV = \frac{n \times 0.6^2}{4} \times \frac{1}{0.02} \times \left(\frac{0.6}{4}\right)^{\frac{2}{3}} \times 0.0015^{\frac{1}{2}} = 0.1546$$

이므로 유량비는

$$\frac{Q}{Q_f} = \frac{0.03}{0.1546} = 0.194$$

그림 6-8에서

$$\frac{y}{D} \fallingdotseq 0.29$$

$$\therefore\ y = 0.29 \times 0.6 = 0.174\,[m]$$

6.5 비에너지, 상류(常流)와 사류(射流)

개수로 흐름은 일정수로 형상에서도 속도는 일정하지 않다. 일반적으로 단면마다 속도가 다르며 수로 바닥면과 수면에서의 속도가 다른 것도 마찬가지이다. 운동에너지를 평균속도로 나타내고 싶다면 $V^2/2g$에 알맞는 보정계수 α를 곱하여 이용할 수 있고 만일 단면에서 속도가 일정하면 α는 1이고 수로 특성에 따라 1 또는 2를 얻을 수도 있다. α를 미리 예측할 수 없는 경우에는 보통 1로 잡고 충분한 자료에 의해 예측될 수 있으면 적당한 α을 가정해도 될 것이다. 다시 그림 6-1을 참고하여 단위중량이 가지는 에너지를 고려해 보자. 임의의 수평 기준면을 이번에는 수로 바닥면으로 잡고 $\alpha=1$이라 하면 에너지는

$$E = y + \frac{V^2}{2g} \tag{6-16}$$

이며 이 때 E를 비에너지(specific energy)라 부르고 개수로 해석에 편리하게 이용된다. 등류에서 E는 일정하고 비등류(nonuniform flow)에서는 E가 증가 또는 감소한다. $V = Q/A$로 바꾸어 쓰면

$$E = y + \frac{1}{2g}\left(\frac{Q}{A}\right)^2 \tag{6-17}$$

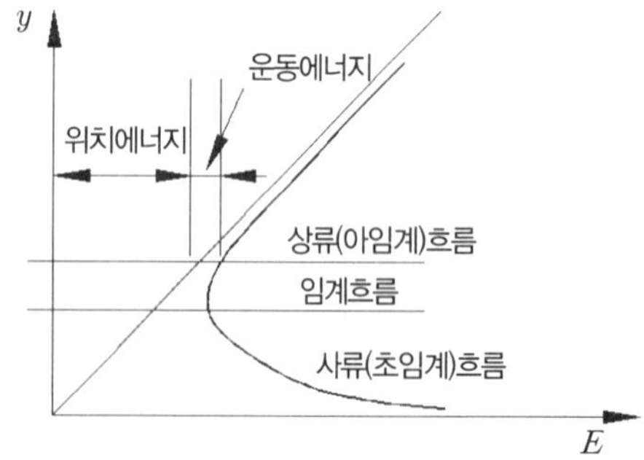

그림 6-6 비에너지 선도(q가 일정)

단위 폭 당의 단면적은 $A = y$이고 q가 단위 폭에서의 유량이라고 하면

$$E = y + \frac{1}{2g}\left(\frac{q}{y}\right)^2 \tag{6-18}$$

식 (6−18)에서 q를 일정한 값이라고 할 때 E를 y함수로 보고 그래프를 그린 것이 그림 6−9이다. 45°의 대각선은 여러 가지 y 값에 대한 위치에너지를 나타내는 선이고 이 선과 곡선사이의 수평거리는 운동에너지이다.

그림 6−6을 관찰하면 일정유량 q에 대하여 비에너지 E에는 최소값이 존재한다. 이 때의 깊이 y는 단일값으로서 임계깊이(critical depth)라 부르고 이 때의 흐름을 임계흐름(critical flow)라 한다. 비에너지 E가 최소 아닌 다른 어떤 값에서는 자연적으로 두 개의 y 값이 존재하게 된다. 만일 깊이가 임계 깊이보다 작으면 연속의 원리에 의하여 속도는 임계 속도보다 커야 되고 이 때의 흐름을 사류(supercritical 또는 rapid flow)라 부른다. 만일 y가 임계 깊이보다 크면 속도는 임계속도보다 작을 것인데 이 때의 흐름을 상류라 부른다. 폭이 큰 사각형 단면에 대해서는 최소 비에너지 $E_{\min}$와 임계깊이 y_c 간의 관계가 쉽게 구하여 진다. 식 (6−18)의 E를 y에 관하여 미분하고 y_c를 구하면

$$\frac{dE}{dy} = 1 - \frac{q^2}{gy^3} = 0$$

$$\therefore y_c = \left(\frac{q^2}{g}\right)^{\frac{1}{3}} \quad \text{또는} \quad q^2 = gy_c^3 \tag{6-19}$$

이므로 초소 비에너지는

$$E_{\min} = y_c + \frac{q^2}{2g \cdot y_c^2} = \frac{3}{2}y_c \tag{6-20}$$

로 된다. 앞에서는 유량 q가 일정한 경우이지만, E를 상수로 보고 y와 q의 함수관계에서 q를 y의 함수로 정리하면

$$q^2 = (E - y)2gy^2 \tag{6-21}$$

식 (6−21)은 그림 6−7과 같이 나타나고 다시 y의 함수로서 q의 최대값을 구하면 역시 식 (6−20)의 y_c값일 때임을 알 수 있다.

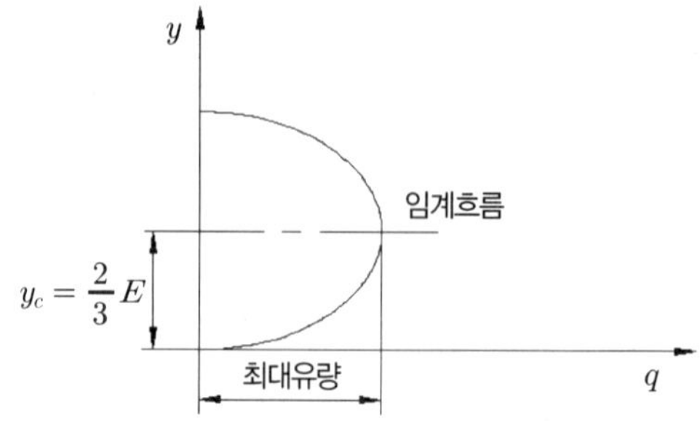

그림 6-7 비에너지 선도(E가 일정)

한편 이들 관계를 속도와 관련지어 생각하면 식 (6−19)에서 $q^2/y_c^3 g = 1$이고 $V^2 = q^2/y^2$ 또는 $V^2/y = q^2/y^3$이므로 $q^2/y_c^3 g = V^2/y_c g = 1$이다. 따라서 깊이에 의해서 결정되는 속도에 따라 흐름을 다음과 같이 구분한다.

① $V > \sqrt{gy}$ 이면 사류

② $V = \sqrt{gy}$ 이면 임계흐름 (6−22)

③ $V < \sqrt{gy}$ 이면 상류

특히 속도가 $V_c = \sqrt{gy}$ 일 때 V_c를 **임계속도**(critical velocity)라 한다. 한편, $\sqrt{gy}$는 중력파의 전파속도와 같으므로 상류에서는 하나의 물결이 발생된 지점으로부터 상류(上流)로 거슬러 올라갈 수 있지만 사류에서는 상류로 이동하지 못하고 떠내려간다.

✎ 예제 6.5

폭 3[m], 깊이 1.5[m]인 수로에서 유량이 13.5[m^3/sec]이다. 상류 또는 사류임을 결정하고 같은 비에너지를 갖는 다른 흐름에서의 깊이를 구하라.

〈풀이〉

$Q = AV$에서 유량이 13.5[m^3/sec]이므로 속도(V)는 3[m/sec]이다.

식 (6−22)에서

$$\frac{V^2}{gy} = \frac{3^2}{9.6 \times 1.5} \fallingdotseq 0.6 < 1$$

이므로 흐름은 상류이다.

비에너지 E가 일정하면 식 (6－18)에서

$$y_1 + \frac{1}{2g}\left(\frac{q}{y_1}\right)^2 = y_2 + \frac{1}{2g}\left(\frac{q}{y_2}\right)^2$$

인데 q는 단위 폭 당의 유량이므로

$$q = \frac{13.5}{3} = 4.5\,[m^3/sec]$$

따라서 사류로 흐를 때의 깊이는

$$1.5 + \frac{4.5^2}{2g \times 1.5^2} = y_2 + \frac{4.5^2}{2g \times y_2^2}$$

$$1.96 = y_2 + \frac{1.033}{y_2^2}$$

$$y_2^3 - 1.96y_2^2 + 1.033 = 0$$

$$\therefore y_2 = 1.09$$

6.6 수력도약(hydraulic jump)

앞 절에서 유량이 일정할 때 같은 비에너지를 갖는 깊이가 서로 다른 두 종류의 흐름이 있을 수 있었다. 이 두 종류의 흐름들은 어떤 조건에 의해 갑자기 한 흐름에서 다른 종류의 흐름으로 변할 수가 있는데 흐름의 깊이가 임계 깊이 보다 작은데서 갑자기 변하여 임계 깊이보다 크게 되고 속도는 작아지는 현상을 **수력도약**이라 한다. 수력도약의 전후에서는 깊이의 증가가 있고 속도의 감소가 있으며 손실 에너지가 존재하게 된다. 깊이의 변화는 사류에서 상류로 변하는 것을 의미하고 상류의 조건에 따른 하류 조건과 손실 에너지 계산 등은 연속 방정식, 에너지 방정식, 운동량 방정식 등의 적용으로 간단히 유도되며 이 때 계산의 편의를 위해 수력도약 전후의 짧은 간격에 수평방향으로만 힘이 작용되는 것으로 가정한다. 도약후의 깊이 y_2를 도약전의 속도 V_1과 깊이 y_1으로 나타내기 위해서 사각형 단면의 수로에 대하여 생각해보자.

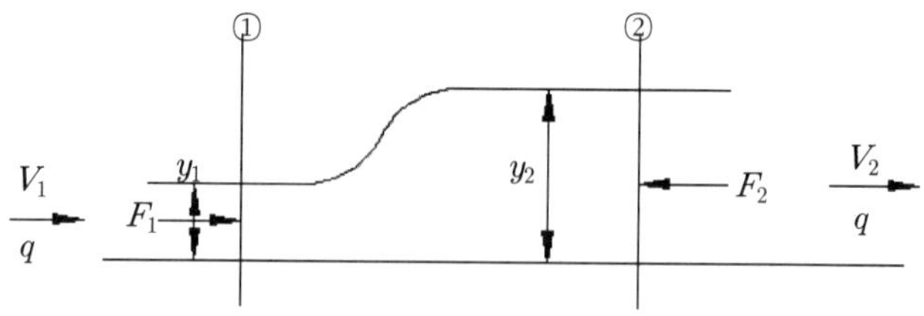

그림 6-8 수력도약

그림 6-8 같이 ①, ② 단면에서의 유체 정압에 의한 힘의 크기를 F_1, F_2라 하면

$$F_1 = \frac{\gamma y_1^2}{2}, \quad F_2 = \frac{\gamma y_2^2}{2} \tag{6-23}$$

이고 역적-운동량 방정식을 적용하면

$$F_1 - F_2 = \frac{\gamma}{2}(y_1^2 - y_2^2) = \frac{\gamma q}{g}(V_2 - V_1) \tag{6-24}$$

이다. 여기서 q는 단위 폭 당의 유량이며 속도는 $V = q/y$의 관계가 있으므로

$$y_1^2 - y_2^2 = \frac{2q^2}{g}\left(\frac{1}{y_2} - \frac{1}{y_1}\right) \tag{6-25}$$

$$y_2^2 + y_1 y_2 - \frac{q^2}{g y_1} = 0$$

y_2에 주목하여 2차 방정식의 근의 공식을 적용하면

$$y_2 = \frac{y_1}{2}\left(-1 + \sqrt{1 + \frac{8q^2}{g y_1^3}}\right) \tag{6-26(a)}$$

$$y_2 = -\frac{y_1}{2} + \sqrt{\frac{2V_1^2 y_1}{g} + \frac{y_1^2}{4}} \tag{6-26(b)}$$

$$\frac{y_2}{y_1} = \frac{1}{2}\left(-1 + \sqrt{1 + \frac{8q^2}{g y_1^3}}\right) \tag{6-26(c)}$$

식 (6-26)(b)를 보면 도약후의 깊이 y_2는 도약전의 깊이 y_1과 속도 V_1의 함수임을

알 수 있다. 그리고 도약이 있었다면 $y_2 > y_1$이므로 우변이 1보다 클 때이다. 따라서 $\frac{q^2}{gy_1^3} > 1$, $V_1 > \sqrt{gy_1}$일 때 수력도약이 일어날 수 있다는 것은 이미 예측한 바와 같다.

수력도약에 의한 손실수두는 에너지 방정식에 의하여

$$H_L = E_1 - E_2 = \left(y_1 + \frac{q^2}{2gy_1^2}\right) - \left(y_2 + \frac{q^2}{2gy_2^2}\right)$$

$$= \frac{q^2}{2g}\left(\frac{1}{y_1^2} - \frac{1}{y_2^2}\right) + (y_1 - y_2) \tag{6-27}$$

이다. 그런데 식 (6−25)에서 $\frac{q^2}{g} = \frac{y_1 y_2 (y_1 + y_2)}{2}$이므로

$$H_L = E_1 - E_2 = \frac{(y_2 - y_1)^3}{4y_1 y_2}$$

식 (6−27)은 손실수두가 도약 전후의 깊이만의 함수임을 보여주고 있다.

6.7 중력파의 전파속도

자유표면을 가지는 액체에 있어서 표면에 발생한 단일 파동의 한 방향으로의 이동속도는 연속방정식과 베르누이 방정식을 적용하여서 간단히 구할 수 있다. 그림 (a)에서는 파동의 이동방향을 나타내고 있고, 그림 (b)는 방정식을 적용하는데 편리하게 생각하기 위해서 파동을 고정시키고 유체가 상대적으로 움직이고 있는 것으로 보게 한 것이다.

연속방정식에 의하여 단면 1과 2 사이에 베르누이 방정식을 세우면

$$V \cdot y = (V + dV)(y + dy) \quad \text{또는} \quad \frac{dV}{V} + \frac{dy}{y} = 0 \qquad ①$$

$$\frac{V^2}{2g} + y = \frac{(V + dV)^2}{2g} + (y + dy) \quad \text{또는} \quad VdV + gdy = 0 \qquad ②$$

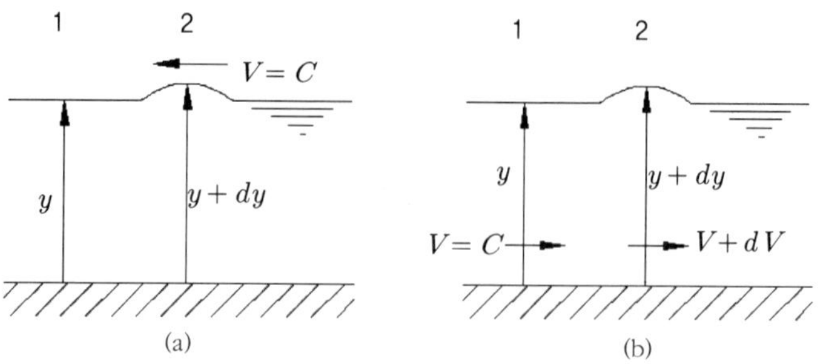

그림 6-9 표면파의 전파속도

방정식 ①과 ②를 결합하여 구한 속도 V를 파동의 전파속도 c로 놓으면

$$c = \sqrt{gy} \tag{6-28}$$

식 (6-28)의 속도를 중력파의 전파속도라 부르는데 식에서 알 수 있는바와 같이 액체표면에 발생한 파동의 전파 속도는 중력가속도 g와 유체의 깊이 y에 관계되므로 이 파동을 **중력파**(gravity wave)라고 부른다.

6장 연습문제

1. 그림과 같은 구형 단면의 수력반경 R_h를 구하라.

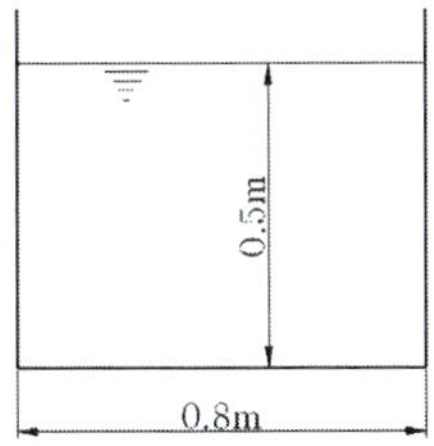

문제 1

2. 유량이 일정할 때 최소 비에너지가 $10[N \cdot m/m]$라 하면 임계깊이는 얼마인가?

3. 문제 2에서의 임계속도는 얼마인가?

4. 폭 $5[m]$, 깊이 $2[m]$인 구형 수로에 물이 균일하게 흐르고 있다. 이 수로의 경사도가 0.001일 때 수로의 양 측면과 바닥에서의 평균전단응력은 몇 $[N/m^2]$인가? 단, 물의 비중량 $\gamma = 9800[N/m^3]$이다.

5. 폭 $3[m]$의 직사각형 수로에서 비에너지 $E = 2[m]$일 때 최대 유량은 몇 $[m^3/\sec]$인가?

6. 폭 $5[m]$이고 수심이 $1.5[m]$인 구형 수로에 유량 $14[m^3/\sec]$의 물이 흐를 때 비에너지를 구하라.

7. 그림과 같은 삼각형 수로에 물이 등류 상태로 흐르고 있다. 이 수로의 경사도가 1/300일 때 접수길이에 작용하는 전단응력은 몇 $[N/m^2]$인가?
단, 물의 비중량 $\gamma = 9800[N/m^3]$이다.

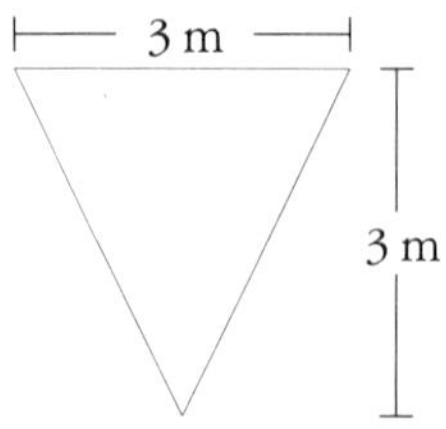

문제 7

8. 직경이 $3[m]$인 원형 단면 수로에 깊이 $1[m]$의 등류로 물이 흐른다. 기울기가 10000분의 1일 때 벽면에서의 전단응력을 계산하라.

9. 폭이 b이고 깊이가 y인 구형단면에서의 량 수력단면을 구하라.

10. 속도가 $5[m/\text{sec}]$이고, $y = 2.5[m]$일 때, 비에너지는 얼마인가?

Chapter. 7

항력과 양력

* 물이나 공기 속을 비행기의 날개 같은 물체가 임의의 속도로 움직이는 경우에 이 물체는 유체로부터 힘을 받는다. 이 힘은 물체의 운동과 반대방향인 항력(drag)과 운동방향에 수직인 양력(lift)으로 나누어지며, 양력은 물체의 축이 유체 유동의 방향과 일치하지 않을 때 물체 양쪽에서 속도와 압력이 서로 다르게 됨으로써 생긴다. 그러나 이들 힘은 물체가 정지하고 있는 경우에 작용하는 힘, 즉 부력을 뺀 것이며, 일반적으로 물체와 유체와의 상대운동에 의한 힘만을 취급한다. 정지하고 있는 유체 속을 일정한 속도로 움직이는 물체의 경우와 정지하고 있는 물체에 일정한 속도의 유체가 접근하여 오는 경우는 유체역학적으로는 같으므로, 풍동실험 등과 같이 일정속도의 유체유동 속에 물체를 정지시켜서 시행한 실험 결과를 정지된 유체 속을 일정한 속도로 움직이는 물체의 경우에 적용시킬 수 있다. 이들 힘은 유체기계, 항공학, 조선학 등의 공업 분야에서 많이 연구되고 있는 중요한 것이다.
* 본 장에서는 근사적 취급방법, 경계층 이론과 차원해석을 논의하고 이것에 의해서 항력과 양력을 구하는 문제를 다룬다.

7.1 경계층 이론

실제유체가 부드러운 잠겨있는 물체를 통과할 때 점성의 효과들은 고체표면에서 속도가 영(0)이고 큰 전단응력과 속도구배, 그리고 표면으로부터 비교적 적은 거리에서의 이상유체의 속도를 나타내는 속도분포를 생기게 한다. 마찰작용에 의하여 지배되는 구역을 **경계층**(boundary layer)이라고 한다.

유체 내에서 속도가 다른 두 부분이 접한 면에 나타나는 전단응력 τ는 앞에서 언급한 바와 같이 $\tau = \mu\dfrac{du}{dy}$로 주어지는데 이 관계식은 물체 표면에 따라서 운동하는 유체와 물체표면 사이에 작용하는 전단응력에도 적용이 된다. 그러므로 물체표면에 따라서 흐름의 방향으로 x축을, 그것에 세운 법선방향에 y축을 취하고 물체표면에 따라 운동하는 유체입자의 속도를 u라고 하였을 때 $\dfrac{du}{dy}$의 물체표면에서의 값 $\left(\dfrac{du}{dy}\right)_{y=0}$을 알면 표면에서의 전단응력 τ_0도 알 수 있게 된다.

매끄러운 평판의 표면을 따라 균일한 속도 U로 흐르고 있는 2차원 정상류를 생각할 때 평판에 고정되어 있는 좌표축(x, y)을 그림 7-1과 같이 잡고 평판에서 충분히 멀리 떨어져서 흐트러지지 않은 흐름의 속도를 U로 표시한다. 평판이 무한하게 얇을 때는 유체가 이상유체일 때 평판 자신이 직선상 유선의 하나와 일치하고, 평판표면에 접하고 있는 유체입자는 속도 U로 평판표면 위를 자유롭게 미끄러져 흐르기 때문에 흐름은 평판에 의해서는 조금도 흐트러지지 않는다.

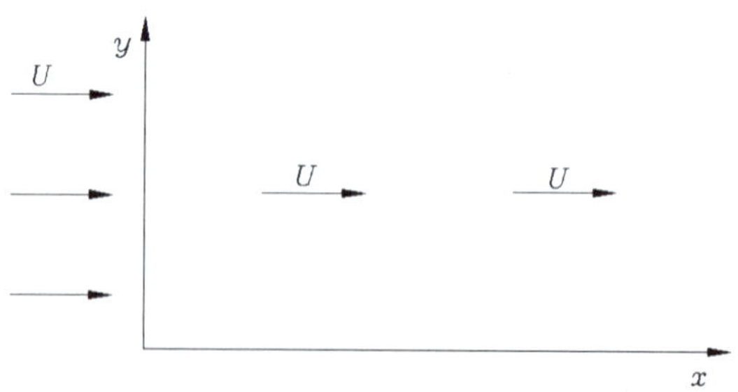

그림 7-1

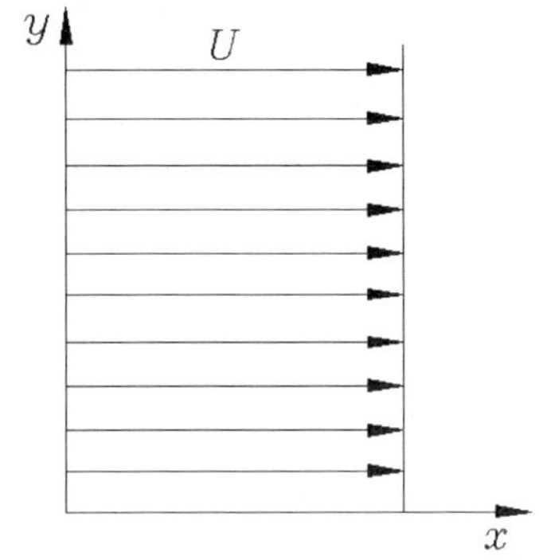

그림 7-2

그리고 이 경우에는 평판 위의 어떤 점에 있어서도 속도분포 곡선은 그림 7-2와 같이 평판에 수직인 직선이 된다. 이에 대하여 점성을 가지고 있는 실제유체의 경우에는 평판표면에 접하고 있는 유체입자는 이것에 점착되고, 이들 입자는 그 외측을 흐르는 유체 입자가 전단응력을 작용하여 그 운동을 방해하고, 평판에서 어떤 거리까지는 차례로 점성의 영향이 나타나는 결과 실제유체의 경우에 속도분포 곡선은 이상유체의 경우와 다르게 된다. 그림 7-3은 실제유체의 경우에 속도분포 곡선을 여러 가지 다른 점성계수 μ에 대해서 표시한 것으로서, (a)(b)(c)(d)의 순서대로 μ의 값이 큰 경우이다.

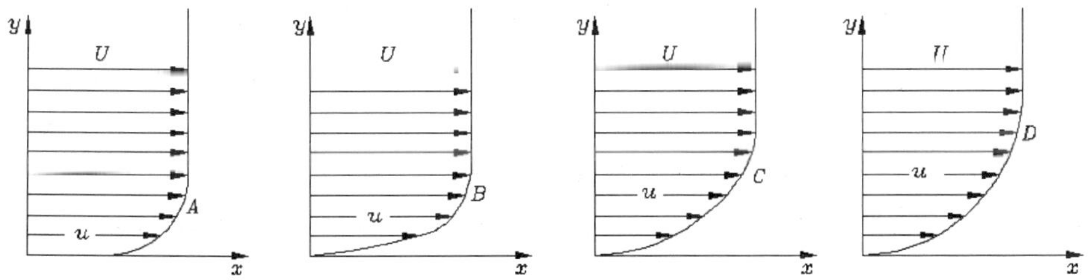

(a) (b) (c) (d)

그림 7-3

이와 같은 실제유체의 경우에 속도분포 곡선들은 다음과 같은 공통된 특징을 가지고 있다.

① 평판표면에서 멀리 떨어진 곳, 즉 $y \to \infty$인 곳에서는 유속 U와 같다.

② 평판표면, 즉 $y = 0$에서는 $u = 0$이다.(점착조건)

물리적으로 명백한 바와 같이 점성이 클 때는 평판이 유체의 운동을 방해하려는 작용 때문에 평판에서 상당히 떨어진 곳에 있는 유체의 층도 감속되지만 점성이 작을 때는 평판이 미치는 영향은 비교적 가까운 거리에만 미칠 수가 있다. 일반적으로 평판이 유체운동을 방해하는 작용을 생각하지 않아도 좋은 곳까지의 평판에서의 거리를 δ로 표시하면

$$y=\delta \quad \text{에서 } u \approx U$$

와 같이 되는데 점성이 큰 유체에서는 이 거리 δ가 크고, 반대로 점성이 작은 유체에서는 거리 δ가 작다. 그림 7-3에서 A, B, C, D라는 점까지의 x축에서의 거리가 각각의 경우에 거리 δ를 나타내고 있다.

이와 같은 실험적 사실을 고려하여 물이나 공기와 같이 점성이 작은 실제유체의 흐름에 있어서 점성의 영향이 어떻게 나타나는 것인지를 설명하기 위해서 Prandtl은 1904년에 경계층 이론을 제창하였는데 이 이론의 근본 가정을 요약하면 "유체의 점성이 매우 작을 때, 즉 $\mu \approx 0$일 때는 점성의 영향을 받는 유체층의 두께 δ도 또한 극히 작아져서 $\delta \simeq 0$로 된다."와 같이 표현할 수 가 있다. 다시 말하면 $0 \leqq y \leqq \delta$인 범위에 있는 매우 얇은 유체층 안에서만 점성이 작용하고, 그 외측($\delta < y < \infty$)에서는 유체의 점성을 전혀 무시해도 좋다고 하는 것이 이론의 근본 가정이다. 이와 같은 얇은 유체층을 경계층이라 하고 δ를 경계층의 두께라고 한다. 실제로는 경계층의 한계를 정하기가 곤란하므로 물체 표면에서 실측하여 속도가 $0.99U$로 도는 점까지의 거리를 경계층의 두께라고 한다.

위에 표현한 이론의 근본 가정은 크다 작다고 하는 기준이 없기 때문에 좀 막연하다. 따라서 다음과 같이 조금 더 정확히 표현할 수 있다.

"속도 U인 층류 속에 놓인 물체의 앞 끝에서 표면에 따라 하류로 향하여 측정한 거리를 l이라 하고, l인 곳에서의 경계층의 두께를 δ라고 할 때 $R_l = \dfrac{Ul}{\nu}$의 값이 1에 비해서 매우 클 때는 $\dfrac{\delta}{l}$의 값은 1에 비해서 매우 작다." 단, ν는 유체의 동점성계수이고 R_l은 레이놀드 수이다.

이 경계층 내에서는 점성의 영향이 현저하게 나타나고, 즉 속도 구배 $\dfrac{du}{dy}$가 매우 크고 따라서 전단응력도 크게 작용한다. 이 얇은 층의 외측 전체영역에서는 점성에 의한 영향은 거의 없고 이상유체와 같은 흐름이 된다. 이와 같은 이론은 취급이 쉬울 뿐 아니라 레이놀드 수가 큰 경우에 실제와 잘 일치한다.

실제 Prandtl 이 세운 경계층 이론의 기초방정식을 그림 7−1과 같은 평판에 따라 흐르는 흐름에 대해서 Blasius가 엄밀하게 풀이해서 다음과 같은 결과를 얻었다.

$$\frac{\delta}{l} = \frac{5.2}{\sqrt{R_l}}\left(R_l = \frac{U \cdot l}{\nu}\right) \tag{7−1}$$

이 식으로 R_l가 매우 커지면 $\frac{\delta}{l}$가 매우 작아지는 것을 알 수 있다.

경계층의 두께 δ가 어느 정도의 것인가를 구체적으로 보기 위해서 15[m/sec]의 속도로 흐르고 있는 20[℃]의 공기 중에 평판을 놓았을 때 앞 끝에서 $l = 1[\mathrm{m}]$인 곳에서의 경계층의 두께를 구해보자. 20[℃]의 공기의 동점성계수는 $v = 0.150[\mathrm{cm}^2/\mathrm{sec}]$이므로 레이놀드 수는

$$R_l = \frac{1500 \times 100}{0.150} = 10^6$$

이 된다. 그러므로 식 (7−1)에 의해서

$$\frac{\delta}{100} = \frac{5.2}{\sqrt{10^6}} = 0.0052$$

이고 따라서

$$\delta = 0.52[\mathrm{cm}] = 5.2[\mathrm{mm}]$$

가 된다. 이것으로 경계층이 매우 얇은 것을 알게 된다.

이와 같이 매우 얇은 경계층을 그 표면에 가지고 있는 평판주위의 흐름 모양은 사실상 이상유체의 이론에서 얻은 것과 대체적으로 일치한다. 물론 일반적으로 점성을 가지는 실체유체의 경우는 평판 표면에 전단응력이 작용하는데 비해서 이상유체의 경우는 그것이 0이라고 하는 근본적 차이가 있기는 하지만, 이상유체의 이론에서 나온 이론적 결과는 물이나 공기와 같이 점성이 작은 실제유체의 흐름에 대해서 좋은 1차적 근사를 주고 있다.

✎ **예제 7.1**

관성력과 점성력의 비가 레이놀드 수를 표시하는 것을 밝혀라

〈풀이〉

$$\text{관성력} = Ma = \rho L^3\left(\frac{L}{T^2}\right) = \rho L^2\left(\frac{L}{T}\right)^2 = \rho L^2 U^2$$

$$\text{점성력} = \mu\frac{du}{dy}S = \mu\left(\frac{U}{L}\right)L^2$$

여기서 L은 대표적 길이이다.

그러므로

$$\frac{\text{관성력}}{\text{점성력}} = \frac{\rho L^2 U^2}{\mu\left(\frac{U}{L}\right)L^2} = \frac{\rho UL}{\mu} = \frac{UL}{\nu} = R(\text{레이놀드 수})$$

따라서 레이놀드 수가 $10^3 \sim 10^5$과 같이 클 경우에는 점성력은 관성력에 비해서 무시할 수 있다. 즉, 마찰이 없는 흐름으로 취급할 수 있다.

7.2 마찰항력

이상유체에서는 서로 접하고 있는 임의의 두 부분은 그 접촉면에 수직인 압력만이 상호작용을 하고 접촉면의 접선방향에는 작은 힘도 작용하지 않는다. 따라서 고체에 접하고 있는 이상유체는 고체표면의 모든 점에 있어서 그것에 수직인 압력만이 작용하고 표면의 접선방향에는 전혀 힘을 미치지 않기 때문에 고체표면에 따라 운동하는 이상유체의 입자는 그 운동이 방해되지 않는다. 이것은 마치 고체표면 위를 미끄러지는 물체가 아무런 마찰력을 받지 않는 것과 같다.

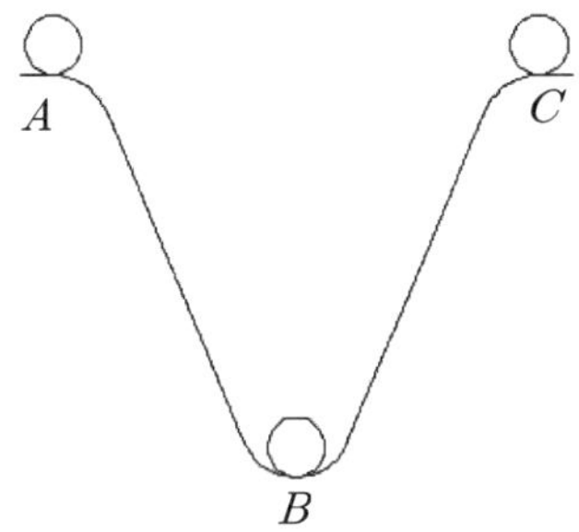

그림 7-4

예를 들면 균일한 중력장에서 그림 7-4와 같이 경사진 길을 운동하는 작은 구를 생각할 때 길과 구가 완전히 미끄러우면 최고점 A에서 초속도 0으로 떠난 구는 최초 그 운동에너지가 0이지만 미끄러져 떨어짐에 따라서 운동에너지가 커지고 최저점 B에서는 최대의 운동에너지를 얻는다. 그리고 이 최대의 운동에너지를 가지고 BC로 올라가 A와 같은 높이의 C점까지 도달할 수가 있다. 이와 똑같은 현상을 물체 주위에 이상유체가 흐를 때도 볼 수 있다. 균일한 속도 U로 흐르는 유체 속에 원주를 놓았을 경우를 생각하자. 전방 정체점 $A(\theta=0)$에서 일단 정지했던 유체입자는 $\theta=90°$ (또는 $\theta=270°$) 되는 점 B를 향하여 운동을 시작하고 점차 속도가 증가되어 B점에서 최대의 운동에너지를 얻는다. 그 운동에너지를 가지고 이번에는 압력이 높은 후방 정체점 C ($\theta=180°$ 되는 점)로 가서 거기에서 일단 정지한다. 이 유선에 대해서 베르누이 정리를 적용함으로써 압력분포를 얻는데 그 결과가 그림 7-5에 표시되어 있다. 이와 같은 이유로 원주에 작용하는 흐름 방향의 힘, 즉 원주의 저항은 0으로 된다. 이것을 d'Alembert의 背理라고 한다.

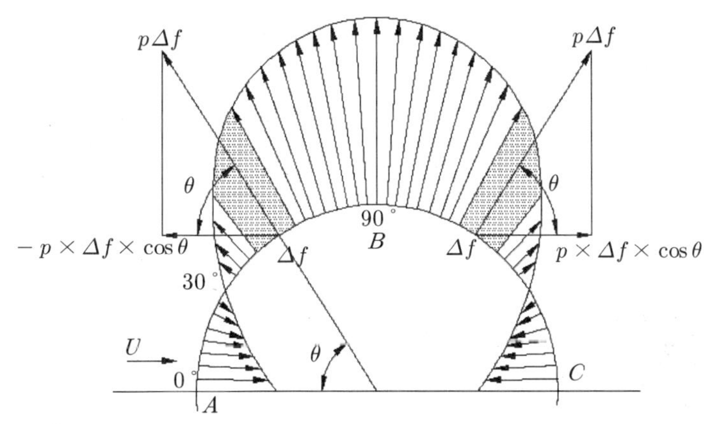

그림 7-5 원주 주위의 압력분포와 그것을 적분하여 산출하는 과정

그러나 점성이 있는 실제유체의 경우에는 달라진다. 이제 경계층 이론에 의해서 점성이 작은 실제유체의 경우에 평판이 받는 마찰항력을 구해보자.

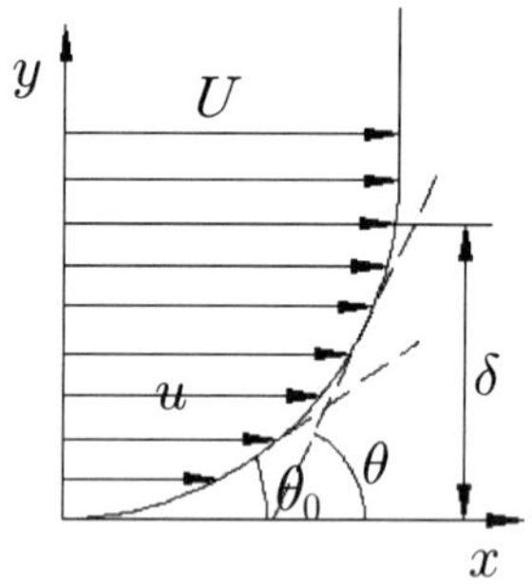

그림 7-6

그림 7-6에서 θ는 속도분포 곡선상의 임의의 점에서 접선이 평판(x 축)과 이루는 각이고, θ_0는 $y=0$에서 속도분포 곡선에 그은 접선이 평판과 만나는 각이다. 즉 θ_0는 속도분포 곡선의 평판표면 위에서의 기울기를 표시한다. 그림 7-3에서 알 수 있는 바와 같이 점성계수 μ가 0에 접근함에 따라 평판표면에 가까이에서 속도분포 곡선은 점점 아래쪽으로 볼록해지고 θ_0가 작아진다. 즉 μ가 0에 접근함에 따라 $\tan\theta_0$도 0에 가까이 가며 속도구배 $\dfrac{du}{dy}$는 $\dfrac{1}{\tan\theta}$과 같으므로 $y=0$, 즉 평판표면 위에서의 속도구배를 $\left(\dfrac{du}{dy}\right)_0$로 표시하면 $\left(\dfrac{du}{dy}\right)_0=\dfrac{1}{\tan\theta_0}$이다.

따라서 $\mu\to 0$일 때 $\left(\dfrac{du}{dy}\right)_0\to\infty$로 된다. 그런데 평판표면 위에서 전단응력은 $\tau_0=\mu\left(\dfrac{du}{dy}\right)_0$이므로 결국 $\mu\to 0$인 극한에서 $\tau_0=0\times\infty$로 된다. 이것은 하나의 부정형인데 Prandtl은 이것이 유한한 값이 되며 $\dfrac{1}{\sqrt{R_l}}$에 비례하는 것을 발표했고, Blasius는 엄밀한 계산에 의해서

$$\tau_0=\frac{0.664}{\sqrt{R_l}}\frac{1}{2}\rho U^2 \quad (\rho\text{는 유체의 밀도}) \tag{7-2}$$

로 되는 것을 표시하였다. 따라서 만일 R_l가 매우 커져도 유한한 크기의 표면 마찰응력

τ_0가 나타나며 $R_l = \infty$로 될 때까지, 다시 말하면 이상유체($\mu = 0$)로 될 때까지는 0으로 되지 않는다.

이와 같이 하여 매우 작은 점성을 가지는 실제유체의 흐름 즉 레이놀드 수가 큰 흐름에서는 평판표면에서 상당히 떨어진 곳에서의 흐름 모양은 이상유체의 그것과 매우 흡사하다. 그러나 점성이 실제로 0이 되지 않는 한 평판표면에 대해서 0이 아닌 유한한 크기의 전단응력이 작용하는 것이 된다. 따라서 레이놀드 수가 매우 클 때에도 평판이 어떤 일정한 크기와 마찰항력(표면 마찰력)을 받는 것을 뜻하고 있다.

이제 평판이 받는 마찰항력을 좀더 자세하게 생각하자. 식 (7−1)에서 알 수 있는 바와 같이 점성계수 μ가 충분히 작은 유체의 경우에는 평판에 따라서 그 앞 끝에서 하류 쪽으로 측정한 길이를 l이라 할 때 $x = l$인 점에서의 경계층 두께 δ와 l 사이에는

$$\frac{\delta}{l} \propto \frac{1}{\sqrt{R_l}}$$

인 관계가 있으나 R_l은 l에 비례하므로 결국

$$\delta \propto \sqrt{l}$$

로 된다. 즉 경계층의 두께는 하류로 감에 따라 점점 두꺼워진다. 그러나 경계층 내에서의 유속 u는 표면상($y = 0$)의 0에서 경계층 δ 사이에 U까지 증가하므로 속도구배 $\dfrac{du}{dy}$는 δ가 증가함에 따라 작아진다. 따라서 $\left(\dfrac{du}{dy}\right)_0$도 두께가 증가함에 따라 작아지고 평판표면 위의 각 절에서의 국소적 전단응력 $\tau_0 = \mu\left(\dfrac{du}{dy}\right)_0$는 평판 앞 끝에서의 거리가 커짐에 따라 점점 작아진다. 실제로 $\left(\dfrac{du}{dy}\right)_0 \propto \dfrac{1}{\delta}$인 것이 명백하고 $\delta \propto \sqrt{l}$이므로

$$\left(\frac{du}{dy}\right)_0 \propto \frac{1}{\sqrt{l}}$$

로 되고 결국에는

$$\tau_0 \propto \frac{1}{\sqrt{l}} \tag{7-3}$$

과 같은 결과를 얻는다.

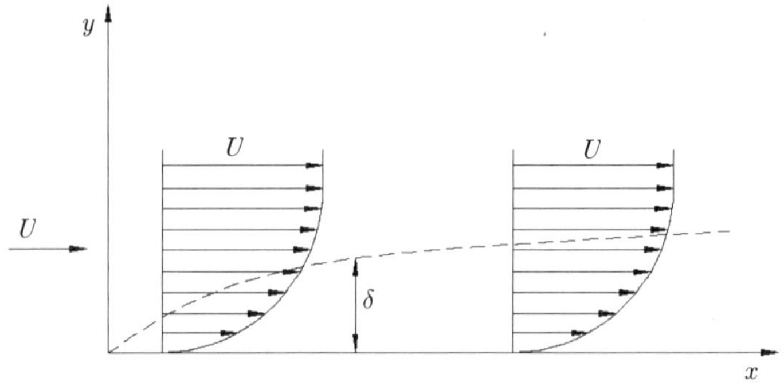

그림 7-7

τ_0는 일반적으로 평판의 단위면적에 작용하는 마찰항력인데 이것 대신에 보통

$$c_f = \frac{\tau_0}{\frac{1}{2}\rho U^2} \tag{7-4}$$

로 정의되는 차원이 없는 양 c_f를 도입한다. 이것을 국소적 마찰항력계수라 하는데 $\tau_0 \propto \frac{1}{\sqrt{l}}$이므로 c_f도 $\frac{1}{\sqrt{l}}$에 비례하여 작아지는 것을 알 수 있다. 따라서 평판의 표면 전체를 생각할 때 c_f의 평균값은 평판의 길이가 증가함에 따라 감소하게 된다.

폭이 1이고 길이가 L인 평판표면이 받는 마찰항력의 합, 즉 합마찰항력을 D_f라 하면 이것은 생각하는 표면 전체에 대해서 τ_0를 적분함으로써 얻어진다. 주 평판에는 상하 두 표면이 있는 것을 고려하여

$$D_f = 2\int_0^L \tau_0 dl \tag{7-5}$$

이와 같은 합 마찰항력에 대해서도

$$C_f = \frac{D_f}{\frac{1}{2}\rho U^2 S} \tag{7-6}$$

와 같이 정의되는 차원이 없는 계수 C_f를 생각하는데 이것을 합 마찰항력계수 또는 마찰항력계수라 한다. 단, 여기서 S는 생각하는 평판 전체의 표면적이다. 따라서 폭이 1인 경우 $S=2L$로 된다.

식 (7−5)의 D_f를 식 (7−6)에 대입하고 식 (7−4)를 고려하면

$$C_f = \frac{2}{S}\int_0^L c_f dl \tag{7-7}$$

와 같이 되는데 이것이 국소 마찰항력계수 c_f와 합 마찰항력계수 C_f 사이의 관계식이다.

Blasius는 앞에서 말한 바와 같이

$$c_f = \frac{0.664}{\sqrt{R_l}} \quad \left(R_l = \frac{Ul}{\nu}\right) \tag{7-8}$$

(7−2)와 같은 결과를 얻었는데 이것을 식 (7−7)에 대입하여 적분하면 $S=2L$이므로

$$C_f = \frac{2}{S}\int_0^L \frac{0.664}{\sqrt{R_l}dl} = \frac{1.328}{S}\int_0^L \sqrt{\frac{\nu}{UL}}dl = \frac{1.328}{L}\sqrt{\frac{\nu L}{U}} = 1.328\sqrt{\frac{\nu}{UL}}$$

와 같이 되어 결국 $R_l = \dfrac{UL}{\nu}$라 놓으면

$$C_f = \frac{1.328}{\sqrt{R_l}} \tag{7-9}$$

위 식과 같은 결과를 얻는다. 이것을 Blasius의 마찰법칙이라고 한다. 위 식은 비교적 간단하므로 응용하는데 편리하지만 주의할 것은 그 응용범위가 한정되어 있는 점이다. 경계층 내의 흐름이 층류인 경우, 즉 층류 경계층에 한하여 적용할 수가 있다. 흐름이 층류가 아닌 경우에는 아직까지 고려하지 않은 또 하나의 인자가 개입되게 된다.

이제까지는 주로 평판인 경우에 대해서 고찰하였는데 이와 같은 평판에 대한 이론적 결과는 조금만 변형함으로써 원주, 비행기 날개 등과 같은 곡면을 표면으로 하는 물체 주위의 흐름에도 적용할 수 있는 경우가 많다. 이와 같이 하여 이상유체의 이론에서는 전혀 설명할 수 없었던 원주의 항력 및 2차원적 비행기 날개, 즉 익형을 단면으로 가지는 기둥이 받는 항력 등이 일부 또는 대부분 설명된다.

✎ 예제 7.2

속도 15[m/sec]로 흐르고 있는 20[℃]의 공기 속에 $L = 1\,[m]$ 되는 평판을 놓았을 때 마찰항력계수 C_f를 구하라. 단, 공기의 동점성계수는 0.150[cm^2/sec]이다.

〈풀이〉

$\nu = 0.150\,[cm^2/sec]$ 이므로, $R_l = \dfrac{1500 \times 100}{0.150} = 10^{-6}$ 이 되고 따라서

$$C_f = \frac{1.328}{\sqrt{10^6}} = 0.0013$$

✎ 예제 7.3

길이 80[cm], 폭 100[cm]인 평판을 수중에서 판에 평행하게 30[cm/sec]의 속도로 운동시킬 때 판의 뒤끝에서의 전단응력과 판 전체의 항력을 구하라. 단, 물의 동점성계수는 0.0131[cm^2/sec]로 한다.

〈풀이〉

$$\nu = 0.0131\,[cm^2/sec] = 1.31 \times 10^{-6}\,[m^2/sec],\ \rho = 1000\,[kg/m^3]$$

$$R = \frac{Ul}{\nu} = \frac{0.3 \times 0.8}{1.31 \times 10^{-6}} = 1.832 \times 10^{-6}$$

레이놀드 수는 $R = 5 \times 10^5$ 보다 작으므로 식 (7−4)와 (7−8)에 의해서

$$\tau_0 = \frac{0.664}{\sqrt{R_l}} \frac{\rho U^2}{2} = \frac{0.664}{\sqrt{1.832 \times 10^5}} \times \frac{1}{2} \times 1000 \times 0.3^2 = 0.07[\mathrm{N/m^2}]$$

식 (7−9)에 의해서

$$C_f = \frac{1.328}{\sqrt{R_l}} = \frac{1.328}{\sqrt{1.832 \times 10^5}} = 3.1 \times 10^{-3}$$

한쪽 면(면적 $S = 0.8 \times 1\,[m^2]$)의 항력은

$$D_f = C_f \frac{1}{2} \rho U^2 S = 3.1 \times 10^{-3} \times \frac{1}{2} \times 1000 \times 0.3^2 \times 0.8 \times 1 = 1.117\,[N]$$

따라서 양면의 항력은

$$2D_f = 2.234\,[N]$$

7.3 경계층의 박리(剝離)와 압력항력

실제유체의 흐름에 있어서는 그 점성이 작은 경우라도, 즉 레이놀드 수가 아무리 큰 경우이더라도 흐름 속에 놓인 물체의 표면에는 유체입자가 접착하는 결과 유한한 크기의 마찰항력이 물체에 작용한다. 그러나 원주와 같이 평평한 두부를 가지는 물체의 경우에는 이와 같은 마찰항력은 전체항력 중의 극히 작은 부분에 지나지 않고 흐름의 모양이 변화하는데 따라서 생기는 압력항력이 대부분을 이루고 있다. 즉, 물체 뒤의 흐름 모양이 이상유체의 이론이 주는 흐름 모양과는 다르기 때문에 생기는 압력 항력이 전 항력의 대부분을 차지하고 있다.

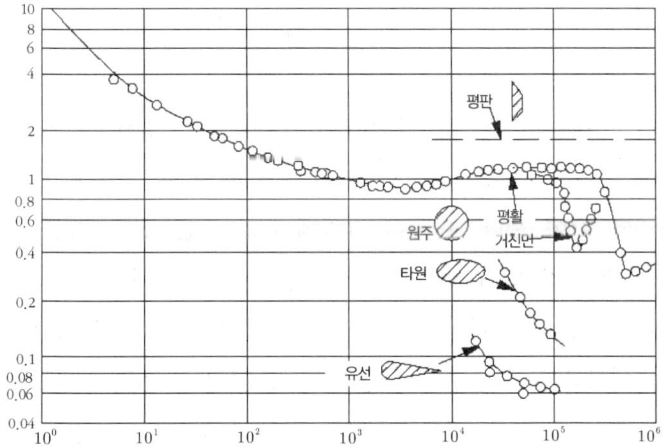

그림 7-8 원주의 저항계수의 레이놀드 수에 의한 변화와 평판, 타원주, 유선형의 마찰계수

앞의 예에서 평판에 대한 마찰항력계수 값을 구했는데 레이놀드 수가 같은 정도의 크기이면 원주에 대한 마찰항력계수 값도 대체로 같은 정도의 값이라고 생각해도 좋다. 그런데 이와 같은 마찰항력계수의 값은 원주가 받는 전 항력 D에 대한 항력계수 값에 비하면 매우 작은 것을 알 수 있다.

$$C_D = \frac{D}{\frac{1}{2}\rho U^2 S} \quad (S\text{는 흐름에 직각인 면적})$$

그림 7−8은 실험에 의해서 얻어진 원주의 항력계수 C_D를 횡축에 레이놀드 수를 취하여 그린 것인데 $R=6\times10^5$ 부근에서 대략 $C_D=0.4$이므로 $C_f=0.0013$은 그 $\frac{1}{400}$에 불과하다.

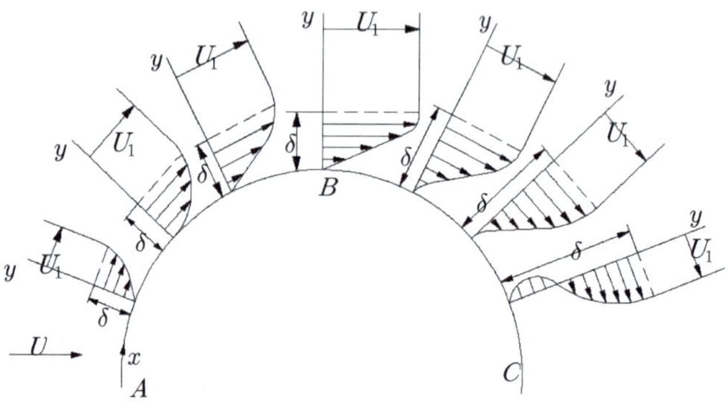

그림 7−9

다음에 압력항력에 대해서 좀 더 자세히 고찰해 보자. 우선 균일한 흐름 속에 놓인 원주표면의 몇몇 장소에서 경계층 내의 속도분포 곡선을 y 좌표를 크게 확대하여 표시했을 때 그림 7−9와 같이 된다. 단, 이 그림에서 x 축은 원주 전방 정체점 A를 원점으로 하고 원주표면에 따라 하류 쪽으로 잡고, y 축은 그것에 직각되게 잡은 곡선 좌표축이다. 또 원주에서 충분히 떨어진 곳의 흐트러지지 않은 흐름의 속도를 U로 표시하고 경계층 바로 밖의 이상유체 흐름의 속도를 U_1으로 표시하였다. 레이놀드 수가 클 때에는 경계층 두께는 매우 얇으므로 $U_1=2U\sin\theta$로 주어진다. 단, θ는 전방 정체점 A에서 시계방향으로 측정한 중심각이다. 이 식을 베르누이의 정리에 대입하여 구한 압력분포를 그림 7−10(a)에 표시하였다. 전방 정체점 A에서 최대치 P_{max}가 되는 압력은 원주 표면에 따라 하류로 감에 따라서 점점 감소하고 최상부 B에 있어서는 최소치 P_{min}으로 되는데, 그곳에서 다시 증대하여 후방 정체점 C에서는 A에서와 같은 최대치 P_{max}로 된다. 따라서 A에서 B까지는 유체 입자는 압력의 고갯길을 내려가고 B에서 C까지는 같은 구배의 압력 고갯길을 올라간다.

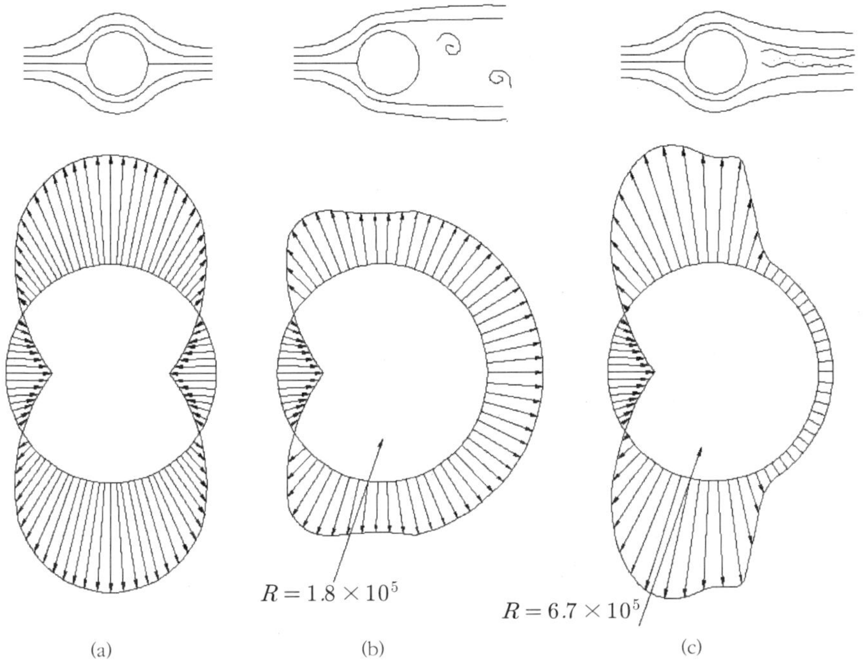

그림 7-10

이와 같은 압력분포의 상태는 경계층 바로 밖의 이상유체의 흐름에 대해서는 말할 수 있으나 실은 경계층 내에서의 원주 표면에 따른 압력분포 상태도 표시하고 있다. 왜냐하면 경계층 이론이 주는 중요한 결과의 하나는 얇은 경계층을 지나 흐름에 직각으로 갈 때, 즉 y 축에 따라서는 압력이 변화하지 않는다는 결과가 있기 때문이다.(단, 경계층 내)

이와 같이 원주 표면상의 경계층 내에는 하류로 향하여 압력이 점점 감소하는 원주 전면의 영역과 그것이 점점 증가하고 있는 원주 후면 영역이 있는데 전자의 가속 영역과 후자의 감속영역에서는 경계층의 성질이 달라진다. 가속영역에서는 속도분포 고선이 평판의 경우와 매우 흡사하고 다만 모든 유체 입자를 가속하려고 하는 압력구배가 존재하기 때문에 표면 가까이에서 유속이 압력구배가 없는 평판의 경우보다도 어느 정도 커지는 것만이 다르다. 그러나 압력이 최소치 $P_{\min}$이 되는 원주의 최상부 B를 지나서 하류방향으로 향하면 상황은 전혀 달라진다. 즉 이와 같은 점에서 하류에 있어서는 압력구배가 유속을 감소시키려고 하는 힘을 작용한다. 그 결과 경계층 내의 유체입자는 감속된다. 물론 이것은 경계층 바로 밖의 유체에 대해서도 말할 수가 있으나 이와 같은 경계층 밖의 흐름에 있어서는 압력 최소점 B에서 유체의 단위체적 당 $\dfrac{1}{2}\rho U_{1\,\max}^2 = \dfrac{1}{2}\rho(2U)^2$ $= 2\rho U^2$이라는 값의 운동에너지는 원주 배면 영역에서의 압력구배에 대항하여 유체입자를 후방 정체점 C까지 운반하는데 정확히 충분한 값으로서 C점에 도달할 때까지의 유체입자의 속도가 0으로 되는 일은 없다. 그러나 경계층 내에서는 압력 최소점 B에서 유체입자가 가지는 단위체적 당 운동에너지는 $2\rho U^2$보다 작아진다. 마찰력은 그 감속작용으로 입자의 운동에너지를 감소시키고 또 이와 같이 잃어버리는 에너지는 점성작용으로 열로 소산된다. 이와 같은 운동에너지를 가지는 유체입자가 원주 배면에서의 압력구배에 대항하여 후방 정체점 C까지 도달할 수 없을 것이 예상되고, 더욱이 마찰력이 입자를 감속시키는 작용으로 결국 C점에 도달하기 전에 입자는 정지하게 된다. 그리고 이와 같은 일은 표면에 극히 가까운 유체입자에 대해서 먼저 일어나므로 흐름이 감속되는 영역에 있어서는 압력구배의 영향으로 경계층의 두께가 증대하고 원주 표면 가까이의 흐름 속도는 매우 작아져서 경계층 모양은 근본적으로 변하게 된다.

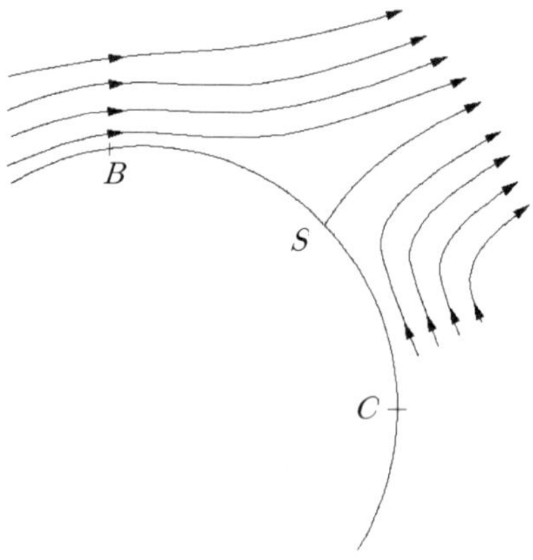

그림 7-11

B점과 C점 사이에 있는 어느 점에서 정지한 유체입자는 C점 상의 높은 압력 때문에 다시 B로 향해서 운동을 시작하지만 뒤이어 계속하여 오는 다른 유체입자와 충돌하여 결국 표면으로부터 떨어져 나가게 된다. 이와 같은 점을 박리점이라고 말한다.

그림 7-11은 박리점 S 근방에서의 유선도를 표시하는데 박리점 하류에서는 역류가 일어난다. 그림 7-9와 같이 박리점에 있어서는 속도분포 곡선은 원주표면에서 수직인 접선을 가진다. 즉, y 축 자신이 그 접선이 되어 물체 표면에서 조금 떨어진 곳의 유체입자도 정지하게 된다.

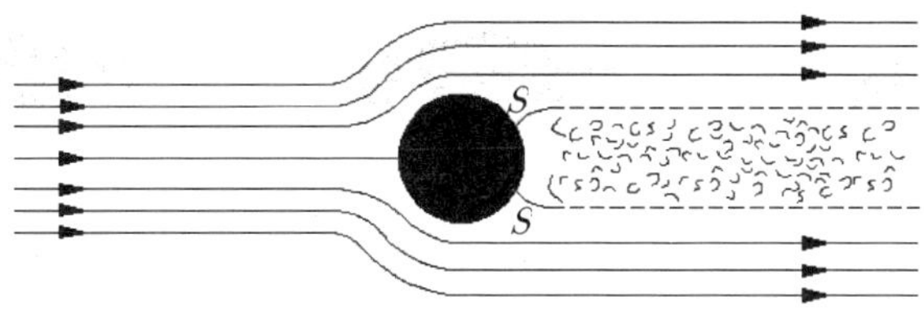

그림 7-12

그림 7-12는 원주 주위의 흐름의 일반적인 성질을 표시한 것이다. 박리점 하류에 일어나는 역류는 매우 불안정하여 많은 소용돌이로 분열하게 된다. 레이놀드 수 $R=\frac{Ud}{\nu}$ (d는 지름)의 값이 적당한 크기일 때 이들 소용돌이가 규칙적으로 정렬되는데 이것을 Karman의 소용돌이 열이라 한다.

이와 같이 원주 배면 영역에서 복잡하게 흐트러진 흐름을 후류라고 하는데 이것이 존재함으로써 주류의 유선이 물체 뒤편에 가까이 가지 못하고, 따라서 정체점에서의 압력이 물체 배면에 나타나지 않는다. 따라서 압력분포의 대칭성이 없어지고 (그림 7-10(b)) 그 결과 큰 압력항력이 나타나게 된다.

그림 7-8에 의해서 원주의 항력계수가 레이놀드 수에 의하여 변화하는 모양을 보면 레이놀드 수가 적을 때 $R=1\sim1000$의 범위에서는 항력계수는 레이놀드 수에 반비례한다. 공중에 뜬 구름의 물방울과 같은 경우 속도가 작으므로 대부분 점성력(마찰력)이 저항력이 되고 있다. $R=10^2\sim10^5$까지는 C_D는 대체로 1~1.2이다. 그런데 5×10^5 부근에서 갑자기 작아져서 $C_D'=0.3$으로 된다.

그림 7-10을 보면 (a)의 경우 레이놀드 수가 매우 작아져서 압력분포가 전후 대칭으로 되어 있다. (b)의 경우는 후부에 소용돌이가 생기거나 교대로 소용돌이가 생겨서 위의 압력은 변동하지만 대체로 60° 부근에서부터 일정하고 이 경우에 C_D는 1~1.2로서 크다. 레이놀드 수가 더 커지면 (c)와 같이 흐르는 방법이 변한다. 즉 흐름이 크게 진동하면서 흩어진다. 이것을 평균한 유선을 생각하면 유선은 원주표면에 붙어서 상당히 후부까지 돌아간다. 따라서 후류 부분이 좁아지고 저항도 작아진다.

이와 같이 원주나 구 등은 레이놀드 수가 커지면 후부 교란의 진동이 증가하여 오히려 저항이 작아진다. 이것을 한계 레이놀드 수까지 되지는 않더라도 원주면이나 구면을 거칠게 하거나 요철을 만들면 그와 같은 현상이 일어나서 C_D의 저하를 가져온다. 생각하기에는 매끄러운 편이 저항이 작을 것 같으나 결과는 반대이다. 골프공 등의 요철은 이와 같은 작용을 한다고 생각된다.

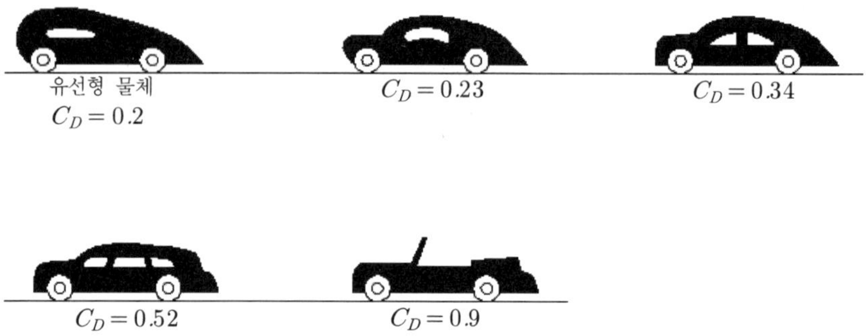

그림 7-13

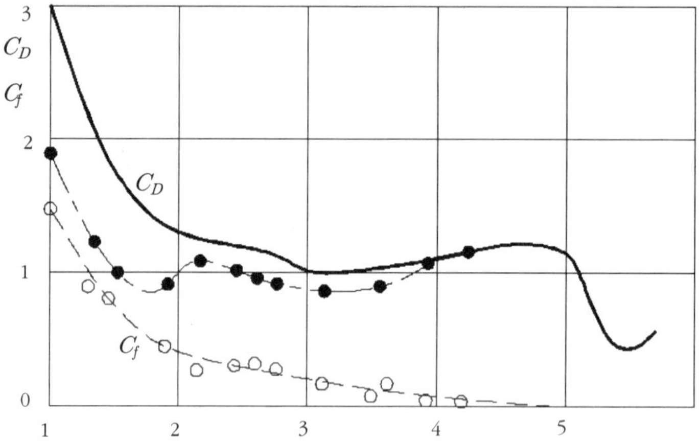

그림 7-14

유선형 물체라고 하는 것은 압력 최소점에서 하류로 향할 때 나타나는 압력 증가율을 극히 작게 하여 대체로 물체의 뒤끝에 이르기까지 박리가 일어나지 않는 모양을 가진 물체이다. 이 경우에 경계층은 어느 곳에나 매우 얇고 물체 주위에서의 흐름 모양과 압력분포는 이상유체의 흐름의 경우에 예기되는 것과 거의 같아진다. 그리고 이와 같은 물체의 항력은 극히 작고 그것은 거의 표면 마찰력에서 생긴다. 그림 7-13과 표 7-1에 C_D가 비교되어 있다.

그림 7-14는 실험에 의해서 구해진 원주의 전항력계수 C_D(실선), 마찰항력계수 c_f(점선) 및 압력항력계수(쇄선)를 $\log_{10}R$을 횡축으로 하여 그린 것이다. 이것으로 원주의 경우에는 압력항력이 전항력 중의 대부분을 차지하고 마찰항력은 매우 작은 것을 알 수 있다.

표 7-1 여러 물체들의 항력계수(C_D)

물 체	크 기	기준면적(A)	$C_D = \dfrac{D}{\frac{1}{2}\rho U^2 A}$
원주 	$l/d=1$ 2 4 7	$\pi d^2/4$	0.91 0.85 0.87 0.99
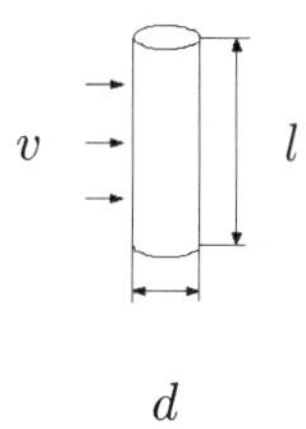	$l/d=1$ 2 5 10 40 ∞	$d \cdot l$	0.63 0.68 0.74 0.82 0.98 1.20
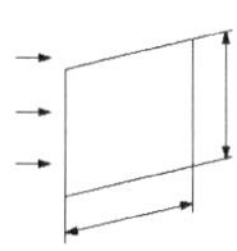	$a/d=1$ 2 4 10 18 ∞	ab	1.12 1.15 1.19 1.29 1.40 2.01
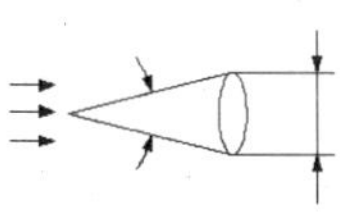		$\pi d^2/4$	0.34 0.33
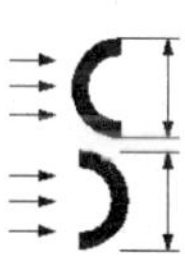	$\alpha = 60^\circ$ $\alpha = 30^\circ$	$\pi d^2/4$	0.51 0.34
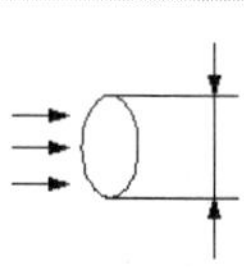		$\pi d^2/4$	1.11

✎ 예제 7.4

65[kg]인 사람이 낙하산을 이용하여 낙하할 때 종속도를 구하라. 단, 낙하산의 무게는 무시하고 완전히 열렸을 경우 지름 5.4[m] 항력계수를 1.0, 공기의 밀도를 1.20[kg/m^3]으로 한다.

〈풀이〉

중력 mg와 항력 $D = C_D \frac{1}{2} \rho U^2 S$로 같을 때 종속도로 되므로

$$U_n = \sqrt{\frac{2mg}{C_D \rho S}} = \sqrt{\frac{2 \times 65 \times 9.81}{1.0 \times 0 \times \frac{\pi}{4} \times 5.4^2}} = 6.81\,[m/sec]$$

7.4 차원해석의 응용

지금까지 기술한 바와 같이 점성이 비교적 작은 물, 공기와 같은 실체 유체의 경우에는 Prandtl의 경계층이론에 의해서 유체 속을 운동하는 물체가 받는 마찰항력, 압력항력 등을 이론적으로 잘 설명할 수가 있다. 그러나 점성이 보통 크기인 유체나 글리세린이나 윤활유와 같이 점성이 매우 큰 유체의 경우에는 이와 같은 취급을 할 수 없다. 그러므로 19세기 초에서 중엽에 걸쳐서 Navier, Stokes 등 여러 학자에 의해서 세워진 점성유체의 기초 운동방정식, 즉 Navier−Stokes의 운동방정식을 풀지 않으면 안 된다. 그런데 Navier−Stokes의 운동방정식은 비선형 편미분 방정식으로서 그것을 엄밀하게 풀이하는 것은 매우 어려운 일이다.

그러므로 여러 가지 입장에서 이 방정식의 근사화가 행하여 졌는데 전술한 Prandtl의 경계층 방정식도 사실은 점성이 매우 작은 유체가 운동하는 경우, 즉 정확하게 말해서 레이놀드 수가 매우 큰 경우의 운동에서는 물체 표면에 생기는 매우 얇은 경계층 내에서만 점성의 영향을 고려하면 충분하다는 생각으로 근사화 하여서 얻은 것이다.

한편, 점성이 매우 크고 따라서 레이놀드 수가 대단히 작은 경우에 대해서는 Stokes 자신이 근사화 하였는데 점성이 클 때는 전단응력도 역시 크므로 유체의 운동은 일반적으로 느릴 것으로 생각하고 속도의 제곱 정도의 작은 양을 무시함으로써 선형 편미분 방정식을 얻는다. 그것을 Stokes의 운동방정식이라 부르는데 Stokes는 구(球)가 무한히 넓

은 점성유체 내에서 일정한 속도 U로 정상운동을 할 경우에 이 방정식을 풀어서 반경 a인 구가 점성계수 μ인 유체 속을 운동할 때 받는 항력 D는

$$D = 6\pi\mu a U \tag{7-10}$$

로 주어지는 것을 표시했다. 이것이 유명한 Stokes의 항력식인데 여러 가지 문제에 이용되고 있다.

이와 같이 레이놀드 수가 매우 작은 경우에도 그것이 극히 큰 경우와 같이 상당히 많은 문제가 해결되어 있으나 레이놀드 수가 보통 크기인 경우의 문제는 거의 미해결 상태로 남아 있다.

그러나 차원해석법을 응용하면 임의 크기의 점성을 가지는 실제유체 속을 운동하는 물체에 작용하는 합력에 대한 일반적 표시식이 쉽게 얻어진다.

우선 문제를 다음과 같이 단순화한다. 즉, 기하학적으로 서로 닮은꼴을 가지고 있는 한 무리의 물체, 예를 들면 여러 가지 반경을 가지는 구들 중에서 하나를 취하여 그것이 무한히 넓은 균질 유체 속을 일정속도로 운동한다고 하자. 단, 유체는 물체의 운동 때문에 움직일 뿐이고 그 영향이 미치지 않을 정도로 먼 곳에서는 정지하고 있는 것으로 한다. 운동하기 때문에 물체가 유체에서 받는 힘을 구하는 것이 우리의 목적이다. 그러기 위하여 우선 이 문제에 관련 있는 모든 매개변수를 밝히지 않으면 안 된다. 유체는 균질이라고 하였으므로 중력은 전혀 영향을 미치지 않는다. 또 물체에 작용하는 부력은 물체 운동에는 무관하고 물체가 정지하거나, 운동하거나 같은 값을 가지기 때문에 여기에서는 문제로 삼지 않는다. 이와 같이 중력이 전혀 문제 속에 들어오지 않으므로 기하학적으로 닮은 물체의 무리에 속하는 각각의 물체는 다만 그 크기만으로 구별되는 것이다. 가령 실제로 물체가 구이면 그 직경을 취하고, 또 비행기 동체와 같은 유선형 물체의 경우에는 그 길이를 취하는 식으로 물체를 특징짓는 길이 l을 택하기로 하면 기하학적으로 닮은 물체들에 속하는 어떤 물체라도 l에 대하여 하나의 수치를 줌으로써 완전히 정의된다. 그러므로 물체의 속도를 U라 하면 물체에 작용하는 힘 F는 l, U 및 유체의 성질을 정의하는 몇 개의 매개변수 p_1, p_2, …의 함수로서, 일단

$$F = F(U, l, p_1, p_2 \cdot \cdot \cdot) \tag{7-11}$$

과 같이 표시된다.

유체의 성질을 정의하는 매개변수 p_1, p_2, … 에는 어떤 것들이 있는가 하면 밀도, 점성 및 압축성의 세 가지를 들 수 있는데 액체는 거의 압축되지 않으므로 액체의 경우에 압축성은 문제되지 않고, 또 기체의 경우라도 압축성은 무시해도 무방할 경우가 많기 때

문에 우선 비압축성 유체를 가정하면 결국 유체의 성질은 밀도 ρ 및 점성계수 μ라고 하는 두 개의 매개변수 값에 의해서 완전히 주어지게 된다. 따라서 방정식 (7－11)은

$$F = F(U, l, \rho, \mu) \tag{7-12}$$

로 된다.

힘 F와 4개의 독립적 매개변수 U, l, ρ, μ 사이의 관계는 일반적으로

$$A + B + C + \cdots = N$$

와 같은 식이 물리적인 뜻을 가지기 위해서는 모든 항의 차원이 같아야 된다는 원리를 응용하면 한층 적합한 꼴로 표시할 수 있다.

이 원리를 방정식 (7－12)에 적용하기 위하여 함수 F를 다음과 같이 일반적인 형식으로 표시하는 것이 필요하다.

$$F = \sum_i C_i \mu^{ai} \rho^{bi} U^{ci} l^{di} \tag{7-13}$$

단, a_i, b_i, c_i, d_i와 같은 지수는 임의의 수치를 취할 수 있고 C_i는 차원이 없는 순수 수이다. a_i, b_i, c_i, d_i의 임의의 한 조를 a, b, c, d로 표시하면

$$[F] = [\rho^a \mu^b U^c l^d] \tag{7-14}$$

로 된다. 여기서 $[F]$는 F의 차원을 나타낸다.

질량, 길이, 시간의 차원을 각각 M, L, T로 표시하면

$$[F] = \frac{ML}{T^2}, \quad [\rho] = \frac{M}{L^3}, \quad [\mu] = \frac{M}{LT}, \quad [U] = \frac{L}{T}, \quad [l] = L$$

이므로 이것을 식 (7－14)에 대입하면

$$\frac{ML}{T^2} = \left(\frac{M}{L^3}\right)^a \left(\frac{M}{LT}\right)^b \left(\frac{L}{T}\right)^c L^d$$

즉, $$\frac{ML}{T^2} = \frac{M^{a+b} L^{c+d-3a-b}}{T^{b+c}}$$

로 된다. 따라서

$$\begin{aligned} a+b&=1 \\ c+d-3a-b&=1 \\ b+c&=2 \end{aligned}$$

인 관계식을 얻는다. 이것은 4개의 미지수를 포함하는 3개의 방정식이므로 4개의 미지수 전부를 결정할 수는 없어도 그 중 임의의 셋을 나머지 하나의 수로 표시할 수는 있다. 이제 b를 써서 a, c, d를 표시하면

$$\begin{aligned} a&=1-b \\ c&=2-b \\ d&=2-b \end{aligned}$$

의 결과를 얻는다. 따라서 F의 급수에 있어서 대표 항은

$$\rho^a \mu^b U^c l^d = \rho^{1-b} \mu^b U^{2-b} = \rho U^2 l^2 \left(\frac{\mu}{\rho U l} \right)^b$$

으로 된다.

그런데 이와 같은 a, b, c, d 사이의 관계식은 정확히 a_i, b_i, c_i, d_i의 임의의 조에 대해서 성립하므로 결국 F에 대한 급수 식 (7-13)식은

$$\begin{aligned} F &= \sum_i C_i \rho U^2 l^2 \left(\frac{\mu}{\rho U l} \right)^{bi} = \rho U^2 l^2 \Sigma C_i \left(\frac{\mu}{\rho U l} \right) \\ &= \rho U^2 l^2 \Sigma C_i \left(\frac{\nu}{U l} \right)^{bi} = \rho U^2 l^2 \Sigma C_i R^{-bi} \end{aligned} \tag{7-15}$$

여기서 ΣR^{-bi}는 C_i와 b_i의 값을 임의로 취할 때 R의 어떤 함수 $f(R)$를 전개한 것이라고 간주할 수 있다. 따라서 식 (7-15)는

$$F = f(R) \rho U^2 l^2 \tag{7-16}$$

으로 된다.

이상으로 물체가 받는 합력 F에 대해서 생각하였는데 그 운동방향에의 F 성분, 즉

항력 D도 같은 꼴로 표시된다. 이제 가령 반경 a인 구이면 그 최대단면적 πa^2과 같이 물체를 특징짓는 하나의 면적 S를 도입하면 이것은 정확히 l^2에 비례하므로 항력 D의 식은

$$D = \phi(R)\rho U^2 S \tag{7-17}$$

와 같이 된다. $\phi(R)$도 $f(R)$과 같이 차원이 없는 하나의 함수를 표시하는데 항력계수 $C_D = \dfrac{D}{\frac{1}{2}\rho U^2 S}$는

$$C_D = 2\phi(R) \tag{7-18}$$

과 같은 관계가 있다.

점성이 매우 큰 유체 속을 일정속도 U로 운동하는 반경 a인 구가 받는 항력 D는 Stokes의 항력 식 (7−10)으로 주어지는데 이 경우

$$C_D = \frac{D}{\frac{1}{2}\rho U^2 S} = \frac{6\pi\mu a U}{\frac{1}{2}\rho U^2 \pi a^2} = 24\frac{\nu}{Ud} = \frac{24}{R} \tag{7-19}$$

와 같이 된다.

이 결과는 레이놀드 수가 충분이 작을 때의 실험결과와 잘 일치하는 것이 확인되었다.

✎ 예제 7.5

배가 운항할 때 선수와 선미에서 파가 일어나고 이것으로 저항이 증가 된다. 파에 의해서 생기는 저항을 조파저항(wave making resistance)이라 한다. 조파저항 D의 실험식을 구하라. 단, D는 유체의 밀도 ρ, 선체의 배수체적 Q, 속도 U, 중력가속도 g에 관계된다.

〈풀이〉

$$D = k\rho^\alpha Q^\beta U^\gamma g^\delta$$

이 차원방정식은

$$\frac{ML}{T^2} = \left(\frac{M}{L^3}\right)^\alpha L^{3\beta}\left(\frac{L}{T}\right)^\gamma\left(\frac{L}{T^2}\right)^\delta$$

양변에서 M, L, T의 지수를 같다고 놓으면

$$M: 1 = \alpha$$
$$L: 1 = -3\alpha + 3\beta + \gamma + \delta$$
$$T: \ -2 = -\gamma - 2\delta$$

α, β, γ를 δ의 함수로 구하면

$$\alpha = 1$$
$$\beta = \frac{2+\delta}{3}$$
$$\gamma = 2 - 2\delta$$

따라서 처음 식은

$$D = k\rho U^2 Q^{\frac{2}{3}} \left(\frac{Q^{\frac{1}{3}} g}{U^2} \right)$$

$Q^{\frac{1}{3}}$은 길이의 차원을 가지므로 배의 기준길이 l로 대치하고 $Q^{\frac{2}{3}}$는 면적의 차원을 가지므로 기준면적 S로 대치하면

$$D = k\rho U^2 S \left(\frac{\sqrt{lg}}{U} \right)^2$$

여기서 $\frac{U}{\sqrt{lg}}$는 무차원 양으로 Froude 수라 부른다.

✎ 예제 7.6

음속에 가까운 초음속 기류 내에서의 물체의 저항은 기류의 압축성의 영향을 받아서 다음과 같은 여러 가지 양에 의해서 변화한다. 물체의 항력 D, 기체의 밀도 ρ, 물체의 기준면적 S, 기류의 속도 $^{u}_{4}$, 음속을 a라 할 때 물체의 저항 D의 실험식을 구하라.

〈풀이〉

D의 식을 $D = k\rho^{\alpha} S^{\beta} u^{\gamma} a^{\delta}$라 하고 차원방성식을 만늘면

$$MLT^2 = (ML^{-3})^{\alpha} L^{2\beta} (LT^{-1})^{\gamma} (LT^{-1})^{\delta}$$

양변의 M, L, T의 지수를 같다고 놓으면

$$M:\ 1 = \alpha$$
$$L:\ 1 = -3\alpha + 2\beta + \gamma + \delta$$
$$T:\ -2 = -\gamma - \delta$$

α, β, γ를 δ의 함수로 구하면

$$\alpha = 1,\quad \beta = 1,\quad \gamma = 2 - \delta$$

이들을 최초의 식에 대입하면

$$D = k\rho u^2 S\left(\frac{a}{u}\right)^{\delta}$$

로 된다. 여기 u/a는 무차원 양으로 Mach 수라 불린다. 이것을 M으로 표시하면

$$D = k\rho u^2 S\left(\frac{1}{M}\right)^{\delta}$$

7.5 난류경계층

층류에서 난류에의 천이는 경계층 내의 흐름에서도 일어난다. 균일한 흐름속의 평판의 그 앞 끝 가까이에서는 층류이지만 식 (7−2)에서 알고 있는 바와 같이 하류로 감에 따라, 즉 앞 끝에서의 거리 l이 커짐에 따라 경계층의 두께 δ는 $\sqrt{l}$에 비례하여 커지므로 경계층 밖의 흐트러지지 않은 흐름의 속도 U, 경계층의 두께 δ 및 동점성계수 ν에 의해서 정의되는 레이놀드 수 $R_\delta = \dfrac{U\delta}{\nu}$의 값은 하류로 감에 따라 커지고, 결국에는 어떤 임계치 $R_{\delta crit}$에 도달하게 된다. 경계층 속의 흐름은 반경 δ인 원관 속의 흐름으로 볼 수 있어서 원관 속의 흐름에서와 같이 그 임계 레이놀드 수 $R_{\delta crit}$를 넘으면 경계층 내의 흐름은 불안정하게 되고, 결국 층류에서 난류로 천이(Transition)가 일어나며 일어나기 시작하는 점을 천이점이라 한다.

식 (7−1)에 표시한 바와 같이 평판의 앞 끝에서 거리 l인 곳의 경계층 두께 δ는

U, l, ν로 정의된 레이놀드 수 $R_l = \frac{Ul}{\nu}$를 쓰면 $\frac{\delta}{l} = \frac{5.2}{\sqrt{R_l}}$로 주어지므로

$$\delta = 5.2\sqrt{\frac{\nu l}{U}} \tag{7-20}$$

로 된다. 따라서 l_0라는 점에서 천이가 일어난다고 하면

$$R_{\delta crit} = \left(\frac{U\delta}{\nu}\right)_{crit} = 5.2\frac{U}{\nu}\sqrt{\frac{\nu l_0}{U}} = 5.2\sqrt{\frac{Ul_0}{\nu}} = 5.2\sqrt{R_{lo}} \tag{7-21}$$

로 된다. 그러므로

$$R_{lo} = \frac{1}{26}\left(R_{\delta crit}\right)^2 \tag{7-22}$$

로 되고, 위 식과 같은 관계식을 만족하는 점 l_0에서 천이가 일어난다.

그러나 일반적으로 층류에서 난류에의 천이는 갑자기 일어나는 것이 아니고 처음 평판 표면의 여러 곳에 turbulent spot라고 하는 작은 난류의 반점이 발생하고, 그것이 하류로 이동함에 따라서 많아진다. 하류에서는 turbulent spot의 발생하는 수가 증가하고 결국 표면 전체가 난류로 된다. 이와 같이 천이가 진행되는 영역을 천이영역이라 한다.

층류라 할지라도 엄밀한 의미에서는 층류가 아니고 약간의 난류분이 포함되어 있는데 주류속의 이 난류분의 정도에 따라 천이 레이놀드 수 R_{l0}의 값은 많이 변하고 또 평판 표면의 조도에 따라서도 변하나. 그러나 주어진 평판에서 주류속의 난류분이 일정할 때 R_{l0}의 값은 일정하므로 일반적으로 천이점은 주류의 속도 U가 증가함에 따라서 평판의 앞쪽으로 이동한다. (그림 7-15)

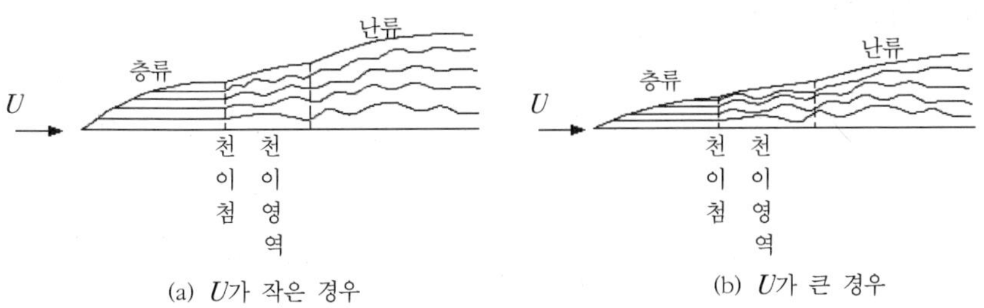

그림 7-15

이와 같이 주류의 속도에 따라 천이점이 이동하는 것은 주어진 길이의 평판에 있어서

U가 변화함에 따라 층류 경계층을 갖는 평판 부분의 길이와 난류 경계층을 갖는 평판 부분의 길이의 비가 변화하는 것을 뜻한다.

층류 경계층의 경우는 전술한 바와 같이 전단응력 τ는

$$\tau = \mu \frac{du}{dy}$$

로 주어지지만 난류 경계층의 경우는 평균 유속을 $\bar{u}$로 표시하면

$$\tau \neq \mu \frac{d\bar{u}}{dy}$$

이다. 즉, Newton의 마찰 법칙이 이와 같은 평균 유속에 대해서는 성립하지 않는다. 이것은 한 층에서 다른 층으로 이동되는 작은 난류의 소용돌이가 인접하고 있는 층 사이에 운동량을 수송하는 결과 매우 큰 항력 효과를 주기 때문이다. 실제로 만일 난류의 경우에도 형식적으로

$$\tau = \epsilon \frac{d\bar{u}}{dy} \tag{7-23}$$

와 같이 표시하기로 하면 ϵ은 점성계수 μ에 대응하지만, 이 계수 ϵ는 결코 유체의 상수가 아니고 레이놀드 수나 다른 파라메타에 따라서 μ의 30배에서 1,000,000배의 범위에 있는 값으로 된다. 다시 말하면 유효 점성은 난류의 경우가 층류의 경우에 비하여 매우 크다. 이 계수 ϵ을 교환계수라고 부른다.

그러므로 층류 경계층의 성질과 난류 경계층의 그것과는 많은 차이가 있는데 그 중요한 것을 들면 다음과 같다.

① 난류 경계층은 층류 경계층보다도 두께가 훨씬 크고 그 두게는 l에 따라 급속하게 증대된다.

② 난류의 경우 속도 분포 곡선은 층류의 경우 그것보다도 물체 표면 가까이에서 속도구배가 크고, 물체 표면에서 어떤 거리만큼 덜어진 곳에서는 난류의 경우가 층류의 경우보다 편평하다.

③ 난류의 경우 표면 마찰력 τ는 층류의 경우보다도 훨씬 크다.

그림 7-16은 난류 경계층의 경우에 대한 속도 분포 곡선(실선)과 층류 경계층의 경우에 대한 속도 분포선(점선)을 비교한 것이다.

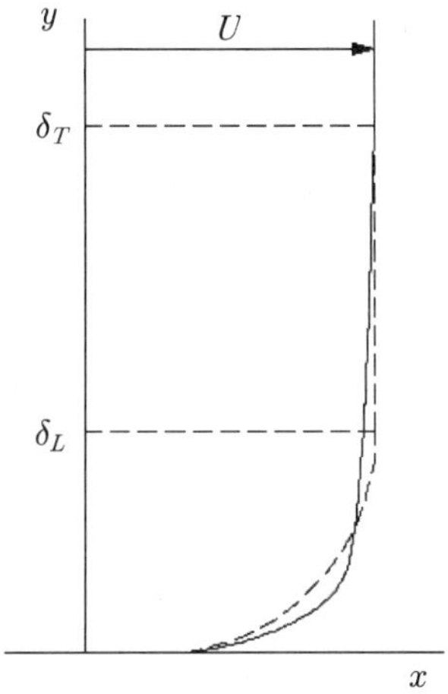

그림 7-16

여기서 주의할 것은 물체 표면에 매우 가까운 곳에서는 난류 변동은 약해지고 그 결과 그 곳에서의 흐름은 층류로 된다. 이와 같은 영역을 층류저층이라 하며 그 두께는 난류 경계층 두께의 극히 작은 부분이다.(그림 7-17)

Karman은 난류 경계층에 관한 이론을 전개하여 미끄러운 평판(길이 L)의 마찰 항력계수 c_f가

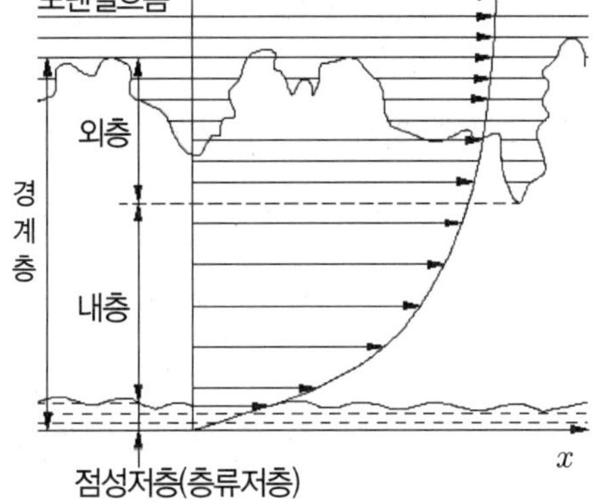

그림 7-17

$$\frac{0.242}{\sqrt{c_f}} = \log_{10}(R_L c_f) \qquad (7-24)$$

라는 관계를 만족한다는 것을 발견했는데 그 결과는 실험결과와 잘 일치한다. 이것을 마찰항력에 관한 Karman의 대수법칙이라고 한다. 층류 경계층의 경우 Blasius의 마찰법칙 식 (7−9)에 해당하는 것이다.

또한, Prandtl 은 $R_l = 10^6 \sim 10^9$에서 실험과 잘 일치되는 근사식

$$c_f = 0.455\,(\log_{10} R)^{-2.58} \qquad (7-25)$$

를 얻었다.

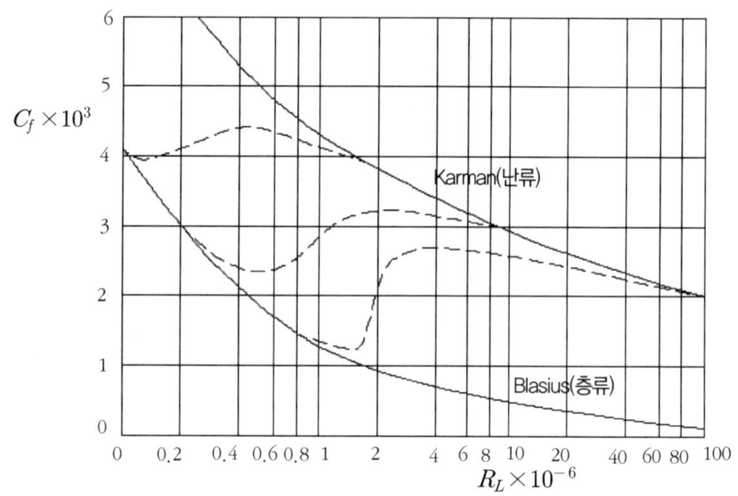

그림 7−18

그림 7−18은 식 (7−9)와 (7−23)에 의하여 층류 마찰항력계수와 난류 마찰항력계수를 레이놀드 수 $R_L = \dfrac{UL}{\nu}$를 횡축으로 하여 각각 표시한 것인데 층류 마찰항력계수가 난류 마찰항력계수보다도 일반적으로 작은 것, 특히 레이놀드 수가 큰 경우에는 훨씬 작다는 것을 알 수가 있다.

그런데 마찰 항력계수 c_f에 대한 Blasius의 식 (7−9)은 평판의 앞 끝에서 뒤 끝까지 경계층 속이 층류인 경우에 성립하고 또 Karman의 식 (7−23)은 앞 끝에서부터 난류로 되어 있는 경우에 성립하는데 실제로는 앞 끝에서 천이점까지는 층류이고 거기서 천이영

역을 지나서 난류로 된다. 즉, 평판 상에는 층류 경계층과 난류 경계층의 부분이 동시에 존재한다. 따라서 마찰 항력계수의 값도 Blasius 곡선과 Karman 곡선 사이에 있다. 그리고 레이놀드 수 R_L가 변화할 때 그림 7−18에서 점선으로 표시된 곡선 상을 움직인다. 이와 같은 곡선을 천이곡선이라 한다.

천이곡선은 R_L가 작을 때는 Blasius의 곡선과 일치하던가 또는 그에 가까운 곳에 있다. 천이점이 상당이 하류에 있고 경계층의 대부분이 층류 경계층이기 때문이다. 그러나 R_L이 커지면 천이점은 평판의 앞 끝을 향하여 이동하고 결국은 천이점이 앞 끝 가까이에 있어서 사실상 경계층 전부가 난류 경계층으로 볼 수 있게 된다. 이와 같은 경우 천이곡선은 Karman 곡선과 겹쳐지든지 또는 그 가까이에 있게 된다. 그리고 어떤 특별한 천이 곡선상을 움직이는 가는 경계층 밖의 주로에 포함되는 난류분의 정도에 크게 관계되는데 매우 미끄럽고 변동이 적은 흐름의 경우는 천이 레이놀드 수 R_{l0}도 크고 천이는 늦어진다.

Prandtl은 천이 레이놀드 수 R_{l0}로서 $R_{l0} = 5.3 \times 10^{-5}$이라고 했을 때 다음과 같은 천이곡선식을 얻을 수가 있다.

$$c_f = \frac{0.455}{(\log_{10} R)^{2.58}} - \frac{1700}{R} \tag{7-26}$$

✎ 예제 7.7

평균풍속 150[m/sec]인 바람 속에 1[m^2]의 정사각형 평판을 바람에 평행하게 놓았을 경우에 평판의 저항을 구하여라. 단, 이 경우에 공기의 밀도는 1.22[kg/m^3]이고 점성계수는 0.171×10^{-4} [kg/m·sec]으로 한다.

〈풀이〉

동점성계수

$$\nu = \frac{\mu}{\rho} = \frac{0.171 \times 10^{-4}}{1.22} = 0.14 \times 10^{-4} [m^2/sec]$$

레이놀드 수는

$$R = \frac{Ul}{\nu} = \frac{150 \times 1}{0.14 \times 10^{-4}} = 1.07 \times 10^7$$

따라서 식 (7−25)에 의하여

$$C_f = \frac{0.455}{(\log_{10}R)^{2.58}} = \frac{0.455}{(\log_{10}1.07\times10^7)^{2.58}} = \frac{0.455}{7.03^{2.58}} = \frac{0.455}{153}$$
$$= 2.97\times10^{-3}$$

한 쪽 면의 항력은

$$D = C_f\frac{1}{2}\rho U^2 S = 2.97\times10^3\times\frac{1}{2}\times1.22\times150^2\times1 = 40.77\,[N]$$

따라서 양면의 항력으로

$$2D = 2\times40.77 = 81.54\,[N]$$

✎ 예제 7.8

평균풍속 10[m/sec]인 바람 속에서 1[m^2]인 정사각형 평판을 바람에 평행하게 놓았을 때 평판의 저항을 구하라. 단, 평판의 앞 끝에서는 층류, 뒤 끝에서는 난류 경계층이고, 공기의 밀도는 1.22[$\mathrm{kg/m^3}$], 점성계수는 0.171×10^{-4}[kg/m·sec]이라 한다.

〈풀이〉

$$\nu = \frac{\mu}{\rho} = \frac{0.171\times10^{-4}}{1.22} = 0.14\times10^{-4}\,[m^2/sec]$$
$$R = \frac{Ul}{\nu} = \frac{10\times1}{0.14\times10^{-4}} = 7.4\times10^5$$

레이놀드 수가 $5\times10^5 < R < 5\times10^6$이고 천이가 있는 흐름이므로 Prandtl의 식을 대입하면

$$C_f = \frac{0.455}{(\log_{10}R)^{2.58}} - \frac{1700}{R} = \frac{0.455}{(\log_{10}7.14\times10^5)^{2.58}} - \frac{1700}{7.14\times10^5}$$
$$= \frac{0.455}{5.854^{2.58}} - 2.38\times10^{-3} = 0.00476 - 0.00238 = 0.00238$$

한 쪽 면의 마찰저항 D는

$$D = C_f\frac{1}{2}\rho U^2 S = 2.38\times10^{-3}\times\frac{1}{2}\times1.22\times10^2\times1 = 0.145\,[N]$$

따라서 양면의 항력은

$$2D = 2 \times 0.145 = 0.29[N]$$

7.6 구의 항력

실제유체의 균일한 흐름 속에 놓인 원주가 받는 압력항력에 대해서 앞에서 논한 바와 같이 평평한 두부를 가지는 구의 압력항력에 대해서도 같은 설명을 할 수가 있다. 즉, 경계층의 박리와 그에 따르는 후류가 원주의 압력항력의 원인이라 하였는데 구의 경우에도 같다고 할 수 있다.

그러나 앞에서는 경계층 내의 흐름이 층류인 경우였으나 이제 난류인 경우를 생각하면 조금 달라진다. 우선 첫째로 박리점까지의 속도분포 곡선은 층류의 경우보다도 아래쪽이 볼록하므로(그림 7-16) 물체표면 가까이의 유체입자의 속도는 층류의 경우보다도 커진다. 따라서 물체표면에 극히 가까운 유체입자는 정지할 때가지 압력구배를 극복하여 층류 경계층일 때보다도 더욱 하류까지 갈 수 있는 것으로 예상된다. 다시 말하면 난류 경계층의 박리점은 층류 경계층의 박리점보다도 하류에 있을 것이다. 그림 7-19는 경계층이 층류인 경우인 (a)와 도중에서 난류로 되어 박리하는 경우인 (b)에 구 주의의 흐름의 모양을 표시한 것이다.

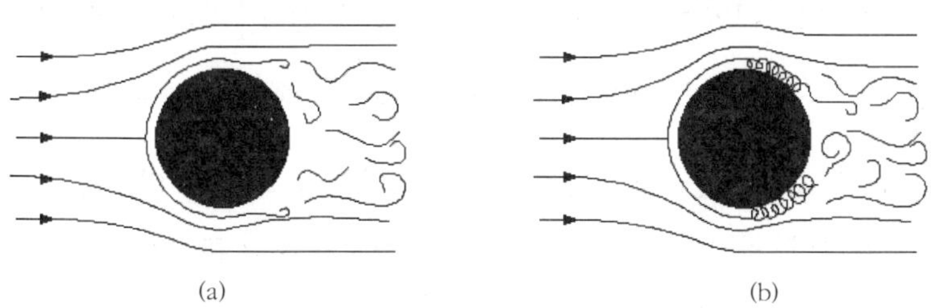

(a) (b)

그림 7-19

그림 7-19(a), (b)의 경우, 구 주의의 흐름 모양이 서로 다를 뿐 아니라 구가 받는 항력도 본질적으로 다르다. 층류 경계층의 경우인 (a)가 난류 경계층의 경우인 (b)보다도 훨씬 폭이 넓은 후류를 가지고 있는데 이것은 층류 경계층을 가지는 구 주위의 흐름 모양보다도 난류 경계층을 가지는 구 주위의 흐름이 이상유체의 흐름에 훨씬 가깝고 후류

에 따라서 생기는 負壓이 보다 좁은 평면의 부분에만 작용하는 것을 의미한다. 따라서 난류 경계층을 가지는 구의 압력항력이 층류 경계층을 가지는 구의 그것보다 훨씬 작다. 실제로 실험 결과에 의하면 (b)의 경우의 항력이 (a)의 경우의 항력의 $\frac{1}{5}$ 이하에 불과하다.

구의 경계층이 난류로 되고 구 주위에 흐름 모양이 그림 7−19(b)와 같이 되는 것은 어떤 경우인지 생각해보자. 구에 부딪치는 균일한 흐름이 주어지고 또 구의 표면 조건을 일정하게 할 때에는 전방 정체점에서 구의 표면에 따라 하류방향의 거리 l, 경계층 바로 밖에서의 주류의 속도 U_1 및 유체의 동점성계수 ν로 정의된 $R_l = \dfrac{U_1 l}{\nu}$가 대체로 일정한 값 $R_{lcrit} = \left(\dfrac{U_1 l}{\nu}\right)_{crit}$ 를 가질 때 경계층 내에서 천이가 일어난다고 할 수 있다. 그러므로 구에서 충분히 떨어져 있는 균일 흐름의 속도 U의 값이 증대함에 따라, 즉 다시 말하면 레이놀드 수 $\dfrac{Ud}{\nu}$의 값이 증대함에 따라 천이점은 구 표면에 따라서 전방으로 이동한다. 왜냐하면 U_1은 U에 비례하고 U_1이 커지면 l가 작아도 R_{lcrit}에 도달하기 때문이다.

천이점이 층류 경계층으로서의 박리점, 즉 층류 박리점의 하류에 있는 한 흐름 모양은 그림 7−19(a)에 표시하는 것과 같은 층류 경계층의 경우의 흐름 모양과 같으나 만일 천이점이 전방으로 이동하여 층류 박리점 상류에 오게 되면 천이점과 층류 박리점 사이의 영역도 난류로 되고 박리가 일어나기 힘들게 되며, 그 결과, 박리점이 하류 방향으로 이동하고 구 주위의 흐름 모양이 그림 7−19(b)와 같이 된다. 따라서 균일한 흐름에 대한 레이놀드 수 $R = \dfrac{Ul}{\nu}$를 작은 값에서 점차로 크게 할 때 그림 7−19(a)와 같은 흐름에 대응하는 비교적 큰 값까지는 구의 항력계수 C_D의 값이 대체로 일정하고 R가 어떤 임계치 R_{crit}에 도달하면 천이점은 층류 박리점과 일치하고 흐름 모양은 그림 7−19(b)와 같이 변하며 항력계수는 갑자기 감소한다.

그리고 R의 값이 그 이상 커지더라도 C_D의 값은 대체적으로 일정하고 비교적 작은 값을 가진다. R_{crit}의 값은 보통 $C_D = 0.3$에 대응하는 레이놀드 수로 정의되는데 이것을 구의 임계 레이놀드 수라고 한다.

이 값은 구 표면의 조도와 균일한 흐름 속에 포함되어 있는 난류분의 정도에 많이 관계되며 이들이 클수록 임계 레이놀드 수의 값은 작아진다.

7.7 양력(揚力)과 익형(翼刑)

비행기 날개에 작용하는 힘도 물체의 저항을 표시할 때와 같이 취급할 수 있다. 비행기 날개 단면의 모양을 익형(aerofoil)이라 하고 그림 7－20과 같이 기준선이 있어서 양편이 부풀고 서서히 가늘게 되어 전체적으로 아래로 조금 휘어져 있는 모양이다. 앞이 둥글고 뒤는 뾰족하며 앞에서 약 $\frac{1}{3}$ 되는 곳이 가장 두텁다.

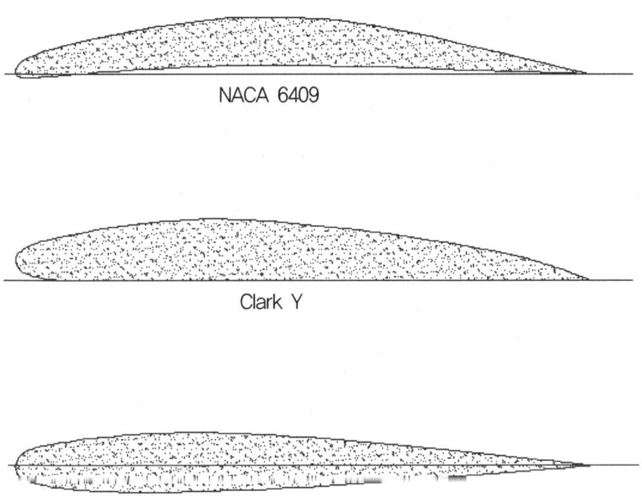

그림 7－20 비행기형(프로펠러) 익형 예

이와 같은 익형은 오래 전부터 잘 연구되어서 날개의 성능과 나아가서는 비행기의 성능은 이 형을 어떻게 하는가에 따라서 크게 좌우된다.

이제 그림 7－21에 표시하는 것과 같이 장방형인 익형에 바람이 와서 다을 때 바람에 대하여 기준선을 조금 위로 향하게 한다. 이 기준선과 바람이 이루는 각 α를 영각(attack angle)이라고 한다.

이와 같이 날개에 바람이 와서 닿으면 날개에는 위로 향하는 힘이 작용한다.

이 날개의 위로 향하는 힘, 즉 비행기를 공중에 뜨게 하는 힘이 생기는 이유는 날개 윗부분의 유속이 크고 아래 부분의 유속이 작아지는 관계로 베르누이 정리에 의해서 그 압력분포가 그림 7－22과 같이 되기 때문이다.

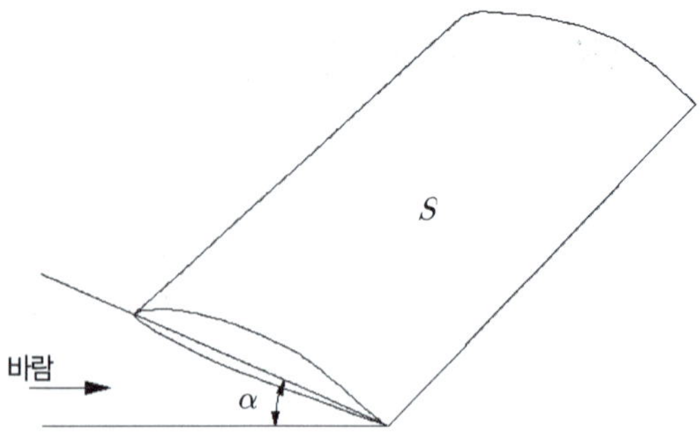

그림 7-21 날개에 다는 바람과 영각

이 압력 분포에 의한 합력을 두 부분으로 나누어 생각한다. 첫째는 바람 방향에 수직인 방향의 힘이고 비행기의 기체를 뜨게 하는 작용을 하므로 양력(lift)이라 하고 L로 표시한다. 둘째는 바람 방향의 힘인데 이것은 비행기의 진행과 반대 방향으로 작용하는 항력 D이다. 이 양력과 항력은 다음과 같이 흐름 속의 물체의 저항력과 같은 모양으로 표시한다.

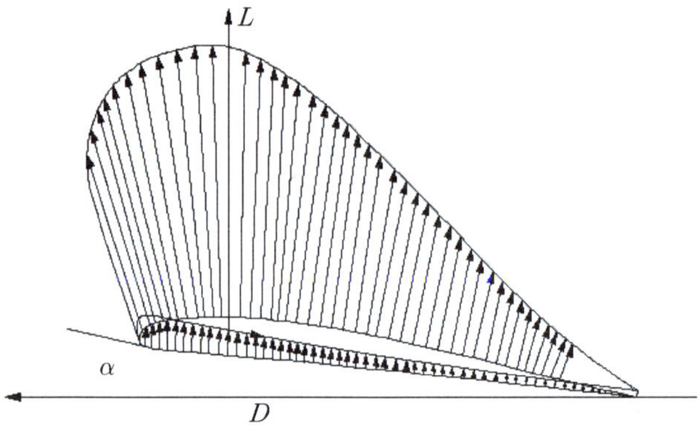

그림 7-22 익형 주위의 압력분포

$$L = C_L \frac{1}{2} \rho U^2 S$$

$$D = C_D \frac{1}{2} \rho U^2 S$$

여기서 S는 날개의 정면 면적이 아니고 날개 평면형의 면적, 즉 익면적이다. C_L, C_D를 각각 양력계수, 항력계수라고 한다. 이 C_L, C_D는 익형에 따라서 특유한 것인데 영각 α에 의해서 변하므로 α의 함수로서 표시한다.

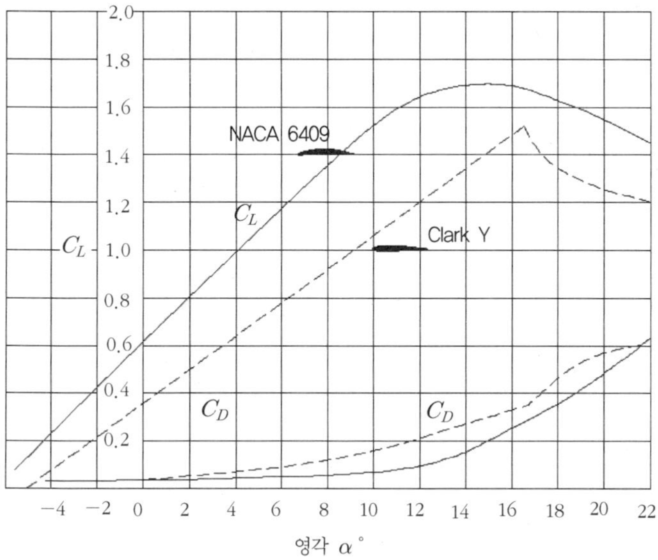

그림 7-23 익형의 성능곡선

그림 7-23은 그 예이다. 즉 같은 익형에서는 그 크기가 크던 작던 간에 속도가 빠르건 느리건 간에 또한 공기의 밀도가 변하더라도 그 양력 L를 $\frac{1}{2}\rho U^2 S$로 나눈 양력계수 C_L는 항상 같다. 단, α가 변하면 C_L도 변한다. 다시 말하면 여러 가지 영각에 대해서 C_L, C_D를 알고 있으면 어떠한 크기, 속도에 대해서도 양력과 항력은 산출할 수 있다. 그러므로 익형의 성능은 그림 7-23의 C_L, C_D의 α에 대한 관계로 표시된다.

그림 7-23에 표시한 바와 같이 $\alpha = 0$에서도 C_L은 0이 아니고 어떤 값을 가진다. 그리고 α가 증대함에 따라 C_L는 직선적으로 증가해 가는데 나중에는 증가가 둔해지고 최대값에 달한 후 감소하기 시작한다. 한편, 항력 C_D는 매우 작고 처음에는 거의 증대하지 않는다. 그러나 양력이 떨어지기 시작할 무렵부터 급히 증대된다. 이것은 날개의 背後部에서 박리가 일어나 큰 소용돌이가 생기기 때문이다. 이와 같이 항력이 급히 증대하고, 속도가 늦어지면 양력도 없어지고 비행기는 매우 위험한 상태로 되는데 이것을 실속(失速)이라고 한다.

그림 7-23에서 C_L과 C_D를 비교해 보면 C_D에 비해서 C_L는 매우 크다. 이 비 C_L/C_D가 큰 편이 비행기 성능이 좋은 것이다. 즉, 엔진 출력으로 프로펠라를 회전시키고 앞으로 추진하는 추력 T와 항력 D가 평행되고, 그 때 양력 L가 중력 W와 평행되면 작은 추력으로 무거운 기체를 뜨게 할 수 있다.

✎ 예제 7.9

조용한 공기 속에서 1[m]×1.5[m] 넓이의 평판에 영각 12°로 수평방향으로 날고 있다. 그 속도는 14[m/sec]이고 양력계수 C_L는 0.72, 항력계수 C_D는 0.17, 공기의 밀도는 1.22[kg/m^3]이라 한다. (a) 양력과 항력을 구하고 (b)평판운동이 지속될 마력을 구하라.

〈풀이〉

$$\text{양력} = C_L \frac{1}{2} \rho U^2 S = 0.72 \times \left(\frac{1}{2} \times 1.22 \times 14^2 \right) \times 1.5 = 129.12\,[N]$$

$$\text{항력} = C_D \frac{1}{2} \rho U^2 S = 0.17 \times \left(\frac{1}{2} \times 1.22 \times 14^2 \right) \times 1.5 = 30.49\,[N]$$

$$\text{마력} = \frac{D \cdot U}{735} = \frac{30.49 \times 14}{735} = 0.58\,[HP]$$

7장 연습문제

1. 가로 $1.5[m]$, 세로 $1.8[m]$인 평판이 $5[m/\mathrm{sec}]$의 속도로 면에 수직하게 움직이고 있다. 이 때 저항력은 몇 $[kg_f]$인가? 단, $C_D = 1.15$, $\gamma = 1[kg_f/m^3]$이다.

2. 구의 지름이 $12[cm]$이고 공기 중에서 $45[m/\mathrm{sec}]$의 속도로 운동할 때 항력은 몇 $[N]$인가? 단, $C_D = 0.85$, $\gamma = 9.8[N/m^3]$이다.

3. 유동 방향에 수직한 직경 $0.4[m]$인 원판의 항력계수가 1.13이다. 이 원판이 정지한 공기 속에서 $15[m/\mathrm{sec}]$로 움직일 때 필요한 힘은 몇 $[kg_f]$인가?
   단, $\gamma = 1.3[kg_f/m^3]$이다.

4. 문제 3에서 필요한 동력은 몇 마력(PS)인가?

5. 현의 길이가 $9[m]$이고 날개가 $390[km/hr]$의 속도로 이륙할 때, 날개가 받는 양력이 $3600[KN]$이면 날개의 폭은 몇 $[m]$인가? 단, $C_L = 1$, $C_D = 0.06$, $\rho = 1[kg/m^3]$이다.

6. 평판의 면적이 $60[m^2]$이고, $700[PS]$을 소비하여 $110[m/\mathrm{sec}]$의 속도로 공기 중을 날아갈 때 양력이 $5000[kg_f]$이었다. 이 때 양력계수와 항력계수를 구하라.
   단, 공기의 밀도 $\rho = 0.16[kg_f \cdot \mathrm{sec}/m^4]$이다.

7. 속도 $85[km/hour]$로 주행 중인 트럭의 투영면적이 $7[m^2]$이고, 저항력이 $220[kg_f]$이다. 이 때 $25[\%]$는 마찰저항이고 나머지는 바람에 의한 항력이다. 이 때 항력계수는 얼마인가? 단, $\gamma = 1.23[kg_f/m^3]$이다.

8. 사각형 모양의 날개가 폭이 $13[m]$이고 현의 길이가 $2.5[m]$이다. 이 날개의 양각이 $5.8°$일 때 양력계수는 0.5이고 항력계수는 0.05이다. 이 날개가 온도 $3[°C]$, 아벽 $85[KPa]$인 정지한 공기 중에서 $55[m/\mathrm{sec}]$의 속도로 비행할 때 필요한 동력은 몇 $[KW]$인가? 단, 공기의 기체상수 $R = 288[\mathrm{N \cdot m/kg \cdot °K}]$이다.

9. 사각형 날개가 정지된 공기 중을 $220[km/hour]$의 속도로 비행한다. 날개의 폭은 $12[m]$이고, 현의 길이는 $2.2[m]$이다. 공기 중의 압력과 온도가 $110[KPa]$, $15[°C]$일 때 양력과 항력은 각각 몇 $[N]$인가?
단, $C_D = 0.033$, $C_L = 0.45$, $R = 287[N \cdot m/kg \cdot °K]$이다.

10. 문제 9에서 날개가 비행하는데 필요한 동력은 몇 $[KW]$인가?

Chapter. 8
압축성 유체

* 압축성의 영향은 액체보다는 기체가 더욱 뚜렷하게 나타나며, 속도가 빨라져서 음속에 가까이 가게 되면 압축성을 무시할 수 없게 된다. 모든 기체는 저, 고속에 관계없이 압축성을 가짐으로서 밀도의 변화가 일어나지만 저속에서는 그 변화가 문제될 만큼 크지는 않으므로 비압축성 유체 즉, 밀도가 일정한 유체로 취급하여도 지장이 없다. 고속의 비행기, 프로펠러, 제트 및 탄환 등과 같이 음속 가까이나 그 이상의 속도를 갖게 되는 물체에 대해서는 주의 공기의 압축성을 생각함으로써 충분한 설명을 할 수 있으며, 가스 터빈이나 압축기 등도 이들과 같이 해석을 하게 된다. 밀도변화가 큰 유체는 밀도와 압력을 관련시켜 주는 부가적인 방정식이 필요하며, 따라서 열역학적인 고려가 따르게 된다. 약간의 밀도변화가 있는 정상 1차원 유동은 축방향 변화에 비하여 세로 방향의 변화가 작다고 가정하며, 단면상에서 실제로는 일정하다고 생각하고, 밀도 변화가 몇 퍼센트 이내일 때는 비압축성이라고 보아 평균밀도를 사용한다.
* 본 장에서는 앞장까지에서 취급한 압력에너지, 운동에너지, 위치에너지 이외에 열에너지를 합쳐서 연구한다. 따라서 처음에 열역학의 기초지식을 공부하고 고속 흐름 충격파 등을 논하는데 주로 완전기체의 1차원 흐름에 관한 문제가 논의 된다.

8.1 열역학 제 1 법칙

열은 에너지의 한 형태로서 기계적 일이 열로 변화하고 반대로 열이 기계적 일로 변화할 수도 있다. 열량 Q는 JQ만한 기계적 일과 같다.

비례상수 J는 중요한 상수의 하나인데 여러 학자들이 측정한 바에 의하면 M.K.S 절대단위에서는

$$J = 4.185 \text{[Kjoule/Kcal]} \tag{8-1}$$

이다. 즉 1[Kcal]의 열량은 4.185[Kjoule]의 기계적 일에 상당한다. 이 J을 열의 일당량이라고 한다. 만일 M.K.S 절대단위가 아니고 $J=1$이 되는 적당한 단위(SI 단위)를 선택하면 열량 Q는 이와 같은 단위계에서는 Q 단위의 기계적 일과 같다. 앞으로는 열량의 단위로 [Kjoule]을 사용하기로 한다.

단위질량의 유체에 dQ인 미소열량을 가하여 주면 그 일부는 유체의 체적이 변화할 때의 외부일로 소비되고 나머지는 내부에너지의 증가량으로 저장된다. w를 외부일 u를 내부에너지라 하고 이것을 식으로 표시하면

$$dQ = du + dw \tag{8-2}$$

로 된다. 이것을 열역학 제 1 법칙이라고 한다. 외부일 w는 압력 p와 체적 v에 의하여

$$dw = pdv$$

로 되므로 이것을 위 식에 대입하면

$$dQ = du + pdv \tag{8-3}$$

로 된다.

✎ 예제 8.1

100[℃]에 있어서 물의 비중을 0.95라 하고 100[℃], 1기압에서 수증기의 비중을 0.000625라고 하면, 100[℃]인 1[kg]의 물이 100[℃]를 수증기로 변화할 때 내부일 때문에 소비되는 열량(내부에너지의 변화량)은 얼마인가?

단, 압력을 1기압이라 하고 물의 기화열은 2255[KJ/kg]이라고 한다.

〈풀이〉

$dQ = du + pdv$이므로 이것을 적분하면

$$Q = \Delta u + p\Delta v \ \ (p = \text{일정})\text{이고}$$

100[℃]에 있어서 물 1[kg]의 체적은

$$v_1 = \frac{1}{0.95 \times 1000} = 1.05 \times 10^{-3}[m^3/kg]\text{이 되며}$$

또한, 100[℃]에 있어서 수증기 1[kg]의 체적

$$v_2 = \frac{1}{0.000625 \times 1000} = 1.6[m^3/kg]$$

또, $Q = 2255[KJ]$이고, $p = 1.013 \times 10^5[N/m^2]$ 이므로

$$\therefore \Delta u = Q - p(v_2 - v_1) = 2255 - \frac{1.013 \times 10^5}{1000} \times (1.6 - 1.05 \times 10^{-3})$$
$$= 2092.9[KJ/kg]$$

8.2 엔탈피

물체가 가지는 열에너지란 내부에너지와 외부에너지의 합으로서 일반적으로 단위질량의 물체에 대해서 생각한다. 이 중에서 외부에너지란 물체가 그 체적 v를 유지하기 위하여 수위 압력 p를 밀어내고 있는 에너지인데 pv로 된다. 따라서 단위질량의 물체가 가지는 전체 열에너지를 i라 하고 내부에너지를 u라고 하면

$$i = u + pv \tag{8-4}$$

로 된다. 이 i를 엔탈피라고 부른다. 이것을 미분하면

$$di = du + pdv + vdp$$

로 되고, $dQ = du + pdv$ 이므로

$$di = dQ + vdp \tag{8-5}$$

로 된다. 어떤 기체의 엔탈피 i란 한마디로 말해서 그 기체의 단위질량 내에 포함되는 열량의 합계이다. 엔탈피 100[KJ/kg]이란 그 기체 1[kg]에 100[KJ]의 열이 포함되어 있는 것을 뜻하며 이것을 가열하여 75[KJ]의 열을 주었다고 하면 이 기체의 엔탈피는 175 [KJ/kg]으로 된다.

8.3 비열

어떤 물체에 단위질량의 온도를 dT만큼 높이는데 필요한 열량을 dQ라고 하면 $dQ \propto dT$ 또는 $dQ = CdT$로 된다.

$$C = \frac{dQ}{dT}$$

식으로 표시되는 비례상수 C를 비열(specific heat)라고 하며, 단위로써 [KJ/kg °C]를 사용한다. C는 온도와 압력 등의 영향을 받고 또 변화하는 방법은 예를 들면 정적변화 또는 정압변화 등에 의해서 지배된다. 유체가 액체인 경우는 정압비열이 주로 사용되지만 유체가 기체인 경우에는 정압비열 C_p와 정적비열 C_v가 모두 사용된다. 이들 비열의 정의는 다음과 같다.

❶ 정압비열(C_p) : 압력을 일정하게 유지하고 단위 질량의 기체의 온도를 1[℃] 높이는데 필요한 열량$= \left(\frac{\partial Q}{\partial T}\right)_p$ (8-7)

❷ 정적비열(C_v) : 체적을 일정하게 유지하고 단위 질량의 기체의 온도를 1[℃] 높이는데 필요한 열량$=\left(\frac{\partial Q}{\partial T}\right)_v$ (8−8)

$dQ = du + pdv$에 의해서

$$C_v = \left(\frac{\partial Q}{\partial T}\right)_v = \left(\frac{\partial u}{\partial T}\right)_v + 0$$

그런데 완전가스의 내부에너지 u는 체적에 의해서는 변화하지 않고 온도 T에 의해서만 변화한다. 그러므로 위 식은

$$C_v = \frac{du}{dT} \tag{8−9}$$

이것을 적분하면

$$\Delta u = C_v dT$$

로 되는데 C_v를 일정한 값으로 보면

$$\Delta u = C_v \Delta T \tag{8−10}$$

로 된다. 또한 식 (8−7)과 (8−5)에 의해

$$C_p = \left(\frac{\partial Q}{\partial T}\right)_p = \left(\frac{\partial i}{\partial T}\right)_p - 0$$

그런데 u와 pv가 온도만의 함수이므로 $i=(u+pv)$도 역시 온도만의 함수이다. 따라서

$$C_p = \frac{di}{dT} \tag{8−11}$$

로 된다. C_p를 일정한 값으로 보고 적분하면

$$\Delta i = C_p dT \tag{8−12}$$

를 얻는다. $i = u + pv$를 T로 미분하면

$$\frac{di}{dT} = \frac{du}{dT} + \frac{d(pv)}{dT}$$

인데 위 식에 기체의 상태방정식 $pv = RT$를 대입하면

$$C_p = C_v + R \tag{8-13}$$

를 얻는다. 이것을

$$k = \frac{C_p}{C_v} \tag{8-14}$$

라 놓고 k를 비열의 비라 부른다. 공기의 경우 상온에서는 $k = 1.4$이다. 위 식에서

$$C_p = \frac{k}{k-1}R \quad , \quad C_v = \frac{1}{k-1}R \tag{8-15}$$

로 된다.

✎ 예제 8.2

질소의 비열비가 $k = 1.41$이라고 하면 그 정압비열 C_p의 값은 얼마인가?

〈풀이〉

질소 1[Kmol]은 $M = 28\,[kg]$이므로 기체상수 R은

$$R = \frac{R_u}{M} = \frac{8.318}{28}\,[KJ/kg^\circ K]$$

$$C_p = \frac{k}{k-1}R = \frac{1.4}{1.4-1} \times \frac{8.318}{28} = 1.025\,[KJ/kg^\circ k]$$

8.4 상태방정식

완전가스의 상태방정식이 $pv = RT$ 또는 $\frac{p}{\rho} = RT$로 되는 것은 1장에서 잘 알고 있는 사실이다.

기체가 일정 온도 하에서 변화하는 경우는 상태방정식에 의해서

$$pv = \text{const} \qquad \text{또는} \quad \frac{p}{\rho} = \text{const} \tag{8-16}$$

가 성립한다. 이것을 등온변화라고 한다. 또한,

$$dQ = C_v dT + pdv$$

로 되는데 양변을 T로 나누고 $pv = RT$를 고려하면

$$\frac{dQ}{T} = C_v \frac{dT}{T} + \frac{P}{T} dv = C_v \frac{dT}{T} + R\frac{dv}{v}$$

로 된다. 그런데 $R = C_p - C_v$를 고려하면

$$\frac{dQ}{T} = C_p \frac{dT}{T} + (C_p - C_v)\frac{dv}{v} = C_v\left(\frac{dT}{T} - \frac{dv}{v}\right) + C_p\frac{dv}{v}$$

$$= C_v\frac{dp}{p} + C_p\frac{dv}{v} \tag{8-17}$$

로 된다. 왜냐하면 $pv = RT$의 대수를 취하고 미분했을 때

$$\log p + \log v = \log R + \log T$$

$$\frac{dp}{p} + \frac{dv}{v} = \frac{dT}{T} \tag{8-18}$$

이 성립하기 때문이다. 그러므로

$$\frac{dQ}{T} = C_v \frac{dp}{p} + C_p \frac{dv}{v} = C_v \frac{dp}{p} + kC_v \frac{dv}{v}$$

$$= C_v\left(\frac{dp}{p} + k\frac{dv}{v}\right) = C_v d\{\log(pv^k)\} \tag{8-19}$$

이라는 식이 성립된다. 즉 $\frac{dQ}{T}$는 완전미분으로 된다. 이것을 ds라 놓으면

$$\frac{dQ}{T} = ds = C_v d\{\log(pv^k)\} \tag{8-20}$$

이와 같은 함수 s를 엔트로피라고 한다. 열역학 제2법칙에 의하면 외부에서 고립된 계의 엔트로피는 결코 감소하지 않는다.

흐르고 있는 유체 전체에 걸쳐 엔트로피가 일정한 값을 가질 때에는 그와 같은 흐름은 등엔트로피 흐름(단열흐름)이라고 한다.

이 때에는 $ds = 0$이므로 결국 위 식에서

$$pv^k = \text{const}$$
$$\frac{p}{\rho} = \text{const} \tag{8-21}$$

를 얻는다. 위 식에서 $p_1 v_1^k = p_2 v_2^k$ 과 $\frac{p_1 v_1}{T_1} = \frac{p_2 v_2}{T_2}$ 에서 v_1과 v_2를 소거하면

$$\frac{T_2}{T_1} = \left(\frac{p_2}{p_1}\right)^{\frac{k-1}{k}} \tag{8-22}$$

를 얻는다. 이것을 단열변화라고 한다.

✎ 예제 8.3

단위질량의 기체가 $p = p_1$, $v = v_1$ 상태에서 팽창하여 $p = p_2$, $v = v_2$로 되었다고 하면 이 사이에 기체가 외부에 한 일은 얼마인가? 단, 팽창조건으로 각각 (a) 등온변화 (b) 단열변화를 구별하라.

〈풀이〉

(a) 등온변화의 경우

$pv = p_1 v_1 = p_2 v_2$ 이므로

$$w = \int_{v_1}^{v_2} p dv = p_1 v_1 \int_{v_1}^{v_2} \frac{dv}{v} = p_2 v_2 \ln \frac{v_2}{v_1} = 2.303 p_2 v_2 \log \frac{v_2}{v_1}$$

(b) 단열변화의 경우

$pv^k = p_1 v_1^k = p_2 v_2^k$ 이므로

$$w = \int_{v_1}^{v_2} p dv = p_1 v_1^k \int_{v_1}^{v_2} \frac{dv}{v^k} = \frac{p_1 v_1^k}{1-k} (v_2^{1-k} - v_1^{1-k})$$

$$= \frac{1}{k-1} (p_1 v_1 - p_2 v_2)$$

8.5 에너지 방정식

베르누이의 식에 의해서 표시되는 것과 같은 에너지식은 비압축성이고 비점성인 유체, 즉 이상유체에 관해서 성립하는 식이다. 이와 같이 유체를 비압축성이라고 생각하는 것은 유체의 밀도가 일정하고 따라서 온도도 변하지 않는 것으로 취급할 수 있게 한다.

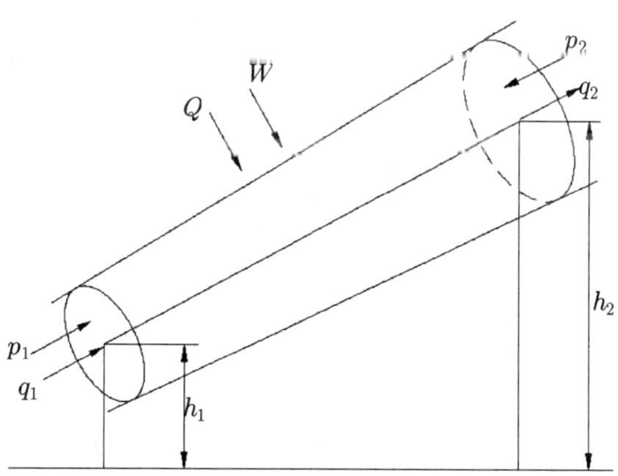

그림 8-1

그런데 이제부터 액체를 압축성으로 하고 온도의 변화도 고려해서 에너지 식을 생각해 보자. 일반적으로 유체가 그림 8-1에 표시하는 것과 같이 유관 내를 정상상태로 흐르고 있다고 한다. 유관의 단면 1, 2에 있어서 유체의 단위질량당 내부에너지를 각각 u_1, u_2

라고 한다. 다음에 단면 1을 통하여 흘러 들어오는 단위질량의 유체는 그 위치의 압력 p_1을 누르고 비체적 v_1과 같은 체적만큼 내부로 밀려들어오므로 이 외부에너지는 p_1v_1으로 표시된다. 이와 같이 단면 2에서는 p_2v_2로 된다.

다음에 단면 1,2에 있어서 평균유속을 각각 q_1, q_2라고하면 각 단면에 있어서 단위질량인 유체의 운동에너지는 각각 $\frac{1}{2}q_1^2$, $\frac{1}{2}q_2^2$로 표시된다. 다음에 단면 1, 2에서의 높이를 각각 h_1, h_2라고 하면 각 단면에 있어서 단위질량인 유체의 위치에너지는 각각 gh_1, gh_2로 표시된다.

유체가 1에서 2로 운동하는 사이에 외부에서 열량 $Q[KJ/kg]$ 및 $W[KJ/kg]$의 공급을 받는 경우는 단위질량의 유체가 단면 2를 지날 때 가지는 총에너지에서 단면 1을 지날 때 가지는 총에너지를 뺀 것이 $Q+w$와 같아진다. 즉

$$Q+w=(u_2-u_1)+(p_2v_2-p_1v_1)+\frac{1}{2}(q_2^2-q_1^2)+g(h_2-h_1) \qquad (8-23)$$

로 된다. $i=u+pv$이므로

$$Q+w=(i_2-i_1)+\frac{1}{2}(q_2^2-q_1^2)+g(h_2-h_1) \qquad (8-24)$$

로 된다. $\Delta i=C_p\Delta T$에 의해

$$Q+w=C_p(T_2-T_1)+\frac{1}{2}(q_2^2-q_1^2)+g(h_2-h_1) \qquad (8-25)$$

로 된다. 실제로 취급되는 유체가 기체인 경우에는 위치에너지 gh는 다른 항에 비해서 작고 무시될 때가 많다. 이와 같은 경우에는 위 식은

$$Q+w=C_p(T_2-T_1)+\frac{1}{2}(q_2^2-q_1^2) \qquad (8-26)$$

로 된다. 또한 $C_p=\frac{k}{k-1}R$을 고려하면

$$Q+w=\frac{k}{k-1}R(T_2-T_1)+\frac{1}{2}(q_2^2-q_1^2) \qquad (8-27)$$

로 된다.

✎ 예제 8.4

탱크 내에서 압력 p_1, 밀도 ρ_1인 공기를 노즐을 통하여 진공 속으로 분출시킬 때 이론적으로 도달할 수 있는 최대유속은 탱크 내의 상태에서 음속의 몇 배로 되는가? 단, 공기 속에서 음속은 $a = \sqrt{kRT}$로 표시된다.

〈풀이〉

에너지 방정식에서 1, 2의 첨자를 각각 탱크 내에 노즐 출구에서의 값이라고 하면 탱크 내의 유속 q_1은 0이고, 도중에는 단열적으로 흐르고 또 마찰 손실을 무시하면 $Q=0$, $w=0$으로 되므로 노즐 출구의 유속 q_2는

$$q_2 = \sqrt{\frac{2k}{k-1}R(T_1 - T_2)}$$

로 된다. 또 위 식에서

$$RT_1 = p_1 v_1,\ RT_2 = p_2 v_2$$

로 되는데 특히 외부압력은 진공이므로 $p_2 = 0$으로 된다. 따라서

$$q_2 = \sqrt{\frac{2k}{k-1}p_1 v_1} = \sqrt{\frac{2k}{k-1}\frac{p_1}{\rho_1}}$$

다음에 탱크 내에 공기의 음속은

$$a_1 = \sqrt{kRT_1} = \sqrt{\frac{kp_1}{\rho_1}}$$

이므로

$$\frac{q_2}{a_1} = \sqrt{\frac{2}{k-1}} = \sqrt{\frac{2}{1.4-1}} = 2.236$$

8.6 전온 (全溫), 정온 (靜溫), 동온 (動溫)

유속 0, 온도 T_0인 상태의 기체가 도중에서 열과 일의 공급 없이($Q=0, w=0$) 유속 q, 온도 T인 상태의 기체로 되었다고 하면 식 (8−27)에서와 같이

$$T_0 = T + \frac{1}{R}\frac{k-1}{k}\frac{q^2}{2} \tag{8-28}$$

로 된다. 이 경우의 T_0을 전온(Total temperature)이라고 한다. 이에 대해서 T를 정온(Static temperature), $\frac{1}{R}\frac{k-1}{k}\frac{q^2}{2}$을 동온(Dynamic temperature)이라고 한다.

T_{01}, T_{02}를 각각 1, 2 상태의 전온이라고 하면 위 식에서 $T_{01} = T_1 + \frac{1}{R}\frac{k-1}{k}\frac{q_1^2}{2}$ 이므로, 식 (8−26)은

$$Q + w = C_p(T_{02} - T_{01})$$

로 된다. 또 1, 2 사이에서 일의 공급이 없을 경우($w=0$)는

$$Q = C_p(T_{02} - T_{01}) \tag{8-29}$$

로 된다. 도중에서 열의 공급도 없는 경우 즉 단열흐름의 경우에는

$$Q = 0 \qquad \therefore\ T_{02} = T_{01}$$

로 된다. 따라서 1, 2 각 상태의 전온은 일정하고 이것을 T_0으로 표시하면

$$T_{01} = T_{02} = T_0 = \text{const} \tag{8-30}$$

로 된다. 즉 단열흐름의 경우에는 식 (8−28)과 식 (8−30)에 의해서 일반적으로

$$T + \frac{1}{R}\frac{k-1}{k}\frac{q^2}{2} = T_0 = \text{const} \tag{8-31}$$

이 성립한다. 이것은 기체가 비점성 기체의 경우는 물론이고 점성기체의 경우에도 성립

한다. 왜냐하면 점성기체의 경우 마찰 손실에 의해서 잃은 에너지는 열로 되어 다시 회수되기 때문이다.

그러나 전압(Total pressure)은 사정이 조금 다르다. 비점성 기체에서는 마찰 손실이 없으므로 전압이 일정하지만 점성기체에서는 마찰 손실 때문에 이것이 압력의 감소로 나타난다. 따라서 점성기체의 경우는 전압은 감소한다.

다음에 등온변화의 경우를 생각하면 이 경우에는 도중에서 열의 출입이 있으므로 위 식 $Q = C_p(T_{02} - T_{01})$에서

$$Q \neq 0 \qquad \therefore T_{02} \neq T_{01}$$

으로 되고 1, 2 각 상태의 기체의 전온은 동일하지 않고 식 (8−28)에 의하여 일반적으로

$$T + \frac{1}{R}\frac{k+1}{k}\frac{q^2}{2} = T_0 \neq \text{const} \tag{8-32}$$

로 된다.

운동하고 있는 유체 속에 온도계를 삽입하여 온도를 측정할 때 우리는 전온 T_0을 측정하게 되고 정온 T보다 동온 온도만큼 높은 값을 얻는다. 일반적으로 정온 T를 측정할 수는 없다. (유체와 같은 속도로 운동시켰을 때의 온도계 눈금이 정온 T에 상당한다.)

실제의 물체가 단열적으로 고속 운동할 때 그 동온은 경계층에 있어서 온도 상승으로 나타난다. 예를 들면 고속으로 나는 인공위성의 표면이 고열화 되는 것은 그 때문이다.

✎ 예제 8.5

상온의 공기($k = 1.4$)속을 q[m/sec]로 운동하는 물체 표면의 온도 증가는 이론상으로

$$\Delta T = \frac{q^2}{2000}\,[^\circ C]$$

로 되는 것을 증명하라.

〈풀이〉

$$\Delta T = T_0 - T = \frac{1}{R}\frac{k-1}{k}\frac{q^2}{2} = \frac{1}{287} \times \frac{1.4-1}{1.4} \times \frac{q^2}{2} = \frac{q^2}{2023} \fallingdotseq \frac{q^2}{2000}$$

$q = 1000\,[m/sec]$로 나는 탄환의 표면온도는

$$\Delta T = \frac{1000^2}{2000} = 500\,[^\circ C]$$

8.7 음파의 속도

기체 속에 있는 한 점에서 압력의 변화가 일어날 때 그것이 어떤 속도로 사방으로 전파되는가를 살펴보자. 간단하게 하기 위하여 단면적 A인 직관 속에 정지하고 있는 기체가 있고 그 압력은 p와 같다고 한다.

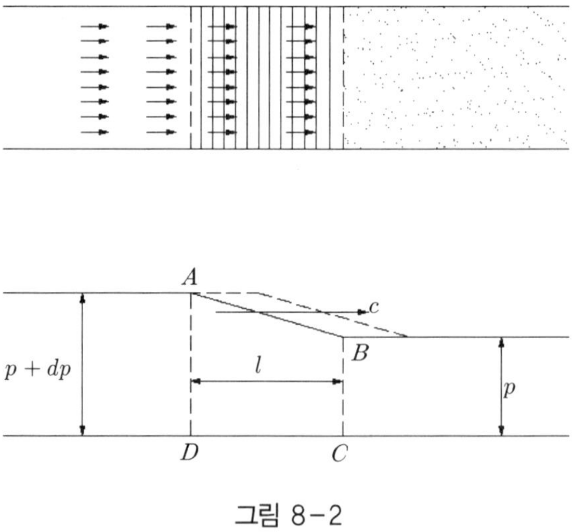

그림 8-2

이제 어떠한 원인 즉, 예를 들면 피스톤의 운동에 의해서 왼편의 압력이 조금 증가하여 $p+dp$로 되고 그것이 모양을 바꾸지 않고 일정한 속도 a로 오른편으로 전파된다고 생각하자. 그림 8-2의 아래에 표시하는 바와 같이 압력의 변화가 길이 l인 범위

$ABCD$에 한정되어 있으면 압력 변화가 이 부분을 통과하는 시간은 $\tau = \dfrac{l}{a}$이고 기체의 밀도는 그 기간 내에 압력 p에 상당하는 값 ρ에서 압력 $p+dp$에 상당하는 값 $\rho+d\rho$까지 증가한다. 그러므로 $ABCD$ 내의 질량은 $Ald\rho$ 만큼 증가하고 이 부분의 질량이 단위 시간에 증가하는 비율은

$$\frac{Ald\rho}{\tau} = Ald\rho\frac{a}{l} = Aad\rho$$

로 된다.

그런데 이와 같이 질량이 증가하기 위해서는 압력이 높아진 왼편 부분에서 질량이 흘러 들어오지 않으면 안 된다. 기체가 오른편으로 가는 속도를 q라고 하면 단위 시간 내에는 $ABCD$ 부분에 $Aq(\rho+d\rho)$만큼 질량이 흘러 들어오게 되므로

$$Aad\rho = Aq(\rho+d\rho)$$

가 성립한다. $d\rho$는 충분히 작으므로 우변에 있어서 이것을 ρ에 비하여 생략하면 결국

$$ad\rho = \rho q \tag{8-33}$$

라는 관계식을 얻는다.

이 관계식에는 $ABCD$의 길이 l도 들어 있지 않고 또한 그림 8-2의 아래 그림에 표시하는 것과 같이 AB 사이에서 압력이 직선적으로 변하고 있는 것도 나타나지 않으므로 $ABCD$의 길이가 임의의 경우에 또는 그 범위 내에서의 압력 변화에 모양이 임의의 경우에도 식 (8-33)은 성립한다.

다음에 $ABCD$ 부분에 대해서 역학적 조건을 적용한다. 처음 정지상태에 있었던 것이 시간 τ 후에 속도 q로 오른편으로 운동하게 되므로 $ABCD$ 부분의 가속도는 $\dfrac{q}{\tau} = \dfrac{qa}{l}$이다. 그런데 그림 8-2의 아래 그림에 표시하는 것과 같이 압력이 AB 사이에서 $p+dp$에서 p까지 직선적으로 변하는 경우에는 $ABCD$ 부분의 평균밀도는 $\dfrac{(\rho+d\rho)+\rho}{2} = \rho + \dfrac{1}{2}d\rho$이고 $ABCD$ 부분의 질량은 $Al\left(\rho+\dfrac{1}{2}d\rho\right) \fallingdotseq Al\rho$로 된다. 한편 이 $ABCD$ 부분에는 오른편으로 $A(p+dp) - Ap = Adp$의 힘이 작용한다. 따라서 Newton의 운동법칙에 의하며 $ABCD$ 부분의 운동방정식은

$$Al\rho \times \frac{q}{l}a = Adp$$

로 된다. 따라서

$$\rho aq = dp \tag{8-34}$$

의 관계식을 얻는다. 이 관계식에도 $ABCD$ 부분의 길이 l이 들어 있지 않고 또 압력에 직선적으로 변한다는 것도 나타나지 않으므로 이 관계식도 일반적으로 성립한다.

위 식 (8−33)과 (8−34)에 의하여

$$a^2 = \frac{dp}{d\rho} \tag{8-35}$$

즉,

$$a = \sqrt{\frac{dp}{d\rho}} \tag{8-36}$$

이 결과로부터 압력의 변화가 미소하면 그 전파속도는 기체의 압축법칙, 즉 p와 ρ와의 관계식에 관계될 뿐이고 변화의 모양이나 크기에는 관계하지 않는다는 것을 안다. 예를 들면 dp가 양이든 음이든 간에 압력변화는 같은 속도로 사방으로 전파된다. 소리란 양, 음의 압력변화의 연속이고 그들의 변화는 일정한 모양으로 같은 속도 a로 전파되므로 a를 음속이라 한다.

만일 압력변화가 급격히 일어나는 결과 열의 출입이 없는 즉 단열변화인 경우에는 $p = c\rho^k$가 성립하고 따라서

$$\frac{dp}{d\rho} = kv\rho^{k-1} = \frac{kc}{\rho}\rho^k = \frac{kp}{\rho}$$

로 되고 음속 a는

$$a = \sqrt{\frac{kp}{\rho}} \tag{8-37}$$

로 된다.

완전기체의 상태방정식 $p = R\rho T$를 사용하면

$$a = \sqrt{kRT} \tag{8-38}$$

로 된다. 따라서 이상기체에 있어서는 음속이 절대온도 T의 제곱근에 비례한다.

✎ 예제 8.6

온도가 20[℃]인 공기의 음속을 구하라. 단, $k = 1.4$

〈풀이〉

$a = \sqrt{kRT}\,[\mathrm{m/sec}]$에서 $k = 1.4$, $R = 287\,[m^2/sec^2 \cdot {}^\circ K]$, $T = 273 + 20 = 293$ $[{}^\circ\mathrm{K}]$라고 하면

$$a = \sqrt{1.4 \times 287 \times 298} = 343\,[\mathrm{m/sec}]$$

액체 속에서의 음파는 다음과 같이 생각한다. 액체의 압력 상승 dp에 대한 비체적 v의 팽창을 dv라 하면 액체의 체적탄성계수 E는

$$E = \frac{dp}{-\dfrac{dv}{v}} \tag{8-39}$$

로 표시된다. 그런데 $\rho = \dfrac{1}{v}$이므로 대수를 취해서 미분하면

$$-\frac{dv}{v} = \frac{dp}{\rho}$$

이것을 위 식 (8-39)에 대입하면

$$E = \frac{dp}{\dfrac{d\rho}{\rho}} \qquad \therefore \frac{dp}{d\rho} = \frac{E}{\rho} \tag{8-40}$$

이것을 식 (8-36)에 대입하여

$$a = \sqrt{\frac{dp}{d\rho}} = \sqrt{\frac{E}{\rho}} \tag{8-41}$$

를 얻는다. 이것이 액체 속을 전파하는 음속이다.

✎ 예제 8.7

수중에서 음파의 속도를 구하라. 단, 물의 체적탄성계수는 $20.3\times10^8[N/m^2]$이라고 한다.

〈풀이〉

$$a=\sqrt{\frac{E}{\rho}}=\sqrt{\frac{20.3\times10^8}{1000}}=1425\,[m/sec]$$

8.8 수격작용

그림 8-3과 같이 저장탱크와 도관과 그 끝에 있는 밸브로 구성된 계에 물이 정상적으로 흐르고 있는 경우를 생각해 보자. 이 때 도관 끝에서의 유속은 q이고 압력은 0이다.

밸브를 잠그게 되면 흐름이 감속 또는 정지되도록 충분한 힘을 물이 받게 된다. 그래서 짧은 시간에 속도가 감소하고 압력은 증가한다. 그러므로 관 끝에서의 압력이 그 바로 상류의 압력보다 커져서 그 부분의 유체는 상류방향의 힘을 받게 되고 속도는 감소 또는 반전한다. 이와 같은 현상이 차례로 상류 쪽으로 파급된다. 다시 말해서 압력파가 전파된다. 이 압력파가 저장탱크까지 전달되면 유체는 도관에서 탱크로 잠시 흐르게 된다.

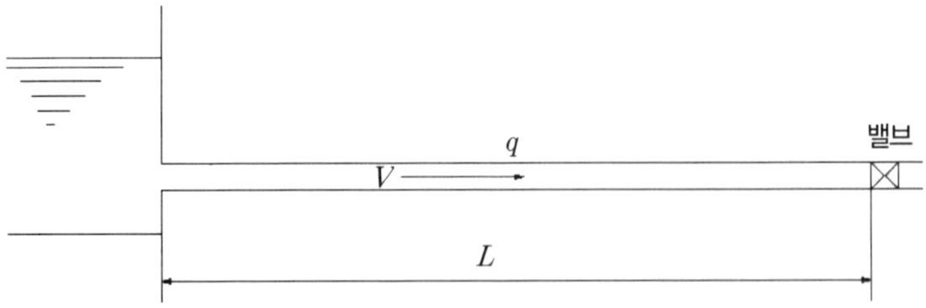

그림 8-3

도관 끝에서 유체가 상류 방향으로 역류하기 시작하면 곧 그 곳에는 진공이 생겨서 유체를 다시 본래 방향으로 흐르게 하려는 힘이 생긴다. 이와 같은 힘, 즉 정상보다 낮은 저압력파가 도관을 따라 저장탱크로 전파된다. 그래서 본래 방향의 속도파가 곧 도관 끝에 도달한다. 그러나 도관 끝이 잠겨 있으므로 흐름을 계속할 수 없고 또 다른 압력파가 생겨서 도관을 따라 탱크에 전달된다. 이와 같이 도관 끝에서의 압력과 속도는 그림 8−4에 표시한 바와 같이 교대로 변화된다.

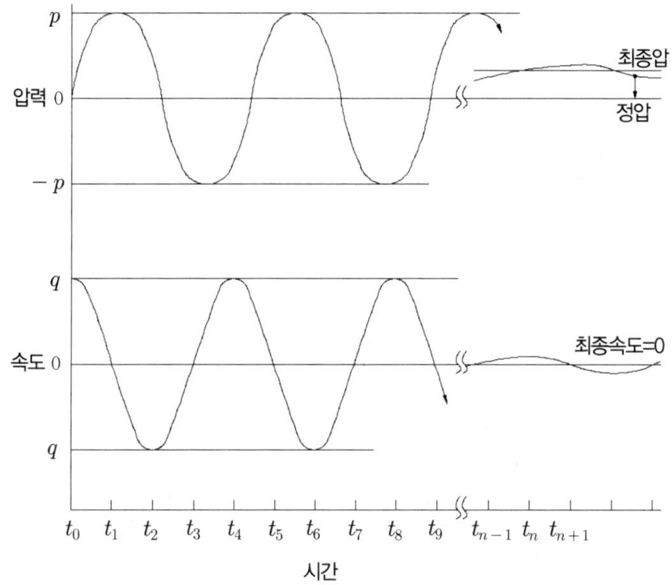

그림 8−4 압력과 속도의 진동

처음 t_0 때의 압력은 0이고 속도는 $+q$이다. 밸브를 잠금에 따라 속도는 감소하며 t_1에서 0이 되고 압력은 p까지 증가한다. 그 후 압력은 감소하여 t_2에서 0이 되고 속도는 역방향의 최대속도 q로 된다. 이 역류로 말미암아 압력이 정상압보다 적어지고 t_3에서 가장 낮은 압력이 되면 속도는 0으로 된다. 다시 흐름방향이 바뀌면 원상태로 되돌아간다.

이와 같이 한 사이클이 하는 시간 즉 주기는

$$t = \frac{2L}{a} \tag{8-42}$$

이며 t =주기, L =도관의 길이, a =압력파의 속도와 같이 되는 것이 명백하고 밸브를 갑자기 잠그므로 해서 생기는 압력의 증가는 식 (8−34)에 의하여

$$dp = \rho a dq \quad \text{또는} \quad dh = a\frac{dq}{q} \tag{8-43}$$

와 같이 된다.

이상과 같은 이유로 상류로 파급된 압력파가 밸브로 반사되는데 소요되는 시간보다 짧은 시간 내에 밸브가 닫힐 때 최대압력 상승이 일어나는데 이와 같은 현상을 수격작용(water hammer)이라 한다.

예제 8.8

20[℃]의 물을 수송하는 직경 8[cm] 되는 관의 밸브를 갑자기 잠근 결과 압력이 70[N/cm^2]만큼 증가하였다. 잠그기 전의 유량은 몇 [m^3/sec]인가? 단, 물의 체적탄성계수는 $2.0685\times10^5[N/cm^2]$이다.

〈풀이〉

이 물속에서의 음속은 식 (8−14)에 의하여

$$a=\sqrt{\frac{E}{\rho}}=\sqrt{\frac{2.0685\times10^9}{1000}}=1438[m/sec]$$

식 (8−43)에 의하여 $\Delta p=\rho aq$이므로

$$70\times10^4=1000\times1438\times q$$

$$q=\frac{70\times10^4}{1438\times1000}=0.487[m/sec]$$

$$Q=Aq=\frac{\pi}{4}\times0.08^2\times0.487=0.00245[m^3/sec]$$

8.9 아음속 흐름과 초음속 흐름

물체가 공기 속에서 어떤 속도로 진행하는 경우를 생각하면 그것에 의해서 공기 속에 압력변화가 생기고 이 변화는 물체로부터 주위의 공기 속에 음속으로 전파되어 갈다. 물체의 속도가 음속에 비해서 극히 작은 경우에는 물체의 주위에 있어서 이 압축파의 영향은 균일하다고 볼 수 있으므로 물체는 비압축성 유체 속을 진행하고 있는 것과 같아진다. 물체의 속도가 점차로 빨라져서 음속 가까이 되면 이 압축파의 영향은 물체 주위에서 균일하지 않게 된다.

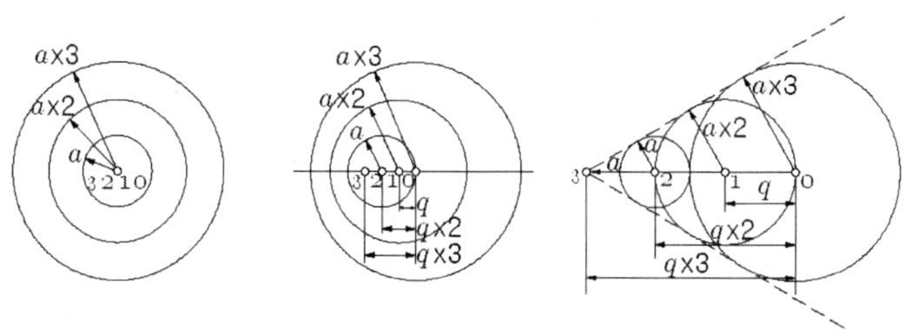

(a) $q=0$인 경우 (b) $q<0$인 경우 (c) $q>0$인 경우

그림 8-5

그림 8-5(a)는 물체가 정지상태($q=0$)이고 압축파만이 음속 a로 전파되는 상태를 표시한다. 시간 0, 1, 2초에 물체로부터 나온 압축파는 3초 후에는 반경 $a\times3$, $a\times2$, a인 원(3차원인 경우는 구면)으로 퍼져 간다. 즉 물체 주위에 있어서 압축파의 영향은 균일하다.

그림 8-5(b)는 물체가 음속 a의 약 반 정도의 속도 q로 진행하는 상태를 표시한다. 0의 위치에 있는 물체가 1, 2, 3초 후에 1, 2, 3위 위치에 왔다고 하면 물체로부터 시간 0, 1, 2초에 떠난 압축파는 3초 후에는 반경 $a\times3$, $a\times2$, a인 원(구면)으로 퍼져간다. 그림 8-5(c)는 물체의 속도 q가 음속 a보다 빠른 속도로 진행해가는 경우로서 물체는 1, 2, 3초 후에 1, 2, 3 위치로 갔다고 하면 물체로부터 0, 1, 2초에 떠난 압축파는 3초 후에는 그림이 점선으로 표시되는 직선(3차원 흐름에서는 원뿔면)을 형성하며 진행한다.

(b)의 경우와 같이 물체의 속도가 음속보다 작은 경우는 움직이는 물체 전방에도 후방에서 일어난 현상의 영향이 있고 (c)의 경우와 같이 물체의 속도가 음속보다 빨라지면 물체 전방에는 이 영향이 없어진다. 예를 들면 음속보다 빠른 속도로 날아가는 제트기는 지나간 다음에 소음이 귀에 들어온다.

그래서 물체가 음속 부근의 속도로 운동하든가 또는 정지하고 있는 물체에 음속에 가까운 유체의 흐름이 부딪치게 되면 유체에 있어서 압축파의 영향을 무시할 수 없게 된다. 이와 같은 때의 물체의 속도(또는 유속) q가 음속 a보다 작은 경우를 아음속 흐름(subsonic flow)이라 하고, 물체의 속도(또는 유속) q가 음속 a보다 큰 경우를 초음속 흐름(supersonic flow)이라고 한다. 그림 8-5(b)는 아음속 흐름이고 그림 8-5(c)는 초음속 흐름이다.

q와 a의 비를 Mach 수라 부르며 일반적으로 이것을 M으로 표시한다.

$$M=\frac{q}{a}=\frac{q}{\sqrt{kRT}} \tag{8-44}$$

그림 8-5(c)의 초음속 흐름에서 중심선과 각을 α라 하면

$$\sin\alpha = \frac{a}{q} \tag{8-45}$$

로 되고 α를 Mach 각이라고 한다. 또한, 이 경우 점선으로 표시된 직선을 Mach 파(Mach wave)라고 부른다.

✎ 예제 8.9

음속 341[m/sec]인 공기 속을 초음속으로 달리는 물체의 Mach 각이 40°이다. 그 물체의 속도를 구하라.

〈풀이〉

$\sin\alpha = \frac{a}{q}$ 에서

$$q = \frac{a}{\sin\alpha} = \frac{341}{\sin 40°} = 530\,[m/sec]$$

✎ 예제 8.10

매초 270[m]로 제트기가 비행하고 있다면 그 때의 Mach 수는 얼마인가? 단, 기온은 20[℃], $R = 287\,[m^2/sec^2\,°K]$, $k = 1.4$이다.

〈풀이〉

$$M = \frac{q}{\sqrt{kRT}} = \frac{270}{\sqrt{1.4 \times 287 \times 293}} = 0.787$$

8.10 단열흐름

관이나 덕트 내를 흐르는 기체는 많은 경우에 단열적으로 흐른다. 특히, 노즐과 같이 짧은 것을 생각할 때는 마찰손실은 적고 따라서 비점성기체의 단열변화 즉 등엔트로피 변화로 생각해서 좋은 경우가 많다.

이제 기체가 유속 0, 온도(全溫) T_0, 압력(全壓) p_0, 밀도 ρ인 상태에서 출발하여 유속 q, 온도 T, 압력 p인 상태로 단열적으로 변화했을 때의 에너지 방정식

$$T + \frac{1}{R}\frac{k-1}{k}\frac{q^2}{2} = T_0 = \text{const}$$

에 $M = \dfrac{q}{\sqrt{kRT}}$를 대입하여 q를 소거하면

$$\frac{T}{T_0} = \left(1 + \frac{k-1}{2}M^2\right)^{-1} \tag{8-46}$$

다음에 식 (8−21), (8−22)에 의해서

$$\frac{T}{T_0} = \left(\frac{p}{p_0}\right)^{\frac{k-1}{k}} \tag{8-47}$$

$$\frac{p}{p_0} = \left(\frac{\rho}{\rho_0}\right)^{k} \tag{8-48}$$

가 성립하므로 식 (8−46)을 (8−47), (8−48)에 대입하면

$$\frac{p}{p_0} = \left(1 + \frac{k-1}{2}M^2\right)^{-\frac{k}{k-1}} \tag{8-49}$$

$$\frac{\rho}{\rho_0} = \left(1 + \frac{k-1}{2}M^2\right)^{\frac{-1}{k-1}} \tag{8-50}$$

로 된다. 단 M은 임의의 상태(T, p, ρ)에 있어서의 Mach 수이다.

이들 식 (8−46), (8−49), (8−50)은 비점성기체에 있어서 유속 0인 상태(T_0, p_0, ρ_0)를 알고 Mach 수 M인 임의의 상태의 T, p, ρ를 아는데 편리하다. 반대로 생각하면 Mach 수 M인 임의의 상태(T, p, ρ)를 알고 정체점의 상태(T_0, p_0, ρ_0)를 구하는 데에도 이용된다. 8−6절에서 기술한 바와 같이 全溫 T_0는 비점성기체에 있어서나 점성기체에서 일정하므로 식 (8−46)은 항상 적용된다. 그러나 전압 p_0는 점성에 의한 마찰 손실로 인하여 감소되므로 식 (8−49)와 (8−50)은 비점성기체에만 적용되고 점성기체에는 적용되지 않는다.

✎ 예제 8.11

유속 0, 압력 6.87[N/cm^2], 온도 38[℃]인 상태의 공기를 축소 확대관을 통하여 스로트부 ①, 확대부 ②에 있어서 공기의 Mach 수를 각각 1 및 2가 되게 하기 위해서 스로트부 ① 및 확대부 ②에 있어서의 온도, 압력, 밀도, 음속, 유속은 각각 얼마가 되는가? 단, 공기의 점성은 무시하고 $k = 1.4$이다.

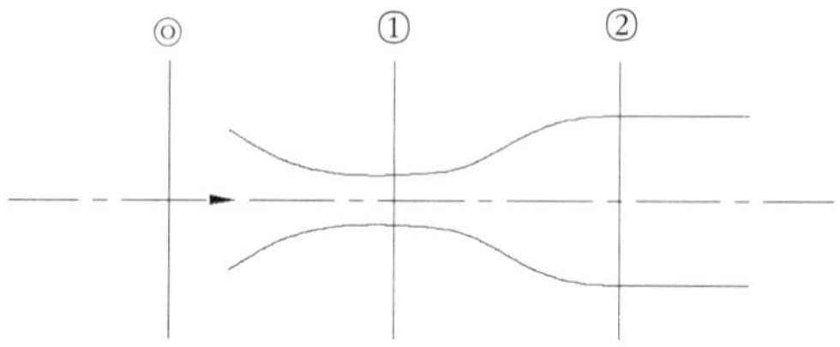

그림 8-6

〈풀이〉

$$T_0 = 38[^\circ C] = 311[^\circ K]$$

$$\rho_0 = \frac{p_0}{RT_0} = \frac{6.87 \times 10}{287 \times 311} = 0.77[kg/m^3]$$

$$a_0 = \sqrt{kRT_0} = \sqrt{1.4 \times 287 \times 311} = 354[m/sec]$$

스로트부($M=1$)에서의 제요소의 값은

$$T_1 = T_0 \Big/ \left(1 + \frac{k-1}{2} M^2\right) = 311 \Big/ \left(1 + \frac{1.4-1}{2} \times 1\right) = 259[^\circ K]$$

$$p_1 = p_0 \Big/ \left(1 + \frac{k-1}{2} M^2\right)^{\frac{k}{k-1}} = 6.87 \Big/ \left(1 + \frac{1.4-1}{2} \times 1\right)^{\frac{1.4}{0.4}}$$

$$= 6.87 \times 0.5283 = 3.63[N/cm^2]$$

$$\rho_1 = \rho_0 \Big/ \left(1 + \frac{k-1}{2} M^2\right)^{\frac{1}{k-1}} = 0.77 \Big/ \left(1 + \frac{1.4-1}{2} \times 1\right)^{\frac{1}{0.4}}$$

$$= 0.487[kg/m^3]$$

$$a_1 = a_0 \frac{\sqrt{kRT_1}}{\sqrt{kRT_0}} = 354 \times \sqrt{\frac{259}{311}} = 323[m/sec]$$

$$q_1 = Ma_1 = 1 \times 323 = 323[m/sec]$$

확대부($M=2$)에 있어서의 제 요소 값은

$$T_2 = T_0 \Big/ \left(1 + \frac{k-1}{2} M^2\right) = 311 \Big/ \left(1 + \frac{14-1}{2} \times 2^2\right) = 173 [^\circ K]$$

$$P_2 = P_0 \left(1 + \frac{k-1}{2} M^2\right)^{\frac{k}{k-1}} = 6.87 \Big/ \left(1 + \frac{1.4-1}{2} \times 2^2\right)^{\frac{1.4}{0.4}}$$

$$= 6.87 \times 0.1287 = 0.878 [N/cm^2]$$

$$\rho_2 = \rho_0 \Big/ \left(1 + \frac{k-1}{2} M^2\right)^{\frac{1}{k-1}} = 0.77 \Big/ \left(1 + \frac{1.4-1}{2} \times 2^2\right)^{\frac{1}{0.4}}$$

$$= 0.77 \times 0.2300 = 0.177 [kg/m^3]$$

$$a_2 = a_0 \sqrt{\frac{T_2}{T_0}} = 354 \times \sqrt{\frac{173}{311}} = 264 [m/sec]$$

$$q_2 = Ma_2 = 2 \times 264 = 528 [m/sec]$$

비점성기체의 단열흐름 즉 등엔트로피 흐름에 대해서 좀 더 생각해 보기로 하자.
식 (8−46)에 대수를 취하여

$$\log\left(\frac{T}{T_0}\right) = -\log\left(1 + \frac{k-1}{2} M^2\right)$$

이것을 미분하면($T_0 = \text{const}$)

$$\frac{dT}{T} = \frac{-(k-1)M^2}{1 + \frac{k-1}{2} M^2} \frac{dM}{M} \tag{8-51}$$

위 식에서 우변의 $\frac{dM}{M}$의 계수는 음이므로 온도 T의 증감은 Mach 수 M의 증감과 역으로 된다.

식 (8−49)의 대수를 미분하면($p_0 = \text{const}$)

$$\frac{dp}{p} = \frac{-kM^2}{1 + \frac{k-1}{2} M^2} \frac{dM}{M} \tag{8-52}$$

이 경우에도 $\frac{dM}{M}$의 계수는 음이므로 압력 p의 증감은 Mach 수 M의 증감과 역으로 된다.

다음에 식 (8−50)의 대수를 미분하면($\rho = \text{const}$)

$$\frac{d\rho}{\rho} = \frac{-M^2}{1+\frac{k-1}{2}M^2}\frac{dM}{M} \tag{8-53}$$

이 경우에도 마찬가지로 밀도 ρ의 증감과 Mach 수 M의 증감은 역으로 된다. 이제 Mach 수의 식 $M = \frac{q}{\sqrt{kRT}}$의 대수를 미분하면

$$\frac{dM}{M} = \frac{dq}{q} - \frac{1}{2}\frac{dT}{T} \tag{8-54}$$

위 식에 $\frac{dT}{T}$ 값을 대입하여

$$\frac{dq}{q} = \frac{1}{1+\frac{k-1}{2}M^2}\frac{dM}{M} \tag{8-55}$$

우변의 $\frac{dM}{M}$의 계수는 양이므로 유속 q의 증감은 Mach 수 M의 증감과 일치한다. 연속의 식으로 단면적 A인 관내를 단위시간에 흐르는 기체의 유량(질량으로)은

$$G = \rho A q = \text{const}$$

이것의 대수를 미분하면

$$\frac{d\rho}{\rho} + \frac{dA}{A2} + \frac{dq}{q} = 0a \tag{8-56}$$

위 식에 $\frac{d\rho}{\rho}$, $\frac{dq}{q}$의 값을 대입하면

$$\frac{dA}{A} = \frac{-(1-M^2)}{1+\frac{k-1}{2}M^2}\frac{dM}{M} \tag{8-57}$$

위 식으로 다음을 알 수 있다. 비점성기체의 경우는 관의 단면적이 일정하면 Mach 수도 일정하다. 따라서 유속, 압력, 온도, 밀도도 일정하다.

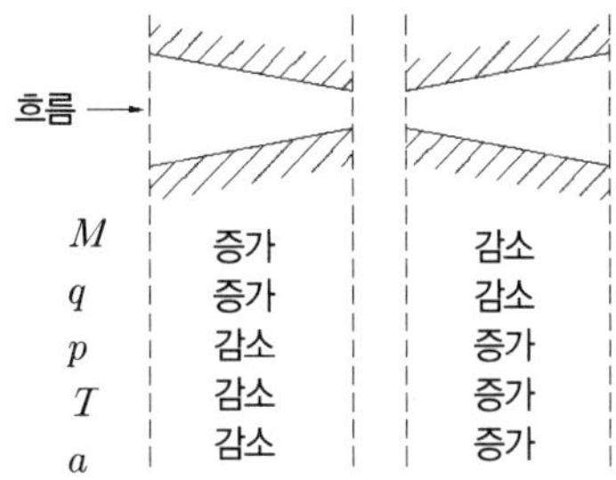

그림 8-7

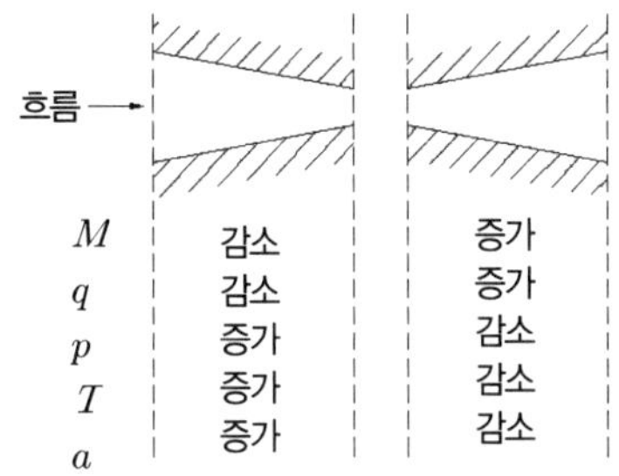

그림 8-8

단면적이 변화하는 관에 대해서는 단면적의 증감과 Mach 수의 증감과의 관계는 역시 위 식에 의하여 얻는데 $M<1$과 $M>1$의 경우로 갈라진다. 결국 아음속 흐름($M<1$)에서는 그림 8-7과 같이 되고 초음속 흐름($M>1$)에서는 그림 8-8과 같이 된다. 따라서 축소관 내의 아음속 흐름에서는 유속은 증가하고 따라서 Mach 수($M<1$)은 증대하여 1에 접근한다. 한편, 확대관 내의 초음속 흐름에서는 유속은 증가하고 따라서 Mach 수는 점점 1보다 더 커져 간다.

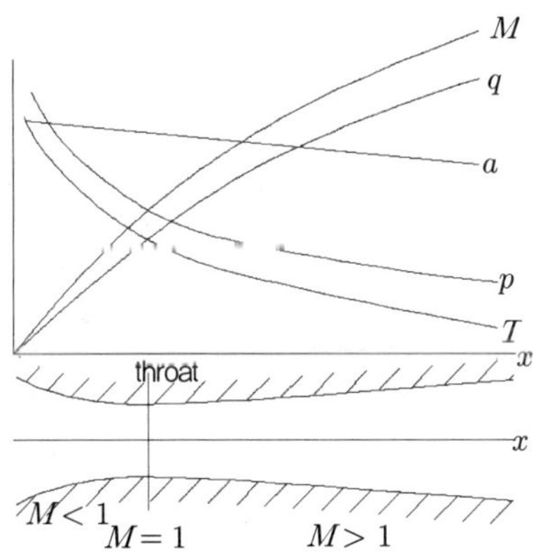

그림 8-9

그림 8-9는 소위 라발 노즐(Laval nozzle)로 알려져 있는 축소 확대관이다. 축소부위에서 아음속으로 기체가 흐르고 단면이 최소로 되는 스로트(Throat)부에서 음속흐름($M=1$)이 되며 다시 확대부에서 초음속 흐름이 된다. 이 관에서는 M, q, p, T, a 등은 그림 8-9와 같이 된다.

위 식을 적분하면

$$\log A = \log\left\{\frac{\left(1+\frac{k-1}{2}M^2\right)^{\frac{k+1}{2(k-1)}}}{M}\right\} + \log C$$

로 되므로 상류 1, 하류 2의 위치에 대한 단면적, Mach 수를 각각 A_1, A_2, M_1, M_2라고 하면

$$\frac{A_1}{A_2} = \frac{M_2}{M_1}\left(\frac{1+\frac{k-1}{2}M_1^2}{1+\frac{k-1}{2}M_2^2}\right)^{\frac{k+1}{2(k-1)}} \tag{8-58}$$

로 된다.

✎ 예제 8.12

유속 0, 압력 6.87[N/cm^2], 온도 38[℃]인 상태의 공기를 축소 확대관을 통하여 스로트부 ①, 확대부 ②에 있어서의 Mach 수를 각각 1 및 2가 되게 하기 위해서는 ②에서의 단면적을 얼마로 하면 되는가? 단, 스로트부에서의 단면적은 930[cm^2]이고 공기의 점성은 무시하며 $k = 1.4$로 한다.

〈풀이〉

$$\frac{A_1}{A_2} = \frac{M_2}{M_1}\left(\frac{1+\frac{k-1}{2}M_1^2}{1+\frac{k-1}{2}M_2^2}\right)^{\frac{k+1}{2(k-1)}} \quad \text{에서}$$

$$A_2 = A_1\frac{M_1}{M_2}\left(\frac{1+\frac{k-1}{2}M_2^2}{1+\frac{k-1}{2}M_1^2}\right)^{\frac{k+1}{2(k-1)}} = 930\left(\frac{1+\frac{1.4-1}{2}\times 2^2}{1+\frac{1.4-1}{2}\times 1^2}\right)^{\frac{1.4+1}{2\times(1.4-1)}}$$

$$= 930\times\frac{27}{16} = 1570\,[cm^2]$$

8.11 Mach 수가 작은 경우의 단열흐름

아음속 흐름에서 Mach 수가 적어지면 기체를 비압축성 유체로 취급하면 좋다.

이제 Mach 수가 비교적 적으나 그렇다고 압축성을 무시할 수 있을 정도로 적지 않는 경우에 대해서 생각하자. 어떤 위치에 있어서 전압을 p_0, 정압을 p, Mach 수를 M이라 하면 전술한 식 (8−49)에 의하여

$$\frac{p_0}{p} = \left(1 + \frac{k-1}{2}M^2\right)^{\frac{k}{k-1}}$$

M은 $M \ll 1$ 이라고 하면 우변을 무한급수로 전개하면

$$\frac{p_0}{p} = 1 + \frac{k}{2}M^2 + \frac{kM^2}{8} + \frac{k(2-k)}{48}M^2 + \cdot\cdot\cdot\cdot$$

$$\therefore \frac{p_0 - p}{p} = \frac{kM^2}{2}\left(1 + \frac{1}{4}M^2 + \frac{2-k}{24}M^4 \cdot\cdot\cdot\cdot\right) \qquad (8-59)$$

로 된다. 또 $M = \frac{q}{a} = \frac{q}{\sqrt{kp/\rho}}$ 에 의하여

$$p_0 - p = \frac{\rho}{2}q^2\left\{1 + \frac{1}{4}\left(\frac{q}{2}\right)^2 + \frac{2-k}{24}\left(\frac{q}{a}\right)^4 + \cdot\cdot\cdot\cdot\right\} \qquad (8-60)$$

위 식에서 { }안의 제2항 이하를 생략하면 비압축성 유체의 식 즉, 베르누이식이 된다.

압축성 기체에 있어서 유속 q를 구할 때 위 식 (8−59), (8−60)을 사용하는 대신에 베르누이의 식으로 구하면 유속이 값은 그만큼 커지는데 그 오차는 다음 표와 같다. Mach 수가 작은 경우에는 베르누이의 식으로 충분하다.

표 8−1

$M = q/R$	0.7	0.6	0.5	0.4	0.3	0.2	0.1
유속 q의 오차율	6	4.5	3	2	1	0.5	0.1

✎ 예제 8.13

공기를 압송하는 직관 속에 피토관을 삽입하여 압력을 측정하여 동압은 2.45[N/cm^2], 정압은 7[N/cm^2] abs 이었고, 또 정온은 −12[℃] 이었다고 한다. 피토관 위치에 있어서 공기의 속도를 구하라. 단, $k = 1.4$이다.

〈풀이〉

우선 $\dfrac{p_0 - p}{p} \fallingdotseq \dfrac{kM^2}{2}$라고 M의 값을 구하자. $p_0 - p = 2.45\,[N/cm^2]$, $p = 7\,[N/cm^2]$, $k = 1.4$이므로

$$\frac{2.45}{7} \fallingdotseq \frac{1.4}{2}M^2 \qquad \therefore\ M^2 = 0.5\,,\ M = 0.707$$

이 값을 식 (8−59)를 이용하여 다음과 같이 수정한다.

$$\frac{p_0 - p}{p} \fallingdotseq \frac{kM^2}{2}\left[1 + \frac{1}{4}M^2 + \frac{2-k}{24}M^4\right]$$

$M^2 = 0.5$의 값을 위 식의 [ ]에 대입하면

$$[\quad] = 1 + \frac{1}{4}0.5 + \frac{2-1.4}{24}0.5^2 = 1.13125$$

[ ]이 값을 위 식에 대입하여 M^2의 값을 구하면

$$\frac{2.45}{7} = \frac{1.4M^2}{2} \times 1.13125 \qquad \therefore\ M^2 = 0.442$$

이 방법을 반복하여 결국 M^2의 값으로써

$$M^2 = 0.45 \qquad \therefore\ M = 0.67$$

따라서 유속은

$$\begin{aligned} q &= Ma = M\sqrt{kRT} = 0.67\sqrt{1.4 \times 287 \times (273 - 12)} \\ &= 0.67 \times 324 = 217\,[m/sec] \end{aligned}$$

8.12 Fanno 방정식

단면적 A인 관을 통하는 기체의 유량(질량으로)을 G로 하면 단위 면적당 유량을 변형하여

$$\frac{G}{A} = \rho q = \frac{p}{RT} q = \frac{p}{\sqrt{T_0}} \sqrt{\frac{k}{R}} \frac{q}{\sqrt{kRT}} \sqrt{\frac{T_0}{T}}$$

로 된다. 그런데 $M = \frac{q}{\sqrt{kRT}}$ 이고 식 (8−46)의 식을 고려하면 위 식은

$$\frac{G}{A} = \frac{p}{\sqrt{T_0}} \sqrt{\frac{k}{R}} M \sqrt{1 + \frac{k-1}{2} M^2}$$

로 되는데 이 식을 Fanno **방정식**이라 부른다. 단열변화의 경우에 대해서 생각하면 그 경우에 기체의 全溫 T_0는 일정하다고 볼 수 있으므로 이 전온 T_0 및 어떤 위치에 있어서의 유량 G, 단면적 A, 정압 p를 알면 그 위치에 있어서의 Mach수 M을 위 식으로 구할 수 있다. 이 식의 성립에는 기체의 점성 또는 비점성은 관계하지 않는다. 따라서 이 식은 비점성 유체에도 점성 유체에도 적용되는 식이다. 특히 비점성 기체의 단열변화의 경우에는 식 (8−49)의 p 값을 위 식에 대입하여

$$\frac{G}{A} = \frac{p_0}{\sqrt{T_0}} = \sqrt{\frac{k}{R}} M \left(1 + \frac{k-1}{2} M^2\right)^{\frac{-(k+1)}{2(k-1)}} \tag{8−62}$$

을 얻는다. 이 식은 비점성 기체의 Mach 수를 산출하는 경우에 이용된다.

✎ 예제 8.14

유속 0, 압력 6.87[N/cm^2], 온도 38[℃]인 상태의 공기를 축소 확대관을 통하여 그 스로트부 ①, 확대부 ②에서의 Mach 수가 각각 1 및 2가 되게 하기 위해 유량은 몇 [kg/sec] 단, 스로트부 ①에서의 단면적은 930[cm^2]이고 공기의 점성은 무시한다.

〈풀이〉

식 (8−62)의 $\dfrac{G}{A} = \dfrac{p_0}{\sqrt{T_0}} = \sqrt{\dfrac{k}{R}}M\left(1+\dfrac{k-1}{2}M^2\right)^{\frac{-(k+1)}{2(k-1)}}z$에서

$A = A_1 = 0.093[m^2]$, $p_0 = 6.87\times10^4[N/m^2]$, $T_0 = 273+38[^\circ K]$,
$M = M_1 = 1$ 이므로

$$\frac{G}{0.0930} = \frac{6.87\times10^4}{\sqrt{273+38}}\sqrt{\frac{1.4}{287}}\left(1+\frac{1.4-1}{2}\times1^2\right)^{\frac{-2.4}{0.8}}$$
$$G = 14.6[kg/sec]$$

〈별해〉

$$T_0 = 38[^\circ C] = 311[^\circ K]$$
$$\rho_0 = \frac{p_0}{RT_0} = \frac{6.87\times10^4}{287\times311} = 0.769[kg/m^3]$$
$$a_0 = \sqrt{kRT_0} = \sqrt{1.4\times287\times311} = 353.6[m/sec]$$
$$T_1 = \frac{T_0}{\left(1+\dfrac{k-1}{2}M^2\right)} = \frac{311}{\left(1+\dfrac{1.4-1}{2}\times1^2\right)} = 259[^\circ K]$$
$$\rho_1 = \frac{\rho_0}{\left(1+\dfrac{k-1}{2}M^2\right)^{\frac{1}{k-1}}} = \frac{0.769}{\left(1+\dfrac{1.4-1}{2}\times1^2\right)^{\frac{1}{0.4}}}$$
$$= 0.488[kg/m^3]$$
$$a_1 = a_0\sqrt{\frac{T_1}{T_0}} = 354\times\sqrt{\frac{259}{311}} = 322.7[m/sec]$$
$$q_1 = M_1a_1 = 1\times323 = 323[m/sec]$$
$$G = \rho_1A_1q_1 = 0.488\times0.0930\times323 = 14.6[kg/sec]$$

8.13 축소 · 확대관

유속 0, 온도 T_0, 압력 p_0인 기체가 축소관을 지나는 경우를 생각한다. 이와 같은 경

우 기체의 점성에 의한 영향은 작으므로 비점성 기체가 단열변화(등엔트로피변화)한다고 생각된다.

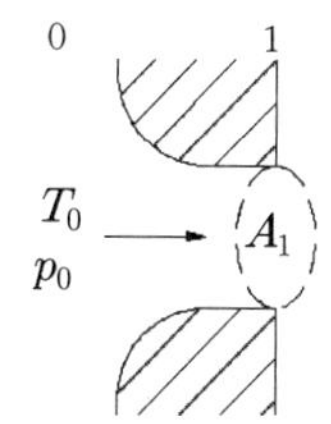

그림 8-10

단면적 A_1에서의 제요소를 각각 첨자 1을 사용하기로 하면 여기를 지나는 유량 G는 Fanno 식에 의하여

$$G = A_1 \frac{p_0}{\sqrt{T_0}} = \sqrt{\frac{k}{R}} M_1 \left(1 + \frac{k-1}{2} M_1^2\right)^{\frac{-(k+1)}{2(k-1)}} \tag{8-63}$$

로 되고 식 (8-49)에 의하여 다음 식이 성립한다.

$$\frac{p_1}{p_0} = \left(1 + \frac{k-1}{2} M_1^2\right)^{\frac{k}{k-1}} \tag{8-64}$$

이 두 식에서 각각 $M_1 = \infty$, $M_1 = 0$의 경우를 생각하면

$$M_1 = \infty \text{ 일 때 } G = 0,\ \frac{p_1}{p_0} = 0$$

$$M_1 = 0 \text{ 일 때 } G = 0,\ \frac{p_1}{p_0} = 1$$

로 된다. 따라서 유량 G의 극대값이 $\frac{p_1}{p_0} = 0 \sim 1$ 사이에 있을 것이다. 그 조건은 식 (8-63)에서 $\frac{dG}{dM_1} = 0$으로 구할 수 있다. 식 (8-63)에 대입하면

$$M_1 = 1 \tag{8-65}$$

로 된다. 즉 A_1을 지나는 유속이 그 위치의 음속과 같을 때는 유량은 극대로 된다. 또 이때의 정압 p_1을 p_{th}라 하면 p_{th}는 식 (8−64)에 $M_1=1$을 대입하여

$$\frac{p_1}{p_0}\rightarrow\frac{p_{th}}{p_0}=\left(\frac{2}{k+1}\right)^{\frac{k}{k-1}} \tag{8-66}$$

로 된다. 유량 G와 $\dfrac{p_1}{p_0}$와의 관계를 표시하면 그림 8−11과 같이 된다.

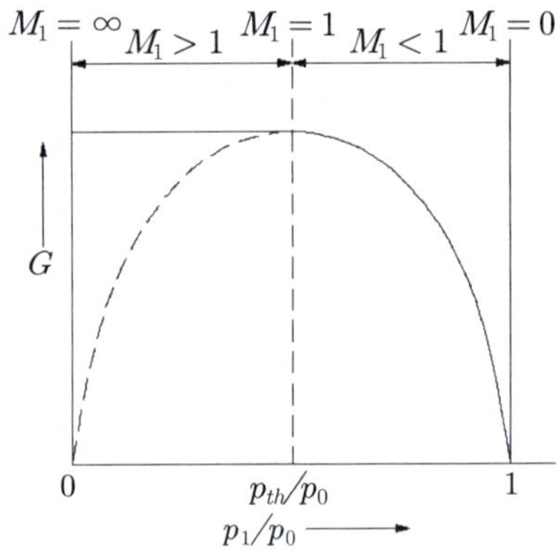

그림 8−11

출구 1에 있어서의 정압 p_1이 p_0와 같을 때는 $G=0$이고 p_1이 작아짐에 따라서 G는 점차로 증가하여 위 식 (8−66)을 만족하는 위치($M_1=1$)에서 극대로 된다. Fanno 식에 의하면 p_1이 더욱 작아지면 G도 작아질 것이지만 이 경우에는 Mach 수는 식 (8−64)에 의하여 $M_1>1$로 된다.

8.10절에서 설명한 바와 같이 축소관에 있어서는 Mach 수는 0에서 점차로 증가하여 1(극대값)까지 되고 그 이상 증가하는 일은 없다. 즉, p_1이 식 (8−66)이 표시하는 값보다 작아지는 경우 Mach 수 M_1은 1보다 커지지 않고 극대값 1을 유지하므로 식 (8−63)에서 보는 바와 같이 G도 일정하게 유지된다. 예를 들면, 진공 중에 유출하는 경우 $\dfrac{p_1}{p_0}=0$, $M_1=\infty$이고 식 (8−63)에 의하여 $G=0$으로 되지만 이것은 출구의 압력 p_1을 진공의 압력과 같다고 놓은 것이 잘못이다. 진공이라 할지라도 출구 1에서는 정압이 사실상 식 (8−66)을 만족하는 값을 유지한다.

이 축소관에 확대관을 연결하면 기체의 흐름은 확대관에서 가속 또는 감속된다. 그러나 스로트보다 앞부분 관내의 흐름은 연결 이전의 상태와 변함이 없다.

그러나 확대관을 나온 기체의 압력, 즉 배압을 p_a라 할 때 p_a의 고저에 의하여 노즐내의 흐름은 변한다. 즉, p_0가 p_a 보다 조금 클 경우에는 축소관에서 압력은 p_a보다 차츰 작아져서 스로트부에 이르러 최저 정압 p_0로 되고 확대관에서 다시 점차 상승하여 p_1으로 된다. 이것은 비압축성 기체의 흐름과 같다.

p_a가 더욱 작아지면서 스로트부 부분의 압력 p_1도 점차로 내려가는데 위에서 말한바와 같은 흐름은 p_1이 $p_{th}=p_0\left(\dfrac{2}{k+1}\right)^{\frac{k}{k-1}}$로 될 때까지 계속된다.

그림 8-12에서 p_a가 내려가서 p_s로 되는 경우에는 압력은 스로트부의 p_{th}를 지나서 확대관에 따라 더욱 감소하여 p_s에 이르고 흐름은 아음속에서 스로트부를 지나 초음속으로 점차 빨라진다.

이제 p_a가 p_s보다 큰 경우를 생각하자. 이 때 압력은 스로트부의 p_{th}를 지나서 확대관을 따라 점점 작아져서 초음속으로 흐르다가 어떤 곳까지 오면 갑자기 압력 상승이 일어나고 그 후 점차로 높아져 간다. 이와 같이 압력이 급히 상승하는 불연속면에서는 초음속 흐름이 아음속 흐름으로 갑자기 변하고 충격파(shock wave)가 발생한다.

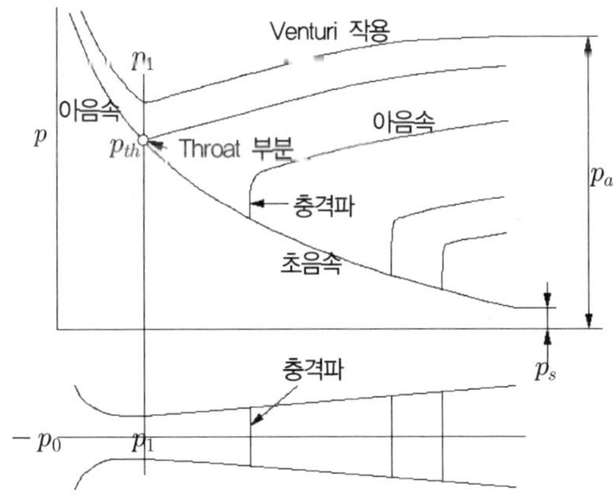

그림 8-12

p_a가 p_s에 이르면 충격파는 없어지고 p_s보다 더 낮아지면 그것에 의해서 생간 압력차 p_s-p_a의 운동에너지의 변환은 확대관을 나온 다음에 일어나고 관내에서의 흐름은 p_a에 의해서 변하지 않는다.

✎ 예제 8.15

축소 확대 노즐을 통하여 탱크내의 공기가 대기 중으로 방출되는 경우

(a) 출구의 Mach 수를 2가 되게 하려면 출구의 단면적을 얼마로 하면 좋은가? 단, 스로트부의 내경은 10[mm]라 하고 도중 충격파는 생기지 않는 것으로 한다.

(b) 대기압이 9.8[N/cm^2]이면 탱크내의 압력은 얼마인가?

(c) 노즐에서 나오는 분자가 출구에 수직으로 놓여진 평판에 부딪치는 경우에 그 충격력을 구하라. 단 탱크내의 공기의 온도는 20[℃]로 한다.

〈풀이〉

(a)

$$\frac{A_2}{A_1} = \frac{M_1}{M_2}\left(\frac{1+\frac{k-1}{2}M_2^2}{1+\frac{k-1}{2}M_1^2}\right)^{\frac{k+1}{2(k-1)}} \text{ 에서}$$

$$\frac{A_2}{A_1} = \frac{D_2^2}{D_1^2} = \frac{D_2^2}{10^2}$$

$$M_1 = 1,\ M_2 = 2,\ k = 1.4$$

$$\frac{D_2^2}{10^2} = \frac{1}{2}\left(\frac{1+\frac{1.4-1}{2}\times 2^2}{1+\frac{1.4-1}{2}\times 1^2}\right)^{\frac{1.4+1}{2(1.4-1)}} = 1.688$$

$$\therefore\ D_2 = 10\sqrt{1.688} = 13[mm]$$

(b)

$$\frac{p_2}{p_0} = \left(1+\frac{k-1}{2}M_2^2\right)^{\frac{-k}{k-1}} \text{ 에서}$$

$$p_2 = 9.8[N/cm^2],\ M_2 = 2$$

$$p_0 = p_2\left(1+\frac{k-1}{2}M_2^2\right)^{\frac{k}{k-1}} = 9.8\times\left(1+\frac{1.4-1}{2}\times 2^2\right)^{\frac{1.4}{1.4-1}}$$

$$= 76.4[N/cm^2]$$

(c)

$$G = A_1\frac{p_0}{\sqrt{T_0}}\sqrt{\frac{k}{R}}M_1\left(1+\frac{k-1}{2}M_1^2\right)^{\frac{-(k+1)}{2(k-1)}}$$

A_1 에서 스로트부의 단면적$=\frac{\pi}{4}\left(\frac{1}{100}\right)^2 = 0.785 \times 10^{-4}[m^2]$

$$M_1 = 1,\ T_0 = 273 + 20 = 293[°K],\ p_0 = 76.4[N/cm^2]$$

$$G = 0.785 \times 10^{-4} \times \frac{76.4 \times 10^{-4}}{\sqrt{293}} \times \sqrt{\frac{1.4}{287}} \times 1 \times \left(1 + \frac{0.4}{2} \times 1\right)^{\frac{-(1.4+1)}{2(1.4-1)}}$$

$$= 0.142[kg/sec]$$

$$q_2 = m_2\sqrt{kRT_2} = M_2\sqrt{kR}\sqrt{\frac{T_0}{\left(1 + \frac{k-1}{2}M_2^2\right)}}$$

$$= 2\sqrt{1.4 \times 287} \times \sqrt{\frac{293}{1.8}} = 512[m/sec]$$

$$\therefore F = Gq_2 = 0.142 \times 512 = 72.7[N]$$

8.14 충격파

앞에서 기술한 바와 같이 초음속 흐름($M > 1$)이 갑자기 아음속 흐름($M < 1$)으로 변화될 때 이 흐름에 있어서 불연속면을 충격파(shock wave)라 하는데 이 불연속면에서 압력과 밀도 등도 급격히 증대한다.

그림 8－13(a)는 곧은 관내를 지나는 기류 속에 생긴 충격파를 표시하고 그림 8－13(b), (c)는 각각 유속과 압력의 변화를 표시한다.

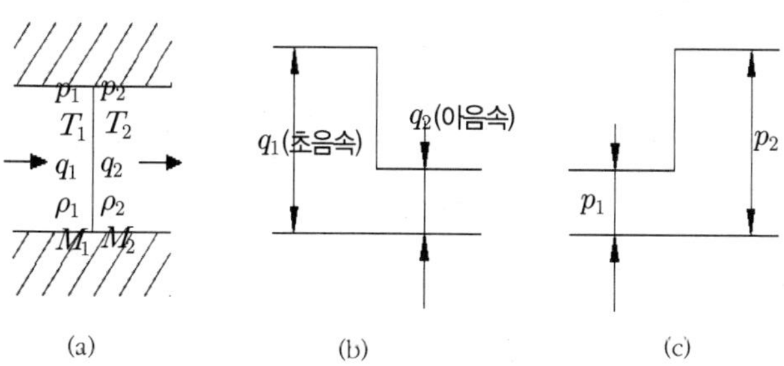

그림 8－13

충격파의 앞부분에 있어서 압력을 P_1, 온도를 T_1, 유속을 q_1, 밀도를 ρ_1, Mach 수를 M_1으로 하고 뒤 부분에서의 그것을 각각 P_2, T_2, q_2, ρ_2, M_2라 하면 곧은 관에 있어서는 단위 면적당 유량 G/A는 일정하다. 그런데 Fanno 방정식, 즉

$$\frac{G}{A}=\frac{p}{\sqrt{T_0}}\sqrt{\frac{k}{R}}M\sqrt{1+\frac{k-1}{2}M^2}$$

을 파이 앞면과 뒷면에 적용하면(단열흐름으로 생각하여도 좋으므로 T_0는 일정)

$$\frac{p_1}{\sqrt{T_0}}\sqrt{\frac{k}{R}}M_1\sqrt{1+\frac{k-1}{2}M_1^2}=\frac{p_2}{\sqrt{T_0}}\sqrt{\frac{k}{R}}M_2\sqrt{1+\frac{k-1}{2}M_2^2}$$

$$\therefore\ \frac{p_2}{p_1}=\frac{M_1\sqrt{2+(k-1)M_1^2}}{M_2\sqrt{2+(k-1)M_2^2}} \tag{8-67}$$

로 된다.

다음에 연속방정식 $q\rho=\text{const}\,(\text{A}=\text{const})$ 에서

$$\frac{q_2}{q_1}=\frac{\rho_1}{\rho_2} \tag{8-68}$$

이고 $\frac{p}{\rho}=RT$에서

$$\frac{\rho_2}{\rho_1}=\frac{p_2}{p_1}\frac{T_1}{T_2} \tag{8-69}$$

위 식 (8−68)과 (8−69)에서

$$\frac{T_2}{T_2}=\frac{p_2}{p_1}\frac{\rho_1}{\rho_2}=\frac{p_2}{p_1}\frac{q_2}{q_1}=\frac{p_2}{p_1}\frac{M_2a_2}{M_1a_1}=\frac{p_2}{p_1}\frac{M_2}{M_1}\frac{\sqrt{kRT_2}}{\sqrt{kRT_1}}$$

$$\therefore\ \frac{T_2}{T_1}=\left(\frac{p_2}{p_1}\right)^2\left(\frac{M_2}{M_1}\right)^2 \tag{8-70}$$

한편 운동량 법칙을 파의 앞면과 뒷면에 적용하면

$$p_1 + \rho_1 q_1^2 = p_2 + \rho_2 q_2^2$$

$q = M\sqrt{\dfrac{kp}{\rho}}$ 의 관계를 위 식에 대입하여

$$p_1 + kM_1^2 p_1 = p_2 + kM_2^2 p_2$$

$$\therefore \frac{p_2}{p_1} = \frac{1+kM_1^2}{1+kM_2^2} \tag{8-71}$$

식 (8−67), (8−71)에서 p_2/p_1을 소거하면

$$M_2 = M_1$$

또는

$$M_2^2 = \frac{2+(k-1)M_1^2}{2kM_1^2-(k-1)} \tag{8-72}$$

로 된다. 충격파의 경우는 온도, 압력, 밀도 등이 불연속적으로 변하여 $M_2 \neq M_1$으로 되므로 식 (8−72)만을 생각하면 된다.

위 식 (8−72)를 식 (8−71)에 대입하여

$$\frac{p_2}{p_1} = \frac{2k}{k+1}M_1^2 - \frac{k-1}{k+1} \tag{8-73}$$

위 식 (8−72), (8−73)을 식 (8−70)에 대입하면

$$\frac{T_2}{T_1} = \frac{\{2kM_1^2-(k-1)\}\{2+(k-1)M_1^2\}}{(k-1)^2M_1^2} \tag{8-74}$$

위 식 (8−73), (8−74)를 식 (8−69)에 대입하여

$$\frac{\rho_2}{\rho_1} = \frac{(k+1)M_1^2}{2+(k-1)M_1^2} \tag{8-75}$$

식 (8−68)에 의하여

$$\frac{q_2}{q_1} = \frac{2+(k-1)M_1^2}{(k+1)M_1^2} \tag{8-76}$$

이상으로 충격파 뒷면의 상태를 앞면의 상태로 알 수가 있다.

예제 8.16

Mach 수 2, 정압 0.7[kg/cm^2] abs, 온도 −1[℃]인 초음속 흐름의 기체가 충격파를 발생했다. 후방의 Mach 수, 유속, 정압 및 전압을 구하라.

〈풀이〉

$$M_1 = 2,\ p_1 = 0.7[kg/cm^2]abs,\ T_1 = 273-1 = 272[^\circ K]$$

$$M_2^2 = \frac{2+(k-1)M_1^2}{2kM_1^2-(k-1)} = \frac{2+(1.4-1)\times 2^2}{2\times 1.4\times 2^2-(1.4-1)} = 0.333$$

$$M_2 = 0.5774$$

$$a_1 = \sqrt{kRT_1} = \sqrt{1.4\times 287\times 272} = 331[m/sec]$$

$$\therefore q_1 = M_1 a_1 = 2\times 331 = 662[m/sec]$$

$$\frac{q_2}{q_1} = \frac{2+(R-1)M_1^2}{(k+1)M_1^2} \text{ 에서}$$

$$q_2 = q_1\frac{2+(k-1)M_1^2}{(k+1)M_1^2} = 662\times\frac{2+(1.4-1)\times 2^2}{(1.4-1)\times 2^2} = 248[m/sec]$$

$$\frac{p_2}{p_1} = \frac{2k}{k+1}M_1^2 - \frac{k-1}{k+1} \text{ 에서}$$

$$p_2 = p_1\left(\frac{2k}{k+1}M_1^2 - \frac{k-1}{k+1}\right) = 0.7\times\left(\frac{2\times 1.4}{1.4+1}\times 2^2 - \frac{1.4-1}{1.4+1}\right)$$

$$= 3.15[kg/cm^2]$$

$$\frac{p_2}{p_{02}} = \frac{1}{\left(1+\frac{k-1}{2}M_2^2\right)^{\frac{k}{k-1}}} \text{ 에서}$$

$$p_{02} = p_2\left(1+\frac{k-1}{2}M_2^2\right)^{\frac{k}{k-1}} = 3.15\times\left(1+\frac{1.4-1}{2}\times 0.333\right)^{\frac{1.4}{1.4-1}}$$

$$= 3.95[kg/cm^2]$$

8장 연습문제

1. 분자량이 36인 기체가 있다. 이 기체의 정압비열이 $0.381[Kcal/kg \cdot {}^\circ K]$일 때 정적비열은 몇 $[Kcal/kg \cdot {}^\circ K]$인가?

2. 문제 1에서 비열비 k는 얼마인가?

3. 온도가 $36[{}^\circ C]$이고 절대압력이 $2.2 \times 10^5[N/m^2]$인 완전가스의 밀도가 $141[kg/m^3]$이다. 이 가스의 기체상수는 몇 $[N \cdot m/kg \cdot {}^\circ K]$인가?

4. 물 속에서 음속은 몇 $[m/\sec]$인가?
단, 물의 체적 탄성계수는 $K = 2 \times 10^8[kg_f/m^3]$이다.

5. $C_p = 0.3[Kcal/kg \cdot {}^\circ K]$이고 $k = 1.34$인 기체상수는 몇 $[Kcal/kg \cdot {}^\circ K]$인가?

6. 절대압력 $1[kg_f/cm^2]$, 온도 $15[{}^\circ C]$, 체적 $100[cm^3]$의 산소를 등엔트로피 과정으로 압력을 3배로 압축하였다. 압축후의 온도는 얼마인가?
단, 산소의 $C_p = 0.219[Kcal/kg \cdot K]$, $C_v = 0.153[Kcal/kg \cdot {}^\circ K]$이다.

7. $C_p = 1.24[Kcal/kg \cdot {}^\circ K]$이고, $k = 1.56$일 때 C_v는 몇 $[Kcal/kg \cdot {}^\circ K]$인가?

8. $-12[{}^\circ C]$인 공기 속을 제트기가 시속 $3000[km]$로 날을 때 마하수는?
단, 공기의 기체상수 $R = 287[N \cdot m/kg \cdot {}^\circ K]$이고 비열비 $k = 1.4$이다.

9. 유체가 $35[m/\sec]$ 속도로 노즐로 들어가서 $400[m/\sec]$의 속도로 노즐에서 나올 때 마찰과 열교환을 무시할 수 있다고 하면 엔탈피의 변화는 몇 $[Kcal/kg]$인가?

10. 절대압력 $P_1 = 110[KPa]$, 온도 $t = 20[°C]$의 공기 $6[kg]$이 등엔트로피 변화하여 $80[Kcal]$의 열량을 방출하고 $165[°C]$로 되었다면 최종압력은 몇 $[KPa]$인가?
단, 공기의 비열비 $k = 1.4$이다.

Chapter. 9

유체의 계측

* 현장에 종사하는 기술자나 연구실의 학자가 유체역학적 문제를 취급할 때 필연적으로 봉착하는 문제는 계측이다. 효과적이고 정밀하게 계측한다는 것은 유체역학 연구의 정확한 결과를 가져 오는데 필수적이다. 따라서 여러 가지 계측기에 대한 사용법을 물론이고 그의 원리도 이해하여야 한다. 측정 장비의 구조와 조작법은 각 전문서적에서 보다 상세한 지식을 얻을 수 있으므로 여기서는 다만 그 원리와 현상의 설명으로 제한한다. 일반적으로 계측기구는 한 장비의 부속물이며, 그 정밀도는 경제성과 과학적인 요건에 의해 좌우된다. 특히, 센서류의 개발과 더불어 보다 효과적인 방법을 택하게 된다.
* 본 장에서는 비중, 점성, 압력, 속도, 유량 등 유체 계측의 기본적인 부분만을 소개한다.

9.1 유체의 밀도, 비중 측정

유체의 밀도는 여러 가지 방법으로 측정되고 있다. 그 중에서 대표적인 방법은 첫째로 이미 체적을 알고 있는 어떤 용기의 무게를 w_1이라 하고, 이 용기에 측정하고자 하는 유체를 채우고 측정한 무게를 w_2라고 할 때 이 유체의 온도 t[℃] 에서의 비중량을 γ_t 라고 하면

$$\gamma_t = \frac{w_2 - w_1}{V} \tag{9-1}$$

두 번째 방법은 이미 무게를 알고 있는 추를 이용하는 방법으로써 그림 9-1과 같이 비중량을 측정하고자 하는 액체 속에 추가 잠기도록 한 다음에 측정한 무게를 w_c, 공기 중에서 측정한 무게를 w_a, 추의 체적을 V, 액체의 온도를 t 라고 할 때 비중량 γ_t는

$$\gamma_t = \frac{w_a - w_c}{V} \tag{9-2}$$

세 번째 방법은 비중계를 이용하는 것으로 가장 보편적으로 이용되고 있는 방법 중의 하나이다. 즉, 그림 9-2와 같이 측정하려고 하는 액체를 긴 용기에 채운 다음에 비중계를 넣어서 평형이 이루어진 다음에 액면과 일치되는 눈금으로 비중을 직접 읽을 수 있도록 되어 있다.

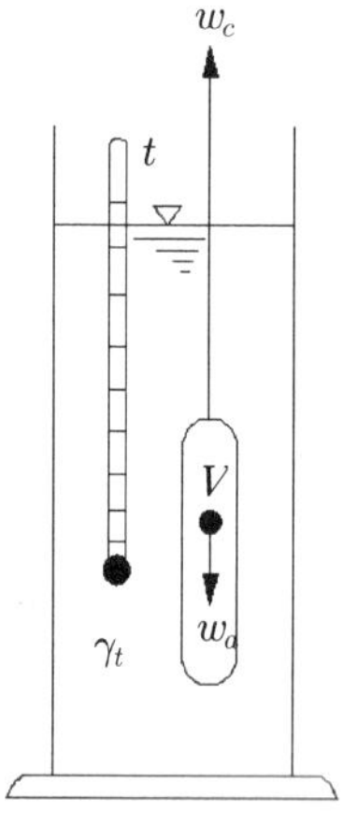

그림 9-1

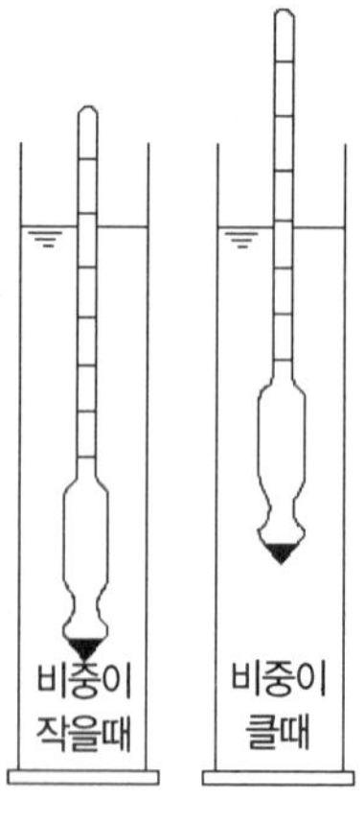

그림 9-2

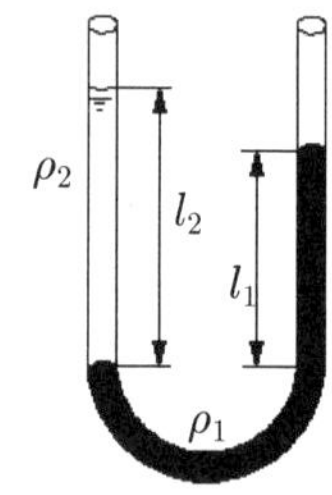

그림 9-3

이 때 액체의 비중 크기에 따라 여러 종류의 비중계가 있어서 측정하려고 하는 액체의 비중 정도에 알맞은 비중계를 선택하여 사용하도록 되어 있다.

네 번째 방법을 그림 9-3과 같이 U자관을 이용하는 방법으로 U자관의 한 편에 이미 비중을 알고 있는 액체를 넣고, 다른 한편에는 측정하려고 하는 액체를 넣어서 평형이 이루어진 다음에 그림과 같이 경계면의 수평 위치로부터의 높이 l_1과 l_2를 측정한다. 이 때 두 액체는 상호간에 혼합되지 않고 화학작용도 하지 않는 액체라야 한다. 이미 알고 있는 액체의 밀도를 ρ_2라고 하면

$$\rho_1 = \frac{l_2}{l_1}\rho_2 \tag{9-3}$$

로 된다.

9.2 점성계수의 측정

9.2.1 Ostwald 점도계

점성계수 μ인 유체가 반경 r_0, 길이 l인 원 관에 압력차 p로 흐를 때 유량 Q는

$$Q = \frac{\pi r_0^4 p}{8\mu l} \tag{9-4}$$

로 주어진다(Hagen–Poiseuille의 법칙).

이 원리를 이용한 것이 Ostwald 점도계인데 그 개요는 그림 9-4와 같다. 유리구 V의 A 위치까지 시료액을 넣고 이것이 가는 관을 통과하여 액위가 B점 까지 내려가는 시간 t를 측정한다. 이 때의 액량을 V라고 하면

$$Q = \frac{V}{t} \tag{9-5}$$

로 된다. 식 (9-4)에 $p = \rho g h$(D에 일정량의 액체를 넣으면 h는 상수로 간주된다)와 식 (9-5)에 대입하고 정리하면

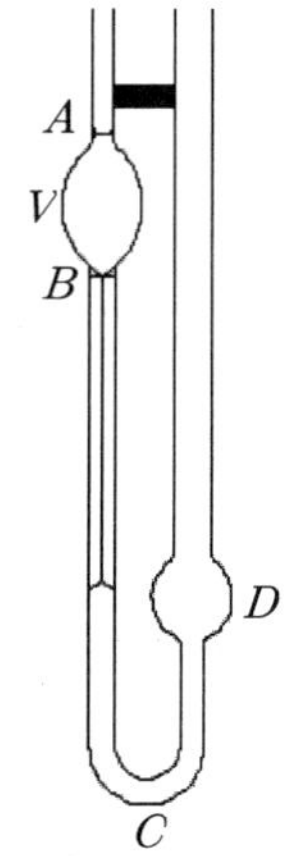

그림 9-4

$$\mu = \frac{\pi r_0^4 \rho g h t}{8 l V} = K\rho t \tag{9-6}$$

여기서 k는 점도계에 관한 상수이다.

따라서 $\mu = \mu_0$, $\rho = \rho_0$인 이미 알고 있는 표준액에 대해서 시간 t_0를 구해두면

$$\frac{\mu}{\mu_0} = \frac{\rho t}{\rho_0 t_0}$$

$$\therefore\ \mu = \frac{\rho t}{\rho_0 t_0}\mu_0 \quad \text{또는}\ \nu = \frac{t}{t_0}\nu_0 \tag{9-7}$$

즉, 점도계에 관한 상수 K에 관계없이 μ 또는 ν를 구할 수 있다.

비뉴턴 유체가 가는 관을 흐를 때는 유속의 관내 분포가 뉴턴 유체의 경우와는 달라서 Hagen−Poiseulle의 법칙이 성립하지 않으므로 이것을 수정할 필요가 있다.

9.2.2 낙구식 점도계

넓은 비압축성 뉴턴 유체 속에서 직경 D인 구상(球狀)물체가 중력에 의하여 낙하할 때 속도 q가 일정한 정상 상태에서 그 물체에 작용하는 점성저항 $F = 3\pi\mu Dq$(stokes의 법칙)은 물체의 무게와 부력의 차와 평형 된다. 그러므로

$$3\pi\mu Dq = \frac{1}{6}\pi D^3 g(\rho_0 - \rho) \tag{9-8}$$

여기서 ρ, ρ_0는 각각 액체와 물체의 밀도이다. 따라서

$$\mu = \frac{D^2(\rho_0 - \rho)q}{18q} \tag{9-9}$$

이 경우에 당연히 Reynolds 수 $R = \dfrac{Dq}{\nu}$는 충분히 작아야 된다. 이와 같이 하여 낙하 속도가 일정한 값으로 된 상태에서 일정한 거리를 낙하하는 시간을 측정하면 점성계수를 구할 수 있다. 점성계수 5~160000 cp 범위에 대해서 ±1 % 정도의 정밀도를 얻는다.

낙하물체 대신에 기포의 상승시간을 측정하여 점성계수를 구하는 방법도 이용된다. 이것은 적당량의 공기와 점성 액체를 봉입한 유리관을 거꾸로 하여 기포를 바닥에서 상승시킨다. 이것을 기포식 점도계라 하는데 비교적 점도가 낮은 0.5~1250 cp 범위의 액체에 사용된다.

9.2.3 회전식 점도계

그림 9-5와 같이 동심 원통으로 되어 있고 그 사이에 점성계수를 측정하려는 액체가 들어 있다. 이제 외부 원통이 일정한 속도로 회전하면 내부 원통도 점성작용으로 인하여 회전하는데 Spring의 복원력과 점성력이 평형이 될 때 내부 원통은 정지한다.

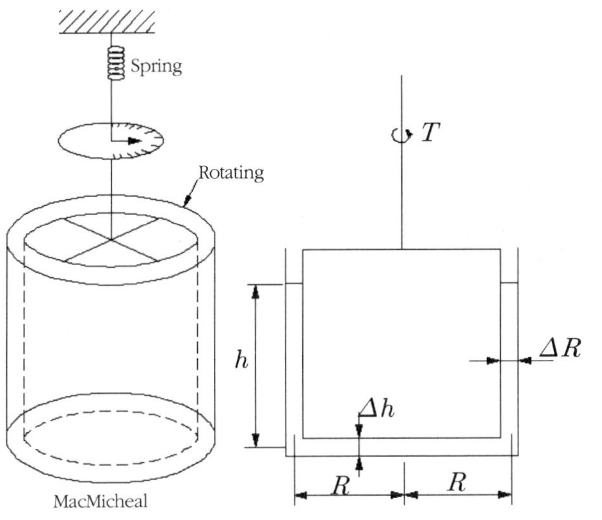

그림 9-5

그림 9-5에서 ΔR, Δh 및 $\dfrac{\Delta R}{R}$을 적다고 가정하면 외부 원통의 회전 속도를 q라고 할 때 토크(Torque) T는 1장에서 알고 있는 방법으로

$$T = \frac{2\pi R^2 h\mu q}{\Delta R} + \frac{\pi R^3 \mu q}{2\Delta h} \tag{9-10}$$

을 얻는다. 여기서 첫 항은 원통 벽 사이에 작용하는 전단응력으로 인하여 생기는 토크이고 둘째 항은 원통 바닥 사이에 작용하는 전단응력으로 생기는 토크이다. 위 식 (9-10)에서 $r, h, \Delta R, \Delta h$ 등은 장치 고유의 상수이고 회전각도 ω는 q에 비례하므로

$$T = \left(\frac{2\pi R^2 h}{\Delta R} + \frac{\pi R^3}{2\Delta h}\right)\mu k\omega \equiv K\mu\omega$$

또는

$$\mu = \frac{T}{K\omega} \tag{9-11}$$

와 같이 된다. 또 내부 원통이 회전한 각도 편향각을 θ라 할 때 $T = k_1\theta$인 관계가 성립하므로

$$\mu = \frac{k_1\theta}{K\omega} \tag{9-12}$$

로 된다. 즉 회전각속도와 편향각에 의하여 점성계수를 측정할 수 있다.

9.3 정압측정

정지하고 있는 유체의 압력을 측정하는 일은 비교적 간단하다. 정밀한 계기만 사용하면 정확하게 측정할 수 있다. 그러나 흐르고 있는 유체의 정압을 정확하게 측정하는 일은 용이하지가 않다.

관 속을 흐르는 유체의 정압을 측정하기 위하여 관 벽에 그 축이 흐름과 직각을 이루도록 가능한 한 작고 미끄러운 구멍(피에조미터 구멍)을 뚫는다. 그것을 통하여 마노미터(manometer) 혹은 압력 변환기에 의해서 정압을 측정한다. 그러나 관 벽이 거칠 경우에는 이 방법을 쓸 수 없고 측정 장치를 유체 속에 넣어서 정압을 측정하지 않으면 안 된다. 이 때 대개의 경우 유체 흐름의 방향을 미리 알 수 없기 때문에 장치를 꼭 알맞은 방향으로 정지시키기가 매우 힘들다. 잘못하면 동압이 나타날 가능성이 많기 때문이다. 이 문제를 해결하기 위하여 그림 9-6과 같이 얇은 판 양쪽에 피에조미터 구멍을 판면에 수직되게 뚫고 그 구멍들을 통하여 마노미터에 연결한다.

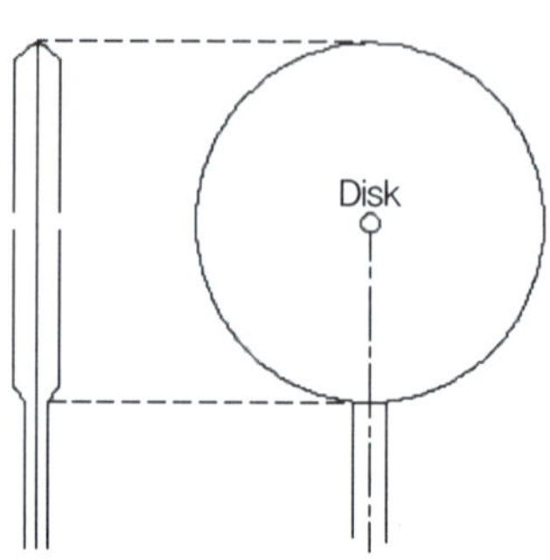

그림 9-6

이것을 흐르는 유체 속에 넣고 손잡이 주위로 회전시키면서 마노미터를 본다. 양편 마노미터가 같은 액주를 나타내면 장치가 정확한 방향으로 놓여 있다는 것이다. 이 때 측정한 압력이 피에조미터 구멍이 있는 위치의 정압을 나타낸다.

2차원 흐름에 이용되는 또 하나의 장치는 그림 9-7과 같이 마노미터에 연결된 두 피에조미터 구멍이 뚫려 있는 원통이다.

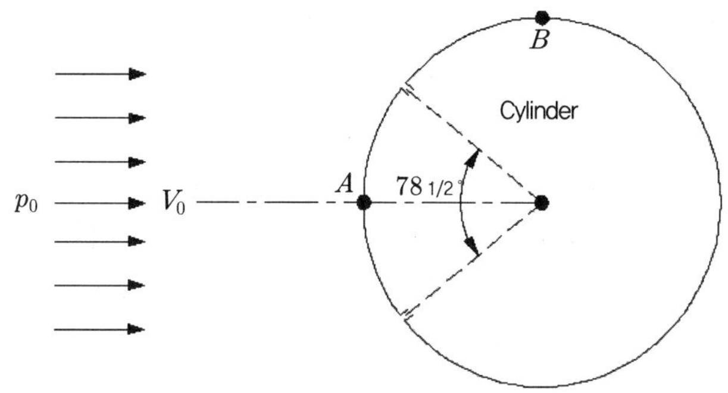

그림 9-7

이것을 흐르는 유체 속에 넣고 회전시켜서 두 마노미터의 차압이 0을 나타내면 이 때 흐름의 방향은 두 피에조미터 구멍이 이루는 각을 2등분한 방향이다.

정체점 A에서 압력 p_A는 $p_A > p_0$이고, 이것이 연속적으로 차츰 작아져서 B점에서는 $p_B < p_0$로 된다. 따라서 A와 B 사이의 적당한 곳 C가 있어서 $p_c = p_0$로 된다. 이곳에 피에조미터 구멍을 대칭으로 뚫으면 정압을 측정할 수 있다. 뿐만 아니라 앞에서 논한 바와 같이 흐름의 방향을 알고 있으므로 원통을 회전시켜서 피에조미터 구멍을 흐름 방향으로 가져오면 전압도 측정할 수 있다. 따라서 유속을 구할 수 있다. 이와 같이 간단한 장치에 의하여 흐름의 방향과 정압과 유속을 모두 측정할 수 있다. 이 원통을 구형으로 개조하면 3차원 흐름에 적용되는 장치를 만들 수 있다.

흐름의 방향을 정확하게 알고 있는 경우에는 보통 정압관에 의하여 정압을 측정한다. 이것은 그림 9-8과 같이 앞이 둥글게 막힌 작은 원통인데 측면에 피에조미터 구멍이 뚫려 있고 마노미터에 연결되어 있다.

이것이 완전히 흐름과 평행하게 놓이면 흐름은 대칭으로 흐르고, 그 평균속도는 V_0보다 조금 커진다. 따라서 피에조미터 구멍이 있는 곳의 압력은 정압 p_o보다 조금 작아진다. 이 오차를 적게 하기 위하여 관은 가급적 작게 만들어야 한다.

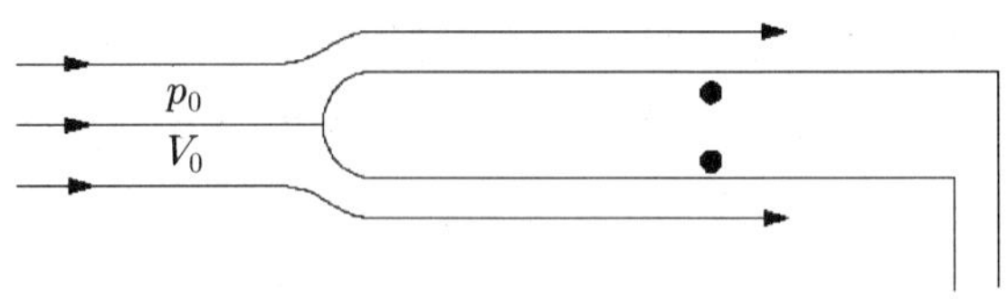

그림 9-8

이 정압관이 정확하게 흐름과 평행이 되지 않으면 측정압이 정압보다 커질 수도 있고 작아질 수도 있다. 즉 관의 한 쪽 압력이 커지면 반대편 압력은 작아진다.

비행기 날개와 같이 흐르는 유체 속에 잠겨 있는 물체 표면의 정압분포를 측정할 필요가 있을 때는 그 물체 표면에 여러 개의 피에조미터 구멍을 뚫고 이 구멍들을 마노미터에 연결시켜서 정압분포를 직접 측정한다. 이 때 피에조미터 구멍은 작을수록 좋고 구멍의 축이 물체의 표면과 수직이어야 한다. 그리고 구멍의 입구는 미끄러워서 유체 흐름에 저항을 주지 않도록 고려되어야 한다.

9.4 액면의 측정

정지하고 있는 액체의 면위(面位)는 마노미터, 피에조미터 또는 부자형(浮子形) 액면계를 사용하여 쉽게 측정할 수 있다.

흐르고 있는 액체의 면위도 앞 절에서 논한 주의사항만 지키면 피에조미터에 의해서 측정할 수 있다. 그림 9-9에 옳고 그른 측정 방법이 도시되어 있다.

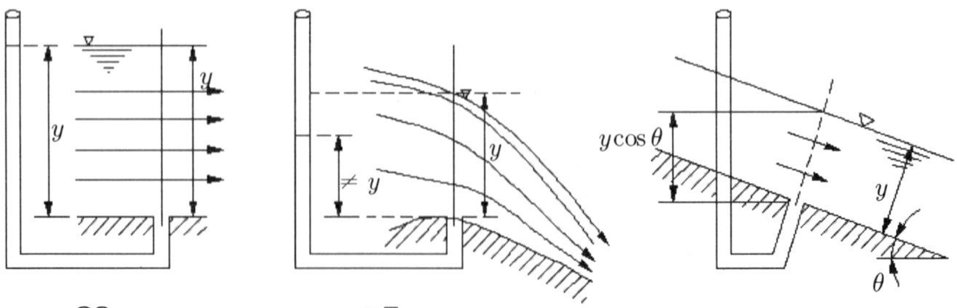

그림 9-9

액면을 직접 측정하는 방법으로 후크(hook)계기와 포인트(point)계기가 있다(그림 9-10).

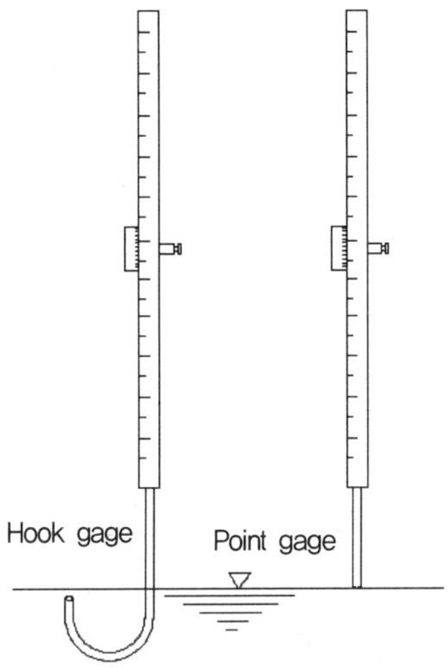

그림 9-10

후크계기는 일반적으로 액면을 측정하려고 하는 점에서 본류와 연결된 작은 탱크(stilling well)에서 사용되고 유속이 작은 경우에는 직접 본류에서 사용하기도 한다. 후크를 액면에 잘 맞추기 위해서 처음 액면 아래로 잠기게 했다가 차츰 올려서 후크 끝이 보일 때에 정지시킨다. 그리고 후크를 낮추어서 그 끝이 보이지 않는 순간에 정지시키고 눈금을 읽는다.

포인트 계기는 액면 아래로 후크 계기가 들어가서 국부적인 교란을 일으키는 빠른 흐름에 사용하기 적합하다. 측정할 때는 포인트 계기를 낮추어서 그 끝이 액면과 접촉하는 순간 정지시키고 그 눈금을 부척을 이용하여 정확히 측정한다.

9.5 피토(pitot)관

속도 q인 평행 흐름에서 정압이 p_s인 유체 속에 그림 9-11(a)에 표시하는 것과 같이 앞 끝이 열려 있는 세관을 흐름에 평행하게 놓고 다른 끝을 압력계에 연결하면 그 곳의 압력 p_t를 구할 수 있다. 앞 끝에서 평행 흐름의 속도는 0이므로 베르누이의 식으로

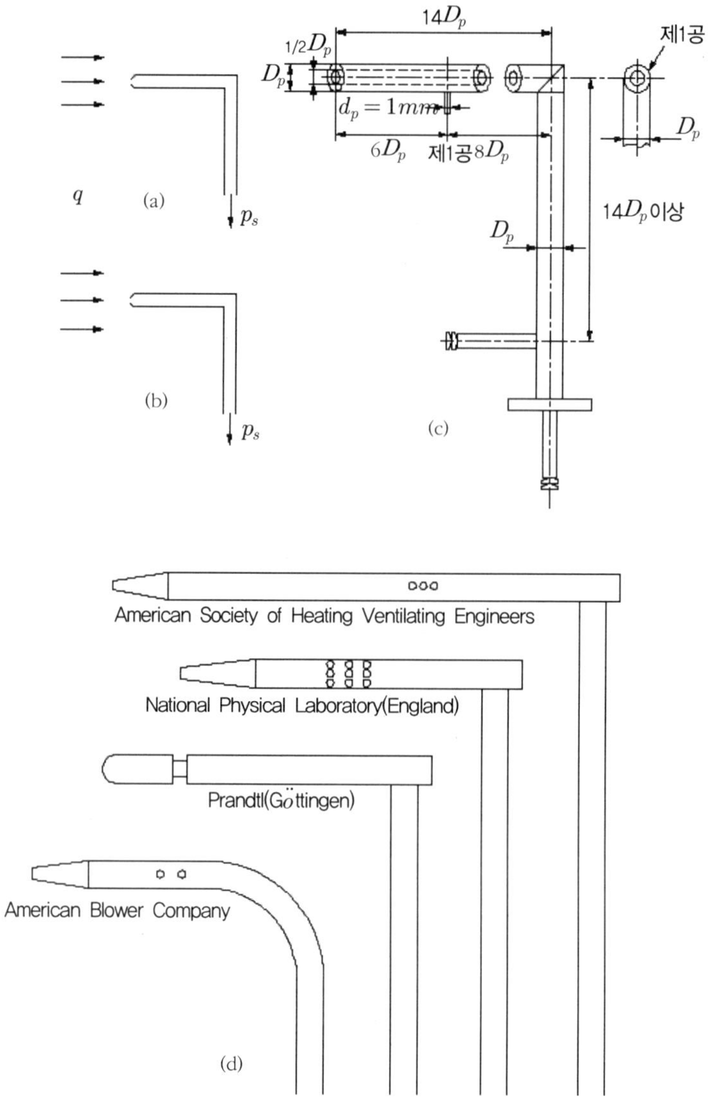

그림 9-11

$$\frac{\rho}{2}q^2 + p_s = 0 + p_t$$

$$q = \sqrt{\frac{2(p_t - p_s)}{\rho}} = \sqrt{\frac{2p_d}{\rho}} \quad (p_d = \text{동압}) \tag{9-13}$$

한편 그림 9−11(b)와 같이 측면에 구멍을 뚫은 세관을 흐름에 평행하게 놓고 측면의 압력을 구하면 이것은 정압 p_s이다. 그림 9−11(a), (b)와 같은 계기를 피토관이라 하는데 보통 두 개가 조합되어 한 개의 계기로 되어 있다. 실제 정압 p_s는 피토관의 구조에 따라 다른 값을 가지게 되므로 수정계수가 필요하다.

$$q = k\sqrt{\frac{2p_d}{\rho}} \tag{9-14}$$

k를 속도계수라 부르는데 그림 9−11(c)는 $k=1$이 되도록 설계되어 있다. 그림 9−11(d)에 실제의 피토관이 비례적인 축척으로 그려져 있다.

이것으로 관 내의 평균속도를 알면 유량을 구할 수 있다. 평균속도를 구하는 방법은 관의 단면 형상에 따라 다르다.

(1) 원형 단면인 관로의 경우

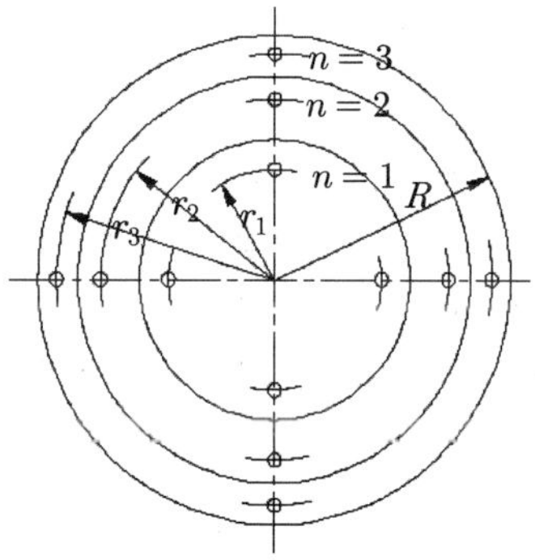

그림 9−12

유속 계측의 위치는 그림 9−12와 같이 관로의 횡단면적을 동심원으로 n(그림에서는 $n=3$) 등분하고 또 그 각 면적을 등분하는 반경 r_i, 즉

$$\frac{\pi R^2}{n}i - \pi r_i^2 = \frac{\pi R^2}{2n}$$

$$\therefore r_i = R\sqrt{\frac{i-\frac{1}{2}}{n}} \tag{9-15}$$

단, R = 원관의 반경

$i=1,\ 2,\ \cdots\ n$ (그림에서는 $i=1,\ 2,\ 3$)

로 주어지는 원주와 서로 직교하는 두 직경과의 교점 $4n$개소(그림에서 $4\times3=12$개소)를 선택한다. 또 n은 원관의 반경 R의 크기에 따라 다르며 다음과 같이 된다.

관의 반경 $R\leq0.15m$ 일 때 $n=3$
$\leqq 0.30$ 일 때 $n=4$
$\leqq 0.50$ 일 때 $n=5$
$\leqq 0.75$ 일 때 $n=6$

R이 0.75[m]를 초과할 때는 0.25[m]마다 n의 값은 하나씩 크게 한다. 위 식 (9−15)에 의한 반경 r_i의 값은 표 9−1과 같다.

표 9−1 r_i의 값

n \ c	1	2	3	4	5	6
3	$0.408R$	$0.707R$	$0.913R$			
4	$0.354R$	$0.612R$	$0.791R$	$0.935R$		
5	$0.316R$	$0.548R$	$0.707R$	$0.837R$	$0.949R$	
6	$0.289R$	$0.500R$	$0.645R$	$0.764R$	$0.866R$	$0.957R$

이를 측정점에서 유속을 $q_1,\ q_2,\ \cdots\ q_N$[m/sec]라고 하면 유량 $Q[m^3/min]$은 다음 식으로 주어진다.

$$Q=60\pi R^2\frac{1}{N}(q_1+q_2+\cdot\cdot\cdot q_N)[m^3/min] \qquad (9-16)$$

단, N은 관측점의 수

(2) 구형 단면의 관로의 경우

그림 9−13과 같이 구형 단면을 16 이상의 같은 면적으로 나누고 그 각각의 중심점에서 유속을 측정한다. 측정점 간의 거리는 150[mm] 이하로 한다. 각 위치에 있어서 유속을 $q_1,\ q_2,\ \cdots\ q_N$이라고 하면 유량 Q는 다음 식으로 주어진다.

$$Q = 60ab\frac{1}{N}(q_1 + q_2 + \cdot \cdot \cdot q_N)[m^3/min] \qquad (9-17)$$

ab는 관로의 단면적$[m^2]$이다.

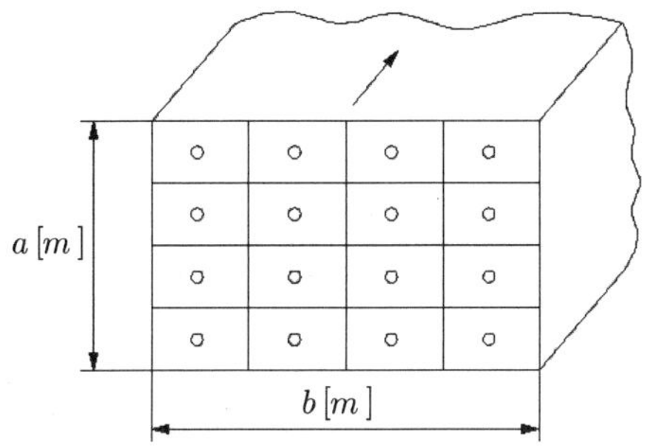

그림 9-13

✎ 예제 9.1

반경 10[cm]인 원 관을 통하는 공기의 속도 분포를 구한 즉 직교하는 두 직경 위에서 그림 9-14와 같은 계측치가 나왔다. 원 관을 통하는 풍량은 매초 몇 $[m^3]$으로 되는가?

〈풀이〉

$R = 0.1m < 0.15m$ 이므로 $n = 3$ 따라서 표 9-1에 의하여 r_i의 값

$$r_1 = 0.408R = 0.408 \times 0.1 = 0.0408[m] = 4.08[cm]$$
$$r_2 = 0.707R = 0.707 \times 0.1 = 0.0707[m] = 7.07[cm]$$
$$r_3 = 0.913R = 0.913 \times 0.1 = 0.0913[m] = 9.13[cm]$$

이 반경의 원주 상에 계측 위치를 정하면 된다. 그림 9-14에 의하여 각 위치에서의 풍속을 구하면 다음과 같다.

각 위치의 풍속 $q[m/sec]$

	세로 직경 상		가로 직경 상	
$r_1 = 4.08[cm]$의 원주상	35.0	25.0	30.0	30.5
$r_2 = 7.07[cm]$의 원주상	22.5	14.0	17.5	15.5
$r_3 = 9.13[cm]$의 원주상	5.5	2.5	4.0	3.5

$$\therefore q_1 + q_2 + \cdot \cdot \cdot q_{12} = 205.0$$

$$\therefore Q = 60\pi R^2 \frac{1}{N}(q_1 + q_2 + \cdot \cdot \cdot q_{12})$$

$$= 60 \times \pi \times 0.1^2 \times \frac{1}{12} \times 205 = 32.2[m^3/min]$$

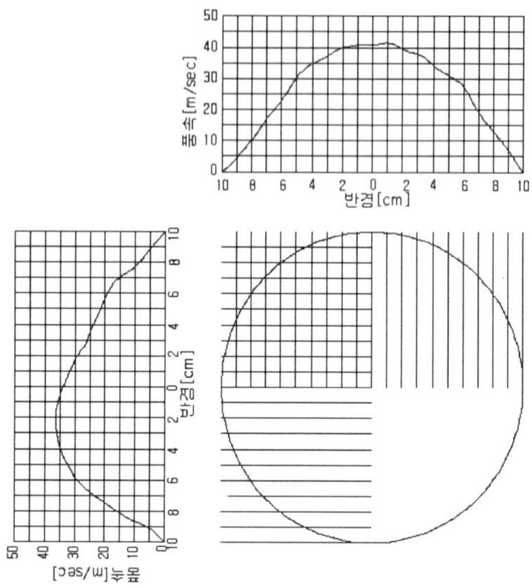

그림 9-14

9.6 오리피스(Orifice)

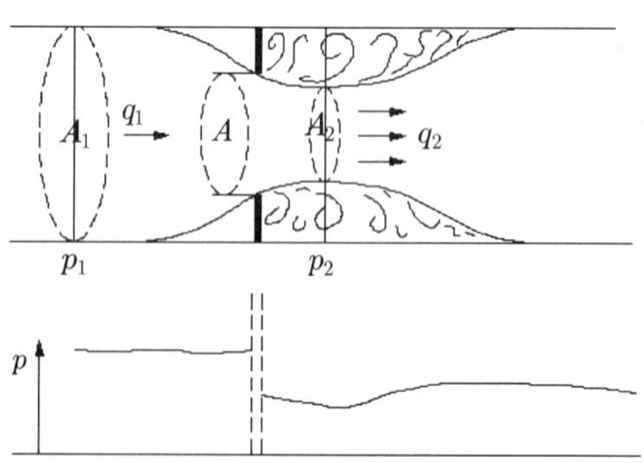

그림 9-15

그림 9−15와 같이 관의 도중에 둥근 구멍이 뚫린 판을 설치하였을 때 이 판을 오리피스라고 한다. 이 오리피스는 관내의 유량(주로 기체)을 측정하는데 사용된다. 그러기 위해서 이 오리피스 전후의 압력차를 이용한다. 그림과 같이 흐름은 오리피스를 나온 곳에서 그 주류는 최소 단면이 된 후에 점차 팽창하여 흘러나온다. 오리피스 전방의 단면적을 A_1, 오리피스 단면적을 A, 오리피스를 나온 주류의 최소 단면적을 A_2라고 하면, A_1, A_2에 있어서의 평균유속을 각각 q_1, q_2, 압력을 각각 p_1, p_2라고 하면 유체를 이상유체로 보면 전술한 바와 같이 베르누이의 식으로

$$\frac{1}{2}\rho\,(q_2^2 - q_1^2) = p_1 - p_2 \text{ 또는 } \frac{1}{2}\rho q_2^2\left(1 - \frac{q_1^2}{q_2^2}\right) = p_1 - p_2$$

연속방정식에 의하여 $q_1 A_1 = q_2 A_2$로 되므로 위 식은 변형되어

$$\frac{1}{2}\rho q_1^2\left(\frac{A_1}{A_2}\right)^2\left(1 - \frac{A_2^2}{A_1^2}\right) = p_1 - p_2$$

$m = \dfrac{A}{A_1}$, $n = \dfrac{A_2}{A}$라 놓으면 $\dfrac{A_2}{A_1} = mn$으로 되므로

$$q_1 = \frac{mn}{\sqrt{1 - m^2 n^2}}\sqrt{\frac{2}{\rho}\,(p_1 - p_2)}$$

로 된다. 실제는 유체의 점성에 의해서 압력 손실이 생기므로 실측한 p_1값은 위 식의 값보다 작아진다. 따라서 실측한 $(p_1 - p_2)$ 값은 커지고 위 식으로 산출되는 유속 q_1의 값은 참값 보다 커진다. 그러므로 이 점성에 의한 마찰손실을 고려한 식으로서 위 식에 $\eta(<1)$를 곱하여

$$q_1 = \frac{\eta mn}{\sqrt{1 - m^2 n^2}}\sqrt{\frac{2}{\rho}\,(p_1 - p_2)}$$

로 표시된다. 위 식에서

$$\alpha = \frac{mn}{\sqrt{1 - m^2 n^2}}$$

라 놓으면 유속 q_1은

$$q_1 = \alpha m \sqrt{\frac{2(p_1 - p_2)}{\rho}} \tag{9-18}$$

로 표시된다. 이 α를 유량계수라고 한다. 유체의 압축성을 고려하는 경우에는 베르누이 식을 적분할 때 ρ를 p의 함수로 계산하지 않으면 안 된다(이 경우 유체가 오리피스를 통하는 것은 순간적이므로 단열변화라고 본다).

이 압축성을 고려할 경우에 유속은

$$q_1 = \epsilon \alpha m \sqrt{\frac{2(p_1 - p_2)}{\rho}} [m/sec] \tag{9-19}$$

로 된다. ϵ은 유체의 압축성에 대한 보정계수이다. 단, 유체가 액체인 경우는 $\epsilon = 1$로 보아도 좋고 기체의 경우라도 일반적으로 ϵ은 1에 매우 가깝다. 유량은

$$Q = 60 A_1 q_1 [m^3/min] \tag{9-20}$$

로 되므로 이것에 식 (9-19)를 대입하면 다음 식을 얻는다. 단, A는 오리피스의 단면적으로 $\frac{1}{4}\pi d^2 [m^2]$이다.

$$Q = 60 \epsilon \alpha A \sqrt{\frac{2(p_1 - p_2)}{\rho}} [m^3/min] \tag{9-21}$$

유량계수 α는 이론적으로 구할 수 없기 때문에 실험적으로 미리 구해둘 필요가 있다. α는 오리피스의 구조에 따라서 다르고 또 흐름상태, 즉 레이놀드 수에 의해서도 변한다.

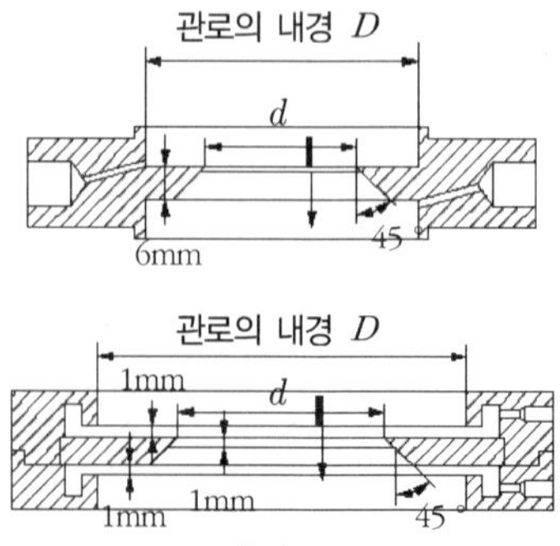

그림 9-16

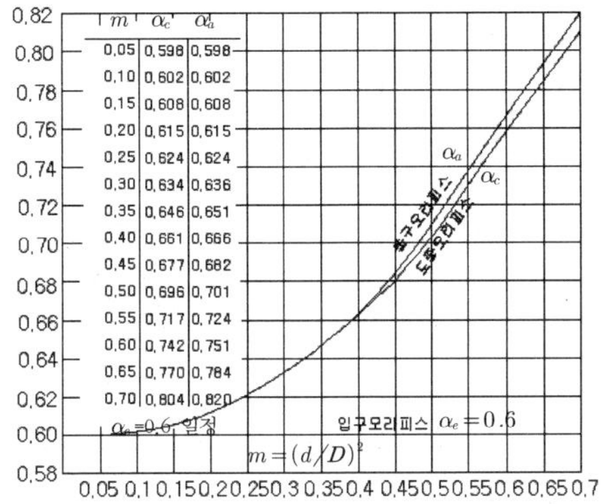

그림 9－17

따라서 그림 9－16과 같이 규격을 정하고 이것이 관로의 입구, 도중, 출구에 있을 경우로 구별하며 각각의 유량계수 α_e, α_c, α_a라고 하고 이것들이 각각 단면적 비 $m\left(=\dfrac{d^2}{D^2}\right)$에 따라서 어떠한 값을 갖는 것인가를 그림 9－17에 표시하고 있다. 실험에 의하면 α_e, α_c, α_a의 값은 각각 레이놀드 수가 어떤 값 이상일 때는 일정하다. 그림은 이 일정한 값을 표시하고 있다. 따라서 이들 α의 값은 레이놀드 수가 어떤 값 이상인 경우에만 적용된다. 그림 9－18은 그림 9－17의 α_e, α_c, α_a를 적용할 수 있는 각각의 레이놀드 수의 최저값을 표시한다. 계측하는 레이놀드 수는

$$R = \frac{qD}{\nu}$$

단, q는 원관 내의 평균유속, D는 원관의 직경, ν는 유체의 동점성계수이다.

유체의 압축성에 대한 보정계수 ϵ은 단면적비 m및 오리피스 앞뒤의 절대압력비 p_2/p_1에 의해서 변한다. 그림 9－19에는 ϵ을 종축에 p_2/p_1을 횡축에 m을 매개변수로 하여 이들 관계가 표시되어 있다.

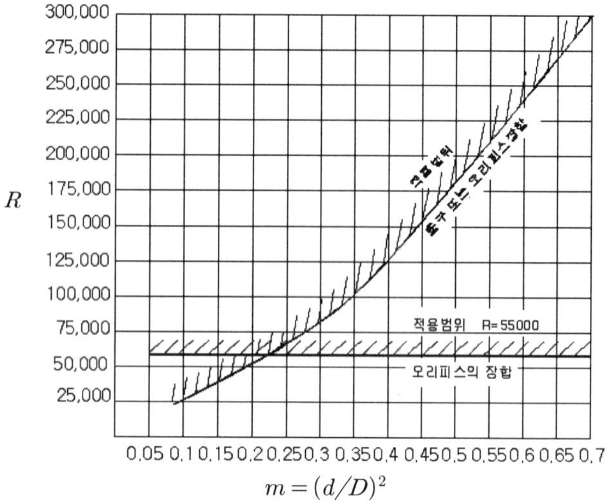

그림 9-18

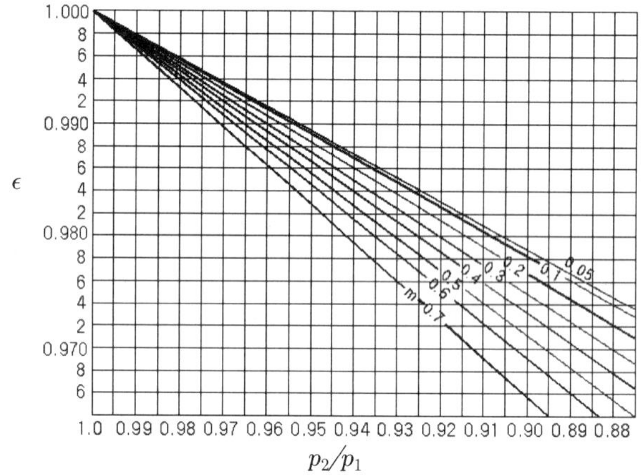

그림 9-19

✎ 예제 9.2

내경 15[cm]인 원관 내에 흐르고 있는 물의 유량을 구하기 위해서 구멍의 직경이 10[cm]인 오리피스를 관로 도중에 설치하였더니 압력차가 25[cmHg]로 되었다고 한다. 유량을 $[m^3/min]$ 단위로 구하라. 단, 동점성계수는 $0.01[cm^2/sec]$이고 $\epsilon=1$이다.

〈풀이〉

ϵ=1, $m = \frac{d^2}{D^2} = \left(\frac{0.10}{0.15}\right)^2 = 0.444$, 그림 9−17에 의해서 $m = 0.444$에 대한 유량계수는 $\alpha_c = 0.67$, 따라서 원관 내의 평균유속은 식 (9−19)에 의해서

$$q_1 = \epsilon\alpha m\sqrt{\frac{2(p_1 - p_2)}{\rho}} = 1 \times 0.67 \times 0.444 \times \sqrt{\frac{2 \times 25 \times 101325}{76 \times 1000}}$$

$$= 2.43\,[m/sec]$$

$$R = \frac{q_1 D}{\nu} = \frac{2.43 \times 0.15 \times 10^4}{0.01} = 3.65 \times 10^5$$

이 오리피스의 $m = 0.444$에 대한 α_c의 적용범위는 그림 9−18로 레이놀드 수가 1.45×10^5 이상이면 된다. 따라서 위에서 구한 값 $q_1 = 2.43\,[m/sec]$는 적당한 값이다. 구하는 유량은

$$Q = 60A_1 q_1 = 60 \times \frac{\pi}{4} \times 0.15^2 \times 2.43 = 2.58\,[m^3/min]$$

✎ 예제 9.3

내경 150[mm]인 원관을 통하여 매시 마다 1700[m^3]의 기체가 흐르고 있다. 도중에 오리피스를 설치하여 유량을 정확하게 측정하려고 한다. 마찰손실을 적게 하기 위하여 오리피스의 구멍은 가능한 한 크게 하려고 한다. 직경을 얼마로 하면 좋은가? 단, $\nu = 0.234\,[cm^2/sec]$로 한다.

〈풀이〉

기체의 평균유속은

$$q = \frac{A}{Q} = \frac{\frac{1700}{60^2}}{\frac{\pi}{4} \times 0.15^2} = 26.7\,[m/sec]$$

$$\therefore\ R = \frac{qD}{\nu} = \frac{2670 \times 15}{0.234} = 1.71 \times 10^5$$

그림 9−18로 $R = 1.71 \times 10^5$인 경우 면적비 m은 $m = 0.485$로 된다.

즉 구하는 구경 d는 $m = \left(\frac{d}{D}\right)^2$으로

$$d = Dm^{\frac{1}{2}} = 150 \times 0.485^{\frac{1}{2}} = 104.5\,[mm]$$

로 된다. 만일 d를 이보다 더 크게 하면 면적비 m이 커지고, 따라서 그와 같은 면적비에 대해서는 그림 9-18로 레이놀드 수가 1.7×10^5보다 크지 않으면 안 되므로 적당하지 못하다.

✎ 예제 9.4

내경 20[cm]인 원관 입구에 구경 15[cm]인 오리피스를 설치하여 이를 지나는 공기량을 측정하려고 한다. 오리피스 앞뒤의 압력차가 120[mmAq]로 되었다면 공기의 유량은 얼마인가? 단, 오리피스 직전의 절대압력은 765[mmHg]이고 온도는 20[℃], $\nu = 0.15\,[cm^2/sec]$라고 한다.

〈풀이〉

$$m = \left(\frac{d}{D}\right)^2 = \left(\frac{15}{20}\right)^2 = 0.5625$$

$$\frac{p_2}{p_1} = \frac{765 \times 13.6 - 124}{765 \times 13.6} = 0.988$$

그림 9-19에서 이들 m, p_2/p_1값에 대하여 $\epsilon = 0.997$, 그림 9-18에 의하여 $\alpha_e = 0.6$, 공기의 밀도 ρ는

$$\rho = \frac{p}{RT} = \frac{\frac{765}{760} \times 101325}{287 \times (273 + 20)} = 1{,}213\,[kg/m^3]$$

따라서 원통내의 평균유속은

$$q_1 = \epsilon \alpha_e m \sqrt{\frac{2(p_1 - p_2)}{\rho}} = 0.997 \times 0.6 \times 0.5625 \times \sqrt{\frac{2 \times 124 \times 9.81}{1.213}}$$

$$= 15.1\,[m/sec]$$

$$R = \frac{\epsilon D}{\nu} = \frac{15.1 \times 0.2}{0.15} \times 10^4 = 2.01 \times 10^5$$

이 오리피스의 $m = 0.5625$에 대한 d_e의 적용범위는 그림 9-18에서 레이놀드 수 가 5.5×10^4이상이다.

위의 레이놀드 수는 이보다 크므로 $d_e = 0.6$ 및 $q_1 = 15.1\,[m/sec]$는 적당한 값이다. 따라서 구하는 유량은

$$Q = 60A_1q_1 = 60 \times \frac{\pi}{4} \times 0.20^2 \times 15.1 = 28.5\,[m^3/min]$$

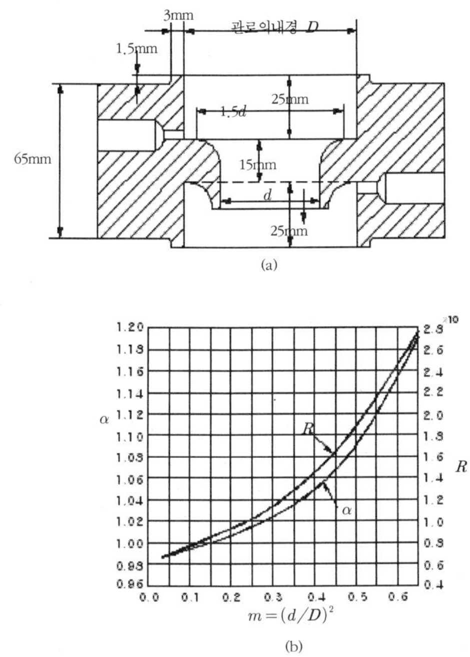

그림 9-20

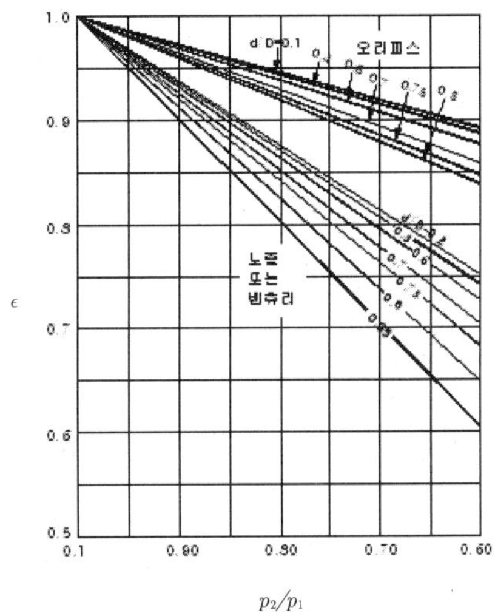

그림 9-21

9.7 노즐

유량을 측정하기 위해서 노즐을 사용할 경우에는 오리피스 보다도 압력손실이 적다. 그림 9-20(a)에 그 표준형을 표시한다. 구조가 오리피스보다 좀 복잡하기 때문에 제작비가 많이 든다.

관내를 흐르는 흐름의 평균유속은 오리피스의 경우와 같이

$$q_1 = \epsilon \alpha m \sqrt{\frac{2\,(p_1 - p_2)}{\rho}}\,[m/sec]$$

로 되고 유량계수 α는 오리피스의 경우,

$\alpha = \dfrac{\eta n}{\sqrt{1-n^2m^2}}$ 과 달리 $\alpha = \dfrac{\eta}{\sqrt{1-m^2}}$ 으로 표시된다.

노즐의 경우는 곡면에 따라서 흐르기 때문에 오리피스의 경우와 같은 축류가 일어나지 않는다. 따라서 $n = \dfrac{A_2}{A_1} = 1$ 로 된다. 유량 Q의 식은 오리피스의 경우와 같이

$$Q = 60\epsilon\alpha A\sqrt{\frac{2(p_2 - p_2)}{\rho}}\,[m^3/min] \tag{9-22}$$

단, $A = \dfrac{\pi}{4}d^2\,[m^2]$

으로 표시된다. 그림 9-20(b)는 노즐을 관의 도중에 설치했을 경우의 단면적 비 m에 대한 유량계수 α와 그 경우의 레이놀드 수의 최저 한계치를 표시한다.

그림 9-21은 ϵ과 $\dfrac{p_2}{p_1}$ 및 직경비 $\dfrac{d}{D}$ 와의 관계를 표시한다. 일반적으로 $\epsilon = 1$로 볼 수 있는 경우가 많으나, 기체의 흐름에서 $\dfrac{p_2}{p_1}$가 1보다 충분히 작을 경우는 그림과 같이 된다.

9.8 벤츄리관

벤츄리관은 주로 액체의 유량을 측정하는데 사용된다. 압력손실은 노즐의 경우보다도 작고 유량 Q는 노즐의 경우와 같이

$$Q = 60\epsilon\alpha A\sqrt{\frac{2(p_1 - p_2)}{\rho}}\,[m^3/min] \tag{9-23}$$

단, $A = \dfrac{\pi}{4}d^2\,[m^2]$

으로 표시된다.

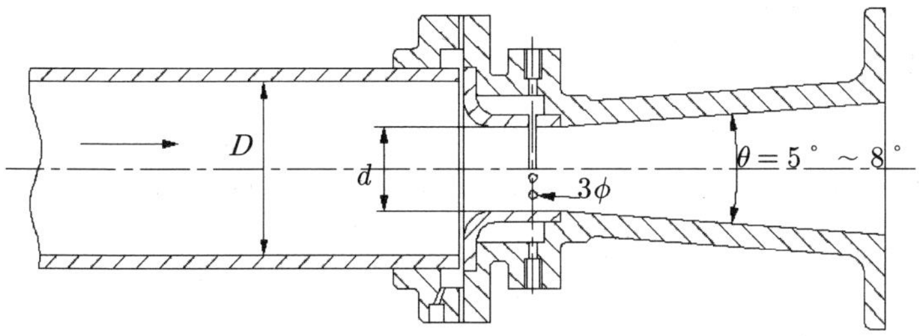

그림 9-22

그림 9-22는 규격화된 벤츄리관의 구조이다. 이 구조의 경우 유량계수 α는 노즐이 관의 도중에 있을 경우의 유량계수 α_c의 1.01배이고 그 나머지 것은 모두 같다.

9.9 입구 노즐

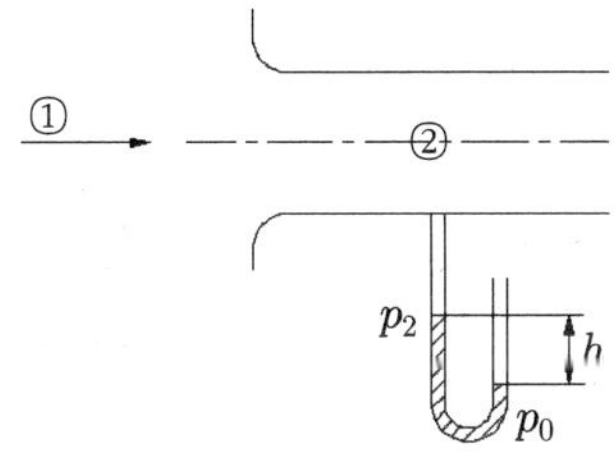

그림 9-23

유체가 외부에서 입구 노즐을 통하여 관내로 들어오는 경우에 도중의 손실이 없다고 하면 베르누이 정리에 의하여

$$\frac{\rho}{2}q_1^2 + p_1 = \frac{\rho}{2}q_2^2 + p_2$$

가 성립한다.(단, q_1, q_2는 각각 입구노즐의 외부 1, 내부 2에 있어서의 유속이고 p_1, p_2는 정압이다.) 외부 1을 노즐에서 충분히 떨어진 위치에 취하면 $q_1 \to 0$, 그 곳의 정압을 p_0라고 하면 $p_1 \to p_0$로 되므로

$$q_2 = \sqrt{\frac{2(p_0 - p_2)}{\rho}} \tag{9-24}$$

로 된다. 전술한 바와 같이 유체의 점성에 의한 영향을 고려하여 실제의 유속은 유량계수 $\alpha(<1)$를 위 식 (9-24)에 곱하여

$$q_2 = \alpha\sqrt{\frac{2(p_0 - p_2)}{\rho}} \tag{9-25}$$

로 표시된다. 위 식에서 $p_0 - p_2 = hmAq = \rho gh[N/m^2]$이고 ρ의 차원은 kg/m^3이므로 유속 q_2의 차원은 m/sec로 된다. 또 관로의 단면적을

$$A\left(= \frac{\pi}{4}D^2\right)$$

라고 하면 유량 Q는

$$Q = 60\alpha A\sqrt{\frac{2gh}{\rho}}\,[m^3/min] \tag{9-26}$$

로 표시된다. 그림 9-24는 규격화된 입구 노즐의 구조를 표시한다. 입구 노즐의 부압 $h[mmAq]$는 입구로부터 원관 내경 D 만큼 떨어진 관 벽에서 계측하도록 한다.

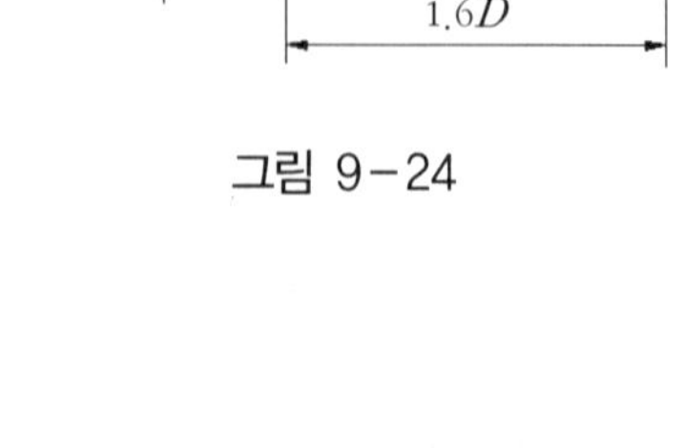

그림 9-24

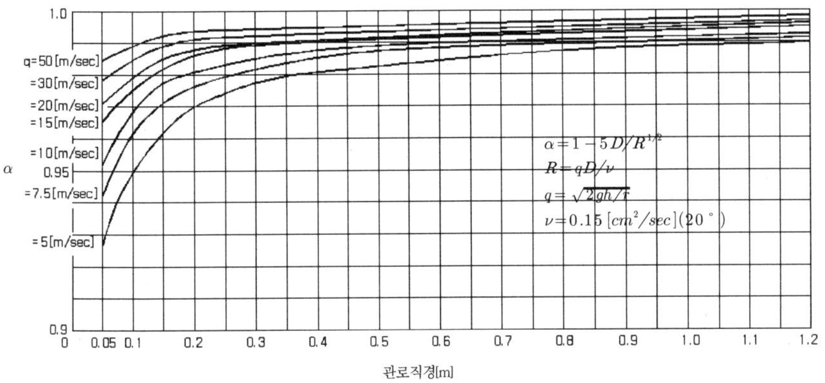

그림 9-25

그림 9-25는 이 입구 노즐에 있어서 유량계수 α의 값을 표시한다. 이 그림에 의하면 α는 관로 내경 $D[m]$ 및 $q=\sqrt{\dfrac{2gh}{\rho}}\,[m/sec]$를 알면 곧 결정된다. 이들 곡선은 실험에 의해서 얻어진 다음 식

$$\alpha = 1 - \frac{5D}{R^{\frac{1}{3}}} \tag{9-27}$$

단, $R=\dfrac{qD}{\nu}$, $q=\sqrt{\dfrac{2gh}{\rho}}$, D=원관 내경으로 구해진다.

✎ 예제 9.5

내경 20[cm]의 원관 내를 흐르는 공기의 유량을 구하기 위하여 입구에 입구 노즐을 설치하여 그 부압을 측정하여 수주 13.8[mm]로 되었다고 한다. 풍량을 m^3/min로 구하라. 단, 측정 위치에서의 대기압은 760[mmHg], 기론은 20[℃]라고 한다.

〈풀이〉

공기의 밀도는

$$\rho = \frac{p}{RT} = \frac{(760\times 13.6 - 13.8)\times 9.81}{287\times(273+20)} = 1.19\,[kg/m^3]$$

$$q_2 = \sqrt{\frac{2gh}{\rho}} = \sqrt{\frac{2\times 9.8\times 13.8}{1.19}} = 15.0\,[m/sec]$$

그림 9−25에서 $q = 15.0\,[m/sec]$, 관의 내경 $D = 0.2\,[m]$, 에서의 유발계수는

$$\alpha = 0.986$$

따라서 구하는 풍량은

$$Q = 60\alpha A\sqrt{\frac{2gh}{\rho}} = 60 \times 0.986 \times \frac{\pi}{4} \times 0.2^2 \times 15.0 = 27.9\,[m^3/min]$$

9.10 위어(Weir)

개수로에서의 유량은 위어로 측정한다. 위어는 개수로에 어떤 장애물을 세움으로써 액체를 이 장애물로서 일단 차단하였다가 위로 넘쳐흐르게 함으로써 유량을 측정하도록 만든 장치를 말한다. 이 때에 넘쳐흐르는 액체의 높이를 측정함으로써 유량이 계산된다. 위어에는 여러 가지 모양이 있다.

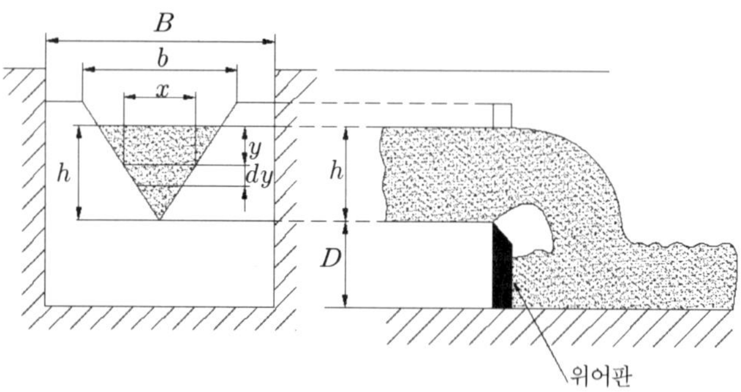

그림 9−26

그림 9−26과 같이 넘쳐흐르는 유량 Q는 베르누이 식 $\frac{1}{2}q^2 + \frac{\rho}{p} + gy = \text{const}$ 를 이용하여

$$0 + 0 + gh = \frac{1}{2}q_2^2 + 0 + g(h - y)$$

여기서 1은 위어에서 충분히 먼 상류점이고 2는 위어의 위치이다.

$$\therefore\ q = \sqrt{2gy}$$

따라서

$$Q = c\int_0^h \sqrt{2gy}xdy \qquad (9-28)$$

h는 1 위치에서의 액면과 위어의 봉우리와의 수직거리로서 위어의 수두라고 한다. C는 위어의 유량계수이다. 그림 9－26에서 B를 수로의 폭, b를 위어의 폭, D를 봉우리의 높이라고 부른다.

9.10.1 구형위어

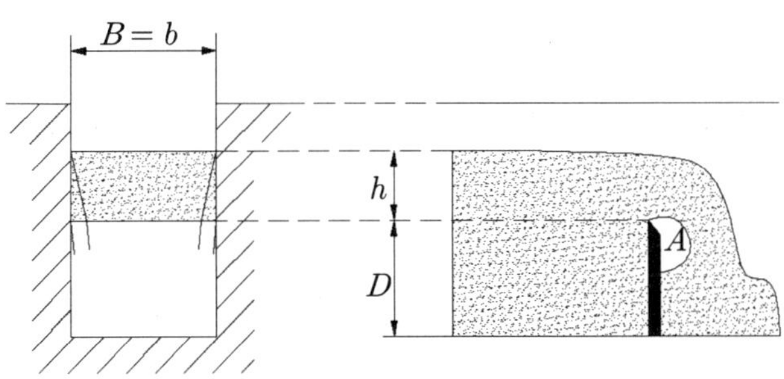

그림 9－27

구형위어에서는 폭 x는 일정$(=b)$하므로 식 (9－28)에 의하여 쉽게 적분된다. 유량은

$$Q = c\frac{2}{3}\sqrt{2g}bh^{\frac{3}{2}} \qquad (9-29)$$

❑ 전폭위어 :

위어의 폭 b와 수로의 폭 B가 동일한 것을 전폭위어라고 부른다. 어떤 위어에서도 마찬가지이지만 A의 부분은 대기압이 되도록 한다. 만일 A의 부분이 부압이 되면 유량은 증가하여 값이 부정확하게 되기 때문이다. KS 에서는 유량의 식을

$$Q = kbh^{\frac{3}{2}}\,[m^3/min] \tag{9-30}$$

로 정하고 k를 다음과 같이 규정하고 있다.

$$k = 107.1 + \left(\frac{0.177}{h} + \frac{14.2h}{D}\right)(1+\epsilon) \tag{9-31}$$

위 식 9−31에서 $D < 1\,[m]$인 경우 $\epsilon = 0$,

$D > 1\,[m]$이 경우 $\epsilon = 0.55\,(D-1)$,

적용범위 $B > 0.5\,[m]$, $D = 0.3 \sim 2.5\,[m]$, $h = 0.03\,[m] \sim D[m]$, $h < \dfrac{B}{4}$ 및 0.8[m]로 한다.

❑ 사각위어 :

그림 9−28에 표시하는 바와 같이 위어의 폭 b가 수로의 폭 B보다 작은 경우 그것을 사각위어라 한다.

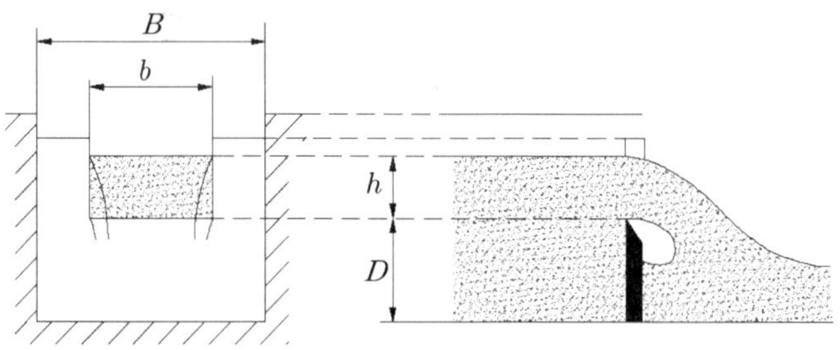

그림 9−28

KS에서는 유량의 식으로서

$$Q = kbh^{\frac{2}{3}}\,[m^3/min] \tag{9-32}$$

이라고 놓고 k를 다음과 같이 규정하고 있다.

$$K = 107.1 + \frac{0.177}{h} + 14.2\frac{h}{D} - 25.7\sqrt{(B-b)\frac{h}{BD}} + 2.04\sqrt{\frac{B}{D}} \quad (9-33)$$

적용범위는

$$0.5 \leqq B \leqq 6.3\,[m], \quad 0.15 \leqq b < 5\,[m],\ 0.15 \leqq D \leqq 3.5\,[m]$$

$$\frac{bD}{B^2} \geqq 0.06, \qquad 0.03 \leqq h \leqq 0.45\sqrt{b}\,[m]$$

로 한다.

9.10.2 삼각위어

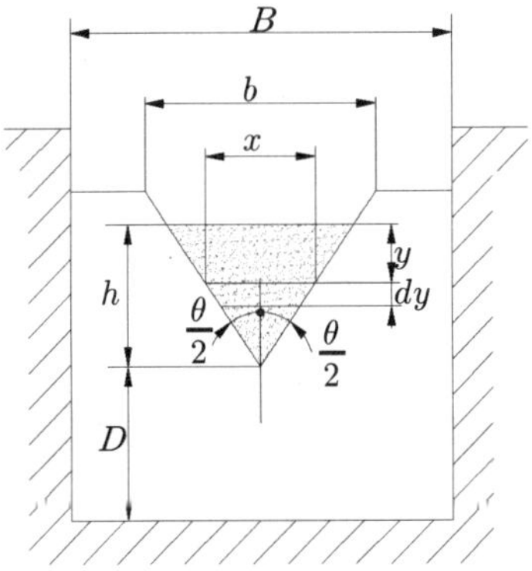

그림 9-29

삼각위어는 수량이 적은 경우에 사용하면 편리하다. 그림 9-29에 표시하는 것과 같이 위어의 양변이 연직선에 대해서 $\frac{\theta}{2}$만큼 기울어져 있다고 하면

$$x = 2(h-y)\tan\frac{\theta}{2}$$

이므로 유량은

$$Q = C\int_0^h x\sqrt{2gy}\,dy = C\int_0^h 2(h-y)\tan\frac{\theta}{2}\cdot\sqrt{2gy}\,dy$$

$$= C2\tan\frac{\theta}{2}\sqrt{2g}\left[\frac{2}{3}hy^{\frac{3}{2}} - \frac{2}{5}y^{\frac{5}{2}}\right]_0^h$$

$$= C\frac{8}{15}\tan\frac{\theta}{2}\sqrt{2g}h^{\frac{5}{2}} \qquad (9-34)$$

❑ 직각삼각위어 :

그림 9-29에 있어서 $\theta = 90°$가 되는 삼각위어를 직각삼각위어라 부른다. 유량 Q는 위 식 (9-34)에 의하여

$$Q = C\frac{8}{15}\sqrt{2g}h^{\frac{5}{2}} \qquad (9-35)$$

KS에서는

$$Q = kh^{\frac{5}{2}}\,[m^3/min] \qquad (9-36)$$

로 하고 k를 다음과 같이 규정하고 있다.

$$k = 81.2 + \frac{0.24}{h} + \left(8.4 + \frac{12}{D^{\frac{1}{2}}}\right)\left(\frac{h}{B} - 0.09\right)^2 \qquad (9-37)$$

적용범위는

$$B = 0.5 \sim 1.2\,[m], \quad D = 0.1 \sim 0.75\,[m]$$

$$h = 0.07 \sim 0.26\,[m] < \frac{B}{3}$$

✎ 예제 9.6

수로의 폭 $B = 1\,[m]$에 설치한 직각삼각위어에서 수두 $h = 30\,[cm]$로 되었다고 하면 유수량은 얼마인가? 단, 봉우리의 높이는 $D = 0.5\,[m]$라 한다.

〈풀이〉

$$Q = kh^{\frac{5}{2}}\,[m^3/min]z\text{에서}$$

$$k = 81.2 + \frac{0.24}{h} + \left(8.4 + \frac{12}{D^{\frac{1}{2}}}\right)\left(\frac{h}{B} - 0.09\right)^2$$

$$= 81.2 + \frac{0.24}{0.3} + \left(8.4 + \frac{12}{0.5^{\frac{1}{2}}}\right)\left(\frac{0.3}{1} - 0.09\right)^2$$

$$= 83.12$$

$$\therefore\ Q = 83.12 \times 0.3^{\frac{5}{2}} = 4.1\,[m^3/min]$$

9장 연습문제

1. 수은이 채워져 있는 U자관에 어떤 액체를 넣었을 때 이 액체 $30[cm]$와 수은 $7[cm]$가 평행을 이루었다면 이 액체의 비중은 얼마인가? 단, 수은의 비중은 13.6이다.

2. 비어있는 비중병의 무게는 $0.3[kg_f]$이고 액체로 가득 채워져 있을 때는 $0.9[kg_f]$이다. 이 액체의 체적이 $0.6[l]$이면 비중량은 몇 $[kg_f/m^3]$인가?

3. 무게가 $0.6[kg_f]$인 비중병에 어떤 액체 $120[cm^3]$을 넣고 무게를 달았더니 $0.755[kg_f]$였다. 이 액체의 밀도는 몇 $[kg_f \cdot \sec^2/m^4]$인가?

4. 정육면체 한 변의 길이가 $12[cm]$인 무게를 공기 중에서 달았더니 $80[N]$이었고, 어떤 액체 중에서 달아보니 $72[N]$이었다. 이 액체의 비중량은 몇 $[N/m^3]$인가?

5. 공기 중에서 추의 무게가 $4[N]$이고, 어떤 액체 중에서는 $2.85[N]$이다. 이 추에 의해서 배제된 체적이 $1.3\times10^{-4}[m^3]$이면 이 액체의 비중은 얼마인가? 단, 물의 비중량은 $9800[N/m^3]$이다.

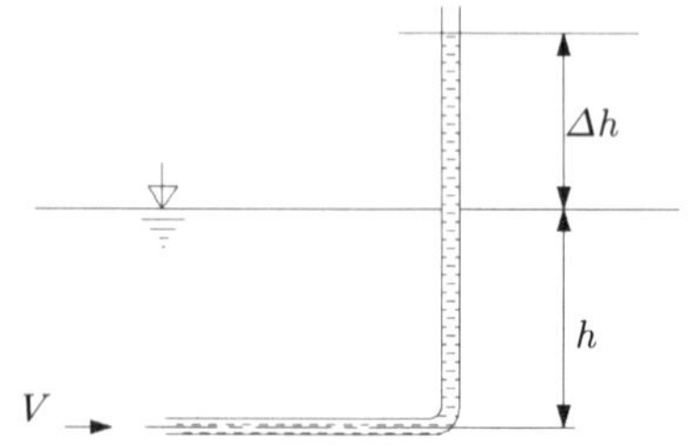

문제 6

6. 그림과 같이 비중이 0.85인 기름이 흐르고 있는 개수로에 피토관을 설치했을 때 $\Delta h = 40[mm]$이고, $h = 50[mm]$이다. 이 때 유체의 속도 V는 몇 $[m/\text{sec}]$인가?

7. 수면에서 $12[m]$인 곳에 원형 오리피스를 설치하여 분당 $0.4[m^3]$으로 물을 분출시킬 때 유량계수 0.7인 오리피스의 지름은 몇 $[cm]$인가?

8. 물 속에 피토관을 삽입하여 압력을 측정하였더니 전압력이 $10[mAq]$, 정압이 $6[mAq]$였다. 이 위치에서 유속은 몇 $[m/\text{sec}]$인가?

9. 그림과 같이 U자관의 양쪽에 기름과 물을 넣었더니 $h_1 = 12[cm]$, $h_2 = 7[cm]$였다. 기름의 비중량은 몇 $[kg_f/m^3]$인가?

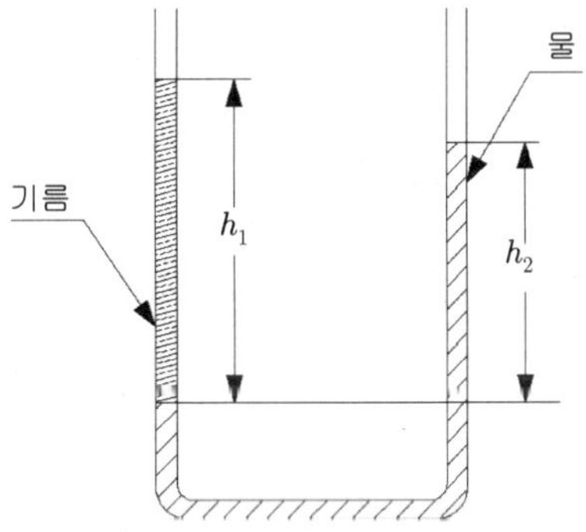

문제 9

10. 물이 들어있는 탱크에 수면으로부터 $25[m]$ 깊이에 직경 $5.5[cm]$의 오리피스가 있다. 이 오리피스의 속도계수르 0.9라 할 때 흘러나오는 유량은 몇 $[m^3/\text{min}]$인가?
단, 탱크의 수면은 항상 일정하다.

과년도 시행문제

[첫 번 째] 일반기계기사 2급

1 비중 0.88인 벤젠의 밀도는 몇 $[kg_f \cdot \sec^2/m^4]$인가?

① 88.0　② 89.8
③ 102　④ 880

2 물이 직경 $2[m]$의 관 속을 평균속도 $10[m/\sec]$로 흐르고 있다. 이 때 유량은 몇 $[m^3/\sec]$인가?

① 3.15　② 62.8
③ 20.0　④ 31.4

3 밑면의 지름이 $10[cm]$인 직접 원통의 용기에 높이 $20[cm]$ 가량 물이 들어 있다 이 때 밑면에서 받는 전압력은 몇 $[kg_f]$인가?

① 3.17　② 3.57
③ 1.57　④ 4.31

4 큰 탱크의 수면 아래 h되는 곳에 구멍을 뚫을 때 마찰저항을 무시하면 분출하는 물의 속도 v는 다음 중 어느 것인가? 단, g는 중력가속도이다.

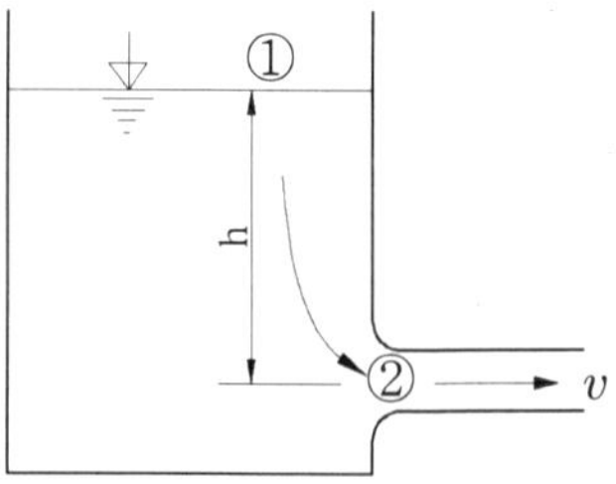

① $v = \sqrt{2gh}$
② $v = \sqrt{5gh}$
③ $v = (2gh)^2$
④ $\sqrt{4gh}$

5 **다음 그림에서 탱크 A 점의 계기압력은 얼마인가? 단, 탱크 속은 물이고 $h = 40[cm]$이다.**

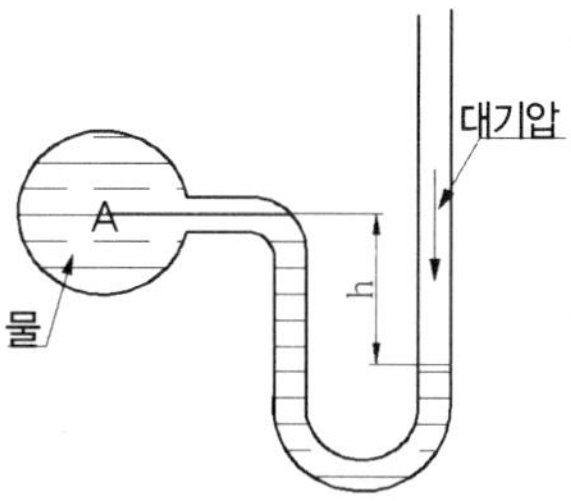

① 대기압보다 압력이 $400[kg_f/m^2]$만큼 높다.
② 대기압보다 압력이 $0.4[kg_f/m^2]$만큼 높다.
③ 대기압보다 압력이 $400[kg_f/m^2]$만큼 낮다.
④ 대기압보다 압력이 $0.4[kg_f/m^2]$만큼 낮다.

6 **액면에서 깊이 100$[cm]$에 있는 액체의 압력이 0.07$[kg_f/cm^2]$이었다. 이 액체의 비중량은 몇 $[kg_f/m^3]$인가?**

① 300 ② 450
③ 550 ④ 700

7 **압력계의 읽음이 $5[kg_f/cm^2]$이다. 이 압력을 수은주로 환산하면 몇 $[mmHg]$인가?**

① 3678 ② 4770
③ 3800 ④ 6798

8 **물 속에 그림과 같이 길이 $3[m]$, 폭 $2[m]$의 평판이 $30°$의 각도로 O점에서 $4[m]$되는 곳에 잠겨 있다면 평판이 받는 전압력은 몇 $[kg_f]$인가?**

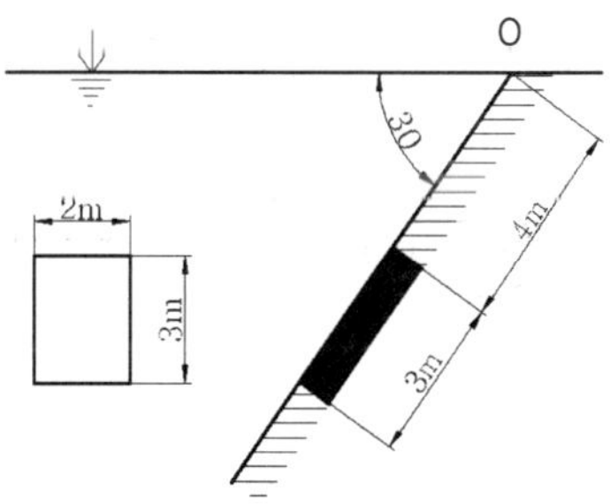

① 7500
② 10200
③ 16500
④ 38940

9 **$5[m]$의 높이에 있는 물의 수압은 $8[kg_f/cm^2]$이고 $10[m/\sec]$의 속도로 흐르고 있다. 이 유수의 전수두는 몇 $[m]$인가?**

① 70 ② 80
③ 90 ④ 100

10 비중량이 $1[kg_f/m^3]$인 유체가 지름 $20[cm]$인 관내를 $6.28[kg_f/\mathrm{sec}]$로 흐른다. 이 대 평균 유속은 몇 $[m/\mathrm{sec}]$인가?

① 1 ② 20
③ 200 ④ 400

11 다음 중에서 무차원인 것은 어느 것인가?

① 동점성계수 ② 체적탄성계수
③ 비중량 ④ 비중

12 표면 장력의 차원은 다음 중 어느 것인가? 단, F는 힘, L은 길이의 차원이다.

① FL ② FL^{-1}
③ FL^{-2} ④ FL^{-3}

13 점성계수의 단위로 poise를 사용하는데 다음 중 poise는 어느 것인가?

① $dyne/cm \cdot \mathrm{sec}$ ② $Newton \cdot \mathrm{sec}/m^2$
③ $dyne \cdot \mathrm{sec}/cm^2$ ④ cm^2/sec

14 어떤 용기의 계기 압력이 $0.2[kg_f/cm^2]$일 때 이것을 $[mAq]$의 단위로 환산하면 다음 중 어느 것인가?

① 1.0 ② 2.0
③ 2.5 ④ 3.0

15 다음 그림과 같이 분류가 고정된 평판에 θ의 각도로서 충돌하고 있다. 분류의 속도를 v, 유량을 G, 밀도를 ρ라고 하면 판에 수직으로 미치는 힘 F는 다음 중 어느 것인가?

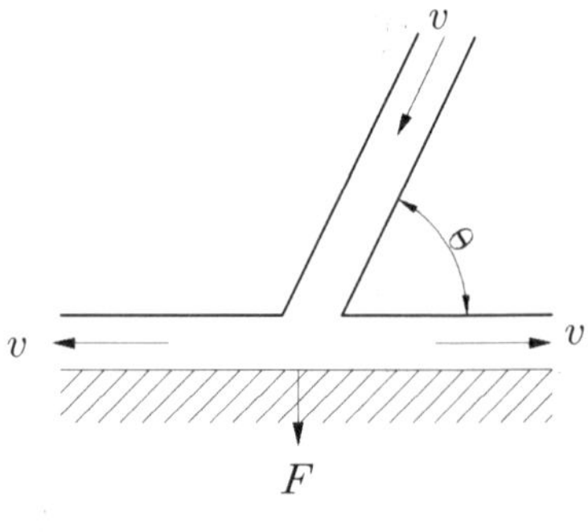

① $F=\frac{G}{\rho}v\cos\theta$ ② $F=\frac{\rho G}{2}v\sin\theta$
③ $F=\rho Gv$ ④ $F=\rho Gv\sin\theta$

16 그림과 같이 속도 $3[m/\sec]$로 움직이는 평판에 속도 $10[m/\sec]$인 분류가 직각으로 충돌하고 있다. 분류의 단면적이 $0.01[m^2]$이라 하면 평판이 받는 힘은 몇 $[kg_f]$인가?

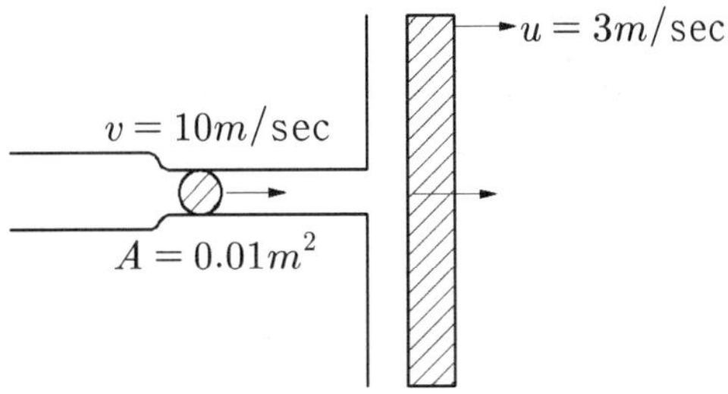

① 10
② 20
③ 50
④ 70

17 그림과 같이 수조가 등가속도 a_x를 받아 우측 수평 방향으로 수면이 θ로 기울어졌을 때 θ가 $45°$이면 가속도 a_x는 몇 $[m/\sec^2]$인가?

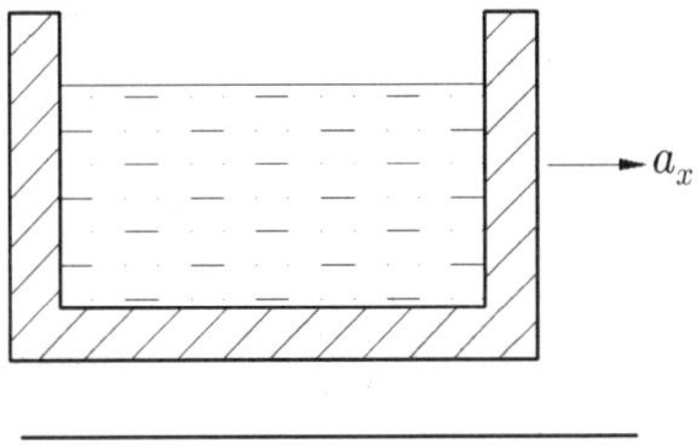

① 1
② 9.8
③ 19.6
④ 45

18 실린더 내의 액체가 압력 $1000[kg_f/cm^2]$일 때, 체적이 $0.5[m^3]$이었던 것이 압력을 $2000[kg_f/cm^2]$로 가열하였을 때 체적이 $0.495[m^3]$으로 되었다. 이 액체의 체적 탄상계수는 몇 $[kg_f/cm^2]$인가?

① 1000　② 2000
③ 100000　④ 200000

19 상온 상압의 물의 체적을 $1[\%]$ 축소시키는데 요하는 압력은 몇 $[kg_f/cm^2]$인가? 단, 압축율의 값은 $4.75\times10^{-5}[m^2/kg_f]$이다.

① 200　② 211
③ 2100　④ 2000

20 지금 $0.5[m]$의 관 속을 $4.45[m/\text{sec}]$의 평균 속도로 물이 흐르고 있을 때 관의 길이 $1000[m]$에 대한 마찰 손실수두는 몇 $[m]$인가? 단, 관마찰계수는 0.030이다.

① 60　　② 30
③ 120　　④ 40

21 레이놀드 수(Reynold's number)가 1500일 때 관마찰계수 f는 얼마인가?

① 0.064　　② 0.0427
③ 0.0625　　④ 0.0847

22 지름 $1[cm]$의 원관에 유속 $1.2[m/\text{sec}]$의 물이 흐르고 있다. 이 때 물의 동점성계수 $\nu = 1.788 \times 10^{-6}[m^2/\text{sec}]$라 하면 레이놀드 수는 얼마인가?

① 2320　　② 3451
③ 4597　　④ 6711

23 뉴턴 유체(Newton fluid)는 다음 중 어느 것을 만족시키는 유체인가?

단, F : 힘, τ : 전단응력, M : 질량, μ : 점성계수, u : 속도성분, a : 가속도, y : u의 방향에 수직한 좌표, p : 압력, V_s : 비체적, R : 기체상수, T : 절대온도이다.

① $F = Ma$　　② $PV_s = RT$
③ $\tau = \mu \dfrac{du}{dy}$　　④ $\tau = \mu \dfrac{du}{dy} + \tau_0$

24 점성계수가 $0.8[poise]$이고, 밀도가 $90[kg_f \cdot \text{sec}^2/m^4]$인 기름의 동점성계수는 몇 $[m^2/\text{sec}]$인가?

① 88.9×10^{-4}　　② 88.9×10^{-6}
③ 90.7×10^{-6}　　④ 90.7×10^{-4}

25 간격 $4[mm]$를 가진 평행하게 놓여진 2매의 평판 사이에 점성계수 $15.14[poise]$의 피마자 기름이 들어 있다. 한 쪽 판을 고정시키고 다른 판을

$5[m/\sec]$의 속도로 움직일 때 기름 속에 유기되는 전단응력은 몇 $[kg_f/m^2]$인가?

① 30.88
② 193.11
③ 150.45
④ 67.96

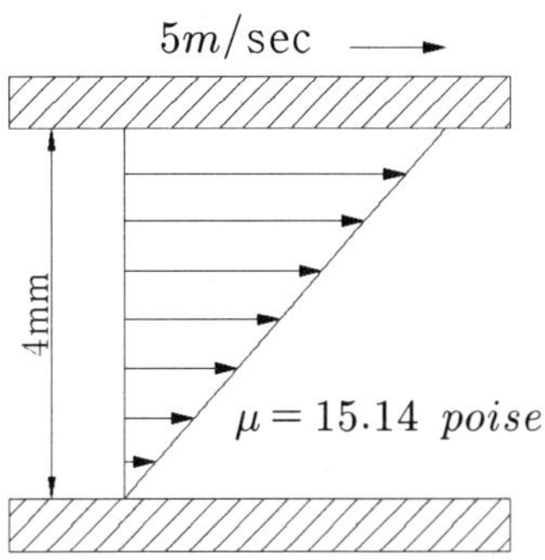

[두 번 째] 일반기계기사 2급

1 단면적 $0.5[m^2]$의 원관 내의 유속 $4[m/\sec]$, 압력 $2[kg_f/cm^2]$로 물이 흐르고 있다. 이 단면을 통과하는 수동력은 몇 $[HP]$인가?

① 455　② 555
③ 266　④ 666

2 $10[kg \cdot mass]$의 질량을 갖는 물체를 중력가속도 $g=3[m/\sec^2]$인 곳에서 용수철저울로 달았다. 무게는 몇 $[kg_f]$인가?

① 10　② 3.06
③ 30　④ 32.6

3 연속방정식이란 어떤 법칙의 일종인가?

① 질량보존의 법칙이다.　② 에너지 보존 법칙이다.
③ 관성의 법칙이다.　④ 뉴턴의 제2법칙이다.

4 지름 $4[cm]$의 비누충선 속의 내부 초과 압력이 $2\times10^5[kg_f/cm^2]$일 때 이 비누막의 표면장력은 몇 $[kg_f/cm]$인가?

① 5×10^{-5}　② 2×10^{-5}
③ 3×10^{-5}　④ 4×10^{-5}

5 **야구공이 그림과 같이 시계방향으로 회전하면서 진행할 때 공의 궤도는 어떻게 되겠는가?**

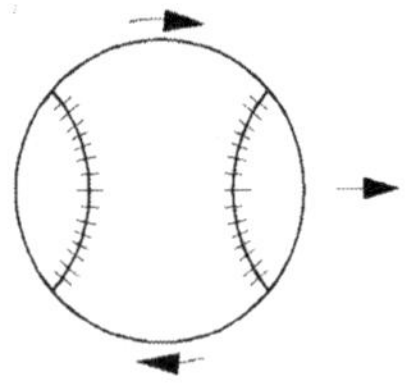

① 위로 굽는다.
② 아래로 굽는다.
③ 위로 굽다가 아래로 굽는다.
④ 수평을 유지한다.

6 **단면적이$20[cm^2]$인 파이프 속에 물이 흐르고 있다. 물의 질량 유동율이 $30[kg/\sec]$일 때 파이프 내에서 물의 평균속도는 몇 $[m/\sec]$인가?**

① 1.5 ② 15
③ 150 ④ 1500

7 **U자형 액주계에서 수은이 $50[cm]$의 높이차를 나타내고 있다. 수은 대신 물을 사용한다면 액주계의 높이차는 몇 $[cm]$인가?**

① 50 ② 630
③ 680 ④ 730

8 **공기의 비열비는 γ이고 기체상수가 R이다. 절대온도가 T인 공기에서의 음속은 얼마인가?**

① $\sqrt{\gamma RT}$에 비례한다. ② $\frac{RT}{\gamma}$에 비례한다.
③ $\frac{\gamma R}{T}$에 비례한다. ④ γRT에 비례한다.

9 **벤젠이 담긴 밀폐 탱크가 있다. 벤젠의 표면과 탱크 사이에 있는 공기의 압력이 $2.5[kg_f/cm^2]$일 때 표면하 $2[m]$에서의 벤넨의 압력은 몇 $[kg_f/cm^2]$인가? 단, 벤젠의 비중량은 $0.899\times10^3[kg_f/m^3]$이다.**

① 0.268 ② 26.798
③ 2.680 ④ 25.400

10 그림과 같이 큰 수조에서 관을 통하여 물을 분출시킬 때 관에 의한 수두 손실이 $1.5[m]$라면 물의 분출속도는 몇 $[m/\text{sec}]$인가?

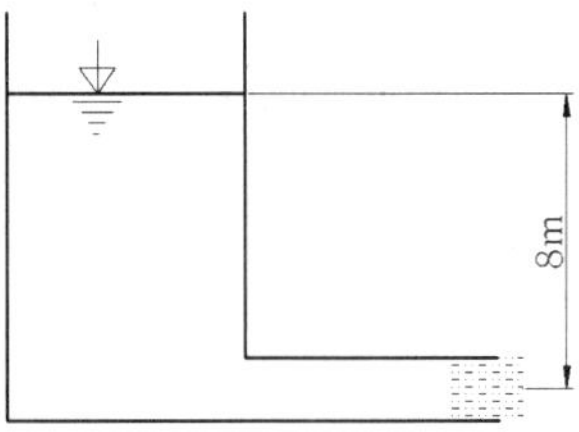

① 8.85
② 11.3
③ 12.5
④ 14.7

11 지름이 $2[cm]$인 관 속을 흐르는 물의 속도가 $1[m/\text{sec}]$이면 유량은 몇 $[cm^3/\text{sec}]$인가?

① 3.14　② 314
③ 6.28　④ 6.28×10^2

12 그림과 같은 3각 위어에서 유량 공식은 어느 것인가? 단, C는 유량계수이다.

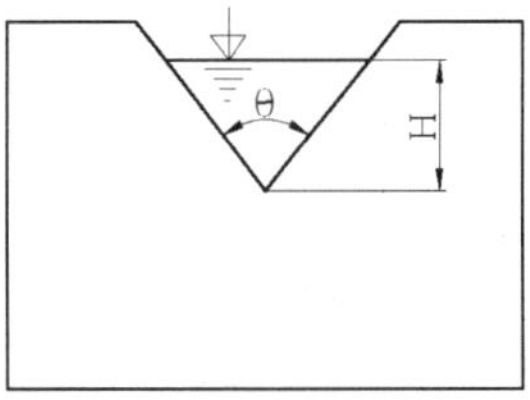

① $Q=\frac{8}{15}C\cdot\sin\frac{\theta}{2}\sqrt{2gH^5}$
② $Q=\frac{8}{15}C\cdot\cos\frac{\theta}{2}\sqrt{2gH^5}$
③ $Q=\frac{8}{15}C\cdot\tan\frac{\theta}{2}\sqrt{2gH^5}$
④ $Q=\frac{8}{15}C\cdot\cot\frac{\theta}{2}\sqrt{2gH^5}$

13 상온에서 물의 밀도는?

① $102[kg_f\cdot m^2/\text{sec}]$　② $102[kg_f\cdot \text{sec}^2/m^4]$
③ $204[kg_f\cdot m^4/\text{sec}]$　④ $204[kg_f\cdot \text{sec}^2/\text{sec}]$

14 길이가 $400[m]$이고 지름이 $25[cm]$인 관에 평균속도 $1.32[m/\text{sec}]$로 물이 흐르고 있다. 관마찰계수가 0.0422일 때 손실수두는 몇 $[m]$인가?

① 12　② 4.54
③ 60　④ 6

15 폭 $4[m]$, 길이 $6[m]$의 수직 평판 수문에 작용하는 압력에 의한 전체 힘은 몇 $[kg_f]$인가? 단, 수문의 상단은 물의 수면 아래 $10[m]$인 곳에 놓여 있다.

① 31200 ② 240000
③ 90000 ④ 60000

16 그림과 같이 물의 유동방향에 대해 $30°$ 만큼 경사진 판이 있다. 윗면에서의 물의 속도가 V_u, 아랫면에서의 물의 속도가 V_d이고 판의 면적이 A일 때 판에 미치는 양력은 얼마인가? 단, 판의 무게는 무시한다.

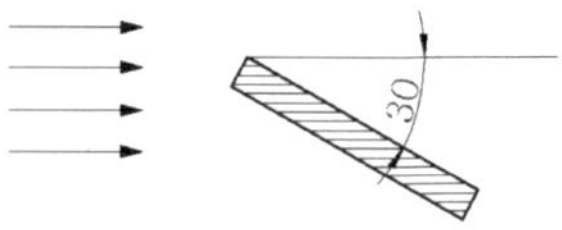

① $\frac{\rho A}{4}(V_u^2 - V_d^2)$

② $\rho A(V_u^2 - V_d^2)$

③ $\frac{\sqrt{3}\rho A}{4}(V_d^2 - V_u^2)$

④ $\frac{\rho A}{\sqrt{3}}(V_d^2 - V_u^2)$

17 무게가 $20[ton]$인 피스톤 이에 무게가 W인 물체를 올려놓았더니 수은이 피스톤 아랫면보다 $5[m]$ 높이 올라가서 평형상태가 되었다. 수은 비중이 13.6이고 피스톤 단면적이 $1[m^2]$일 때 물체의 무게는 몇 $[ton]$인가?

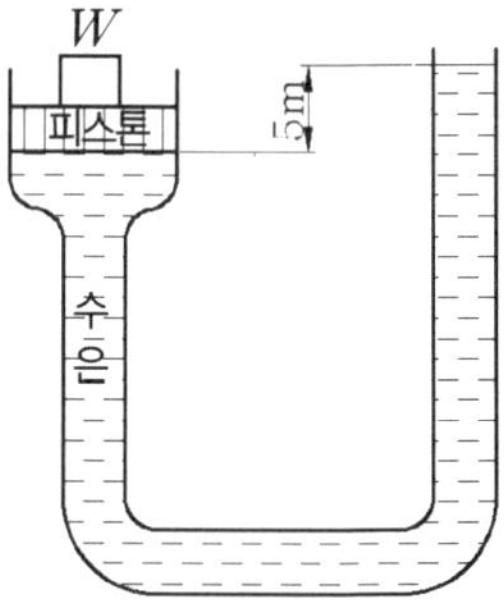

① 48
② 66
③ 68
④ 88

18 단면적이 $30[cm^2]$인 원통형의 물체를 물 위에 놓았더니 그림과 같이 떠 있었다. 물체의 무게는?

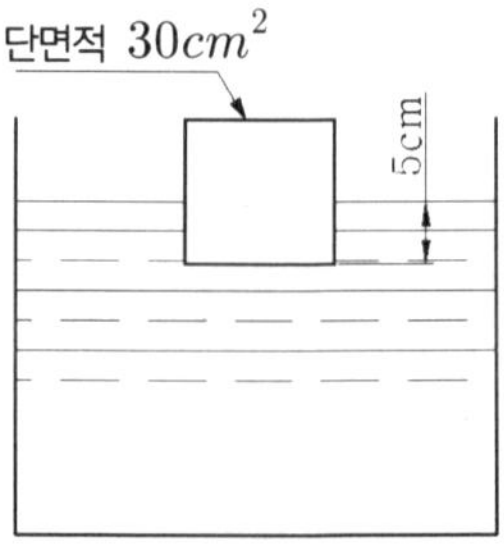

① $150[g]$ ② $300[g]$
③ $150[kg]$ ④ $300[kg]$

19 어떤 로켓 엔진이 매초 m_0의 산소와 m_h의 수소를 혼합 연소하여 배기 노즐을 통해 V_j 속도로 배출하고 있다. 모든 압력을 무시할 때 로켓의 추력은 얼마인가?

① $(m_0 + m_h)V_j$　② $(m_0 - m_h)V_j$
③ $(m_0 + m_h)/V_j$　④ $(m_0 - m_h)/V_j$

20 두 개의 가벼운 공이 천정에 매달려 있다. 공 사이로 공기를 불어 넣으면 두 개의 공은 어떻게 되겠는가?

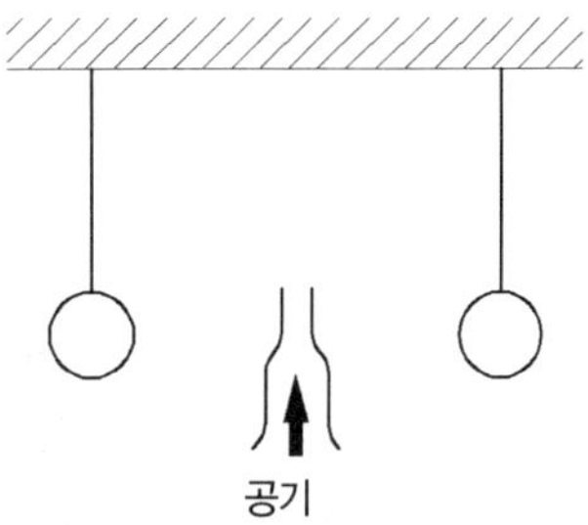

① 뉴턴의 법칙에 따라 벌어진다.
② 뉴턴의 법칙에 따라 달라붙는다.
③ 베르누이의 법칙에 따라 벌어진다.
④ 베르누이의 법칙에 따라 달라붙는다.

21 그림과 같은 벤츄리관에 물이 흐르고 있다. 단면 1과 단면 2의 단면적 비가 2이고 압력 수두차가 Δh일 때 단면 1에서의 속도를 구하라.

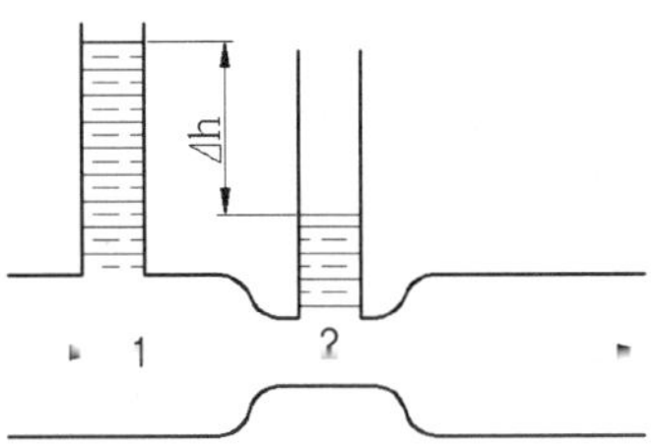

① $\frac{\sqrt{g\Delta h}}{3}$
② $\sqrt{\frac{g\Delta h}{2}}$
③ $2\sqrt{\frac{2g\Delta h}{3}}$
④ $\sqrt{g\Delta h}$

22 그림과 같이 벽에 붙어 있는 $180°$의 깃에 단면적 A_0로 분사된 물이 부딪치고 있다. 물이 벽에 미치는 힘을 구하라.

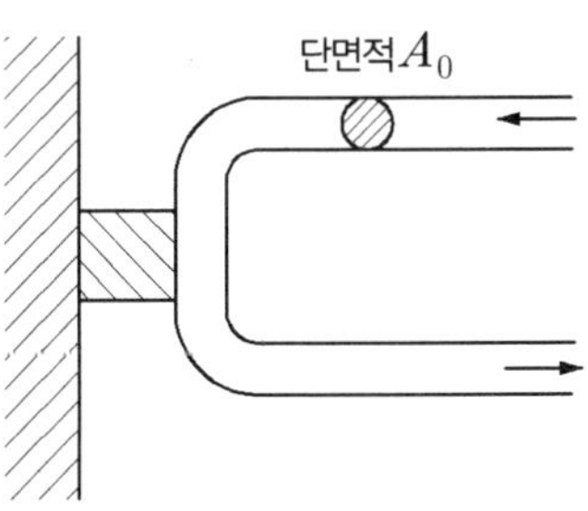

① 0　② $\frac{1}{2}\rho A_0 V^2$
③ $\rho A_0 V^2$　④ $2\rho A_0 V^2$

23 흐르는 물의 속도를 측정하기 위하여 수면에서 깊이 k 되는 곳에 피토 튜우브(pitot tube)의 측정부를 놓았더니 피토 튜우브 내의 불놓이가 수면보다 h만큼 놓았다. 흐르는 물의 속도는 얼마인가?

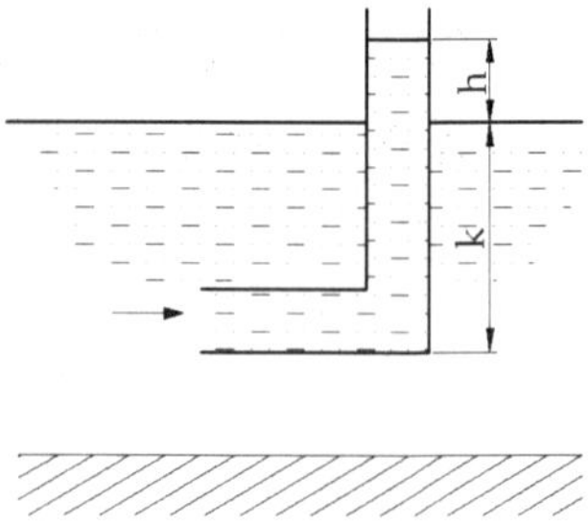

① $\sqrt{2gh}$
② $\sqrt{2g(h+k)}$
③ $\sqrt{2g(h-k)}$
④ $\sqrt{2gk}$

24 그림과 같이 수은을 이용한 U자형의 액주계를 이용하여 용기 안의 물의 압력을 측정하려고 한다. A점에서의 물의 절대압력은 몇 $[mmHg]$인가? 단, 대기압은 $760[mmHg]$이다.

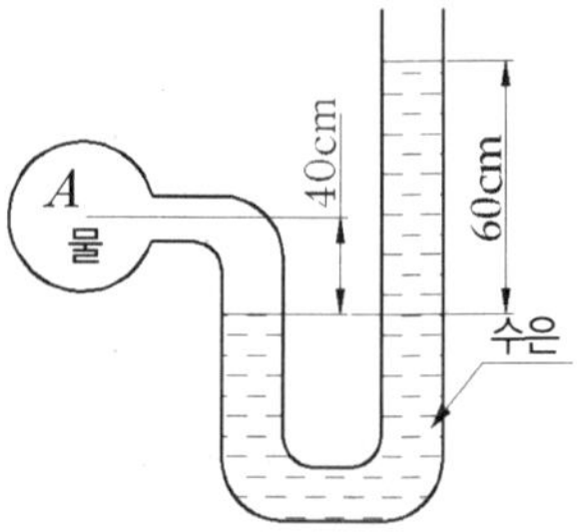

① 530
② 960
③ 1330
④ 1390

25 단면적 $30[cm^2]$인 입구로 $3[m/\sec]$의 속도로 물이 흘러 들어오고 있다. 그리고 단면적이 $10[cm^2]$인 단면 ②를 통하여 $5[m/\sec]$의 속도로 흘러 나가고 있다. 단면 ③을 통하여 나가는 속도는 몇 $[m/\sec]$인가?

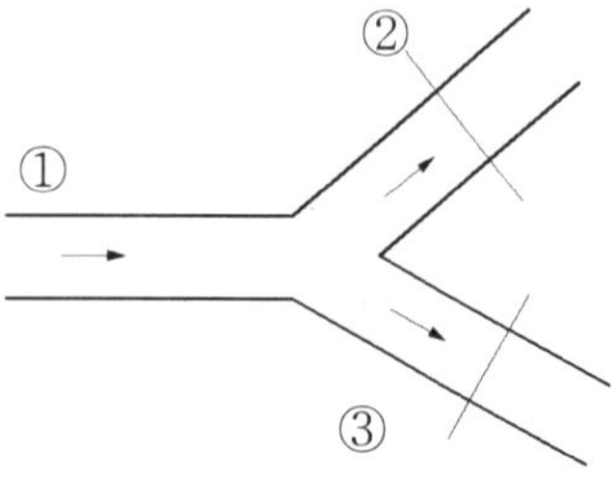

① 2
② 3
③ 4.5
④ 5

[세 번 째] 건설기계기사 2급

1 정지 유체 속에서의 압력의 변화 dp와 깊이의 변화 dy와의 관계는 비중량을 γ, 밀도를 ρ라고 할 때 다음 중 어느 것인가?

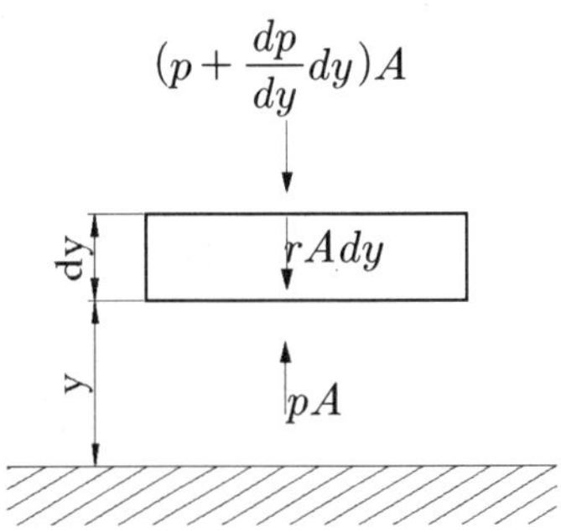

① $dy=-\gamma dp$
② $dp=-\rho dy$
③ $dy=dp$
④ $dp=-rdy$

2 물 속에서 소 압축파의 속도는? 단, 물의 체적 탄성계수 $E=2.07\times10^8$ $[kg_f/m^2]$이다.

① 340 ② 1424
③ 343 ④ 1025

3 그림과 같이 바깥지름 $20[mm]$의 유리관에 납을 넣어 물에 넣었더니 $90[mm]$ 내려갔다. 다음에 그 유리관을 어떤 기름 중에 넣었더니 $110[mm]$ 내려갔다. 이 때 기름의 비중은?

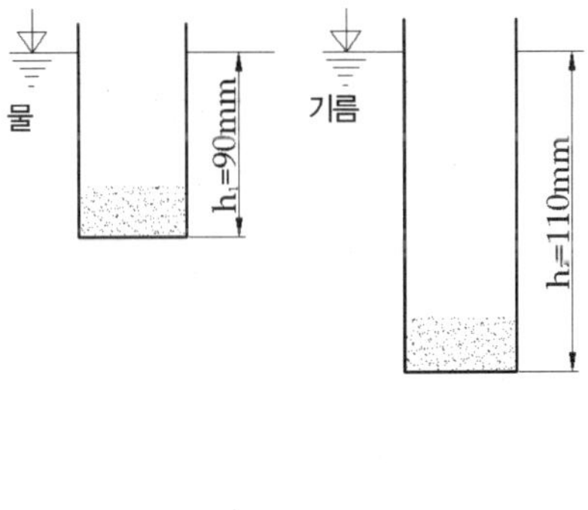

① 1.218
② 0.72
③ 0.818
④ 0.618

4 밑변의 지름이 $8[cm]$인 직립 원통의 용기에 높이 $30[cm]$ 가량 물이 들어 있다. 이 원통의 밑변이 받는 전압력은 몇 $[kg_f]$인가?

① 3.57 ② 1.5
③ 4.3 ④ 3.17

5 **레이놀드 수 Re는?**

① $Re = \frac{\gamma Q}{2g}$　② $Re = \frac{mV}{\mu}$

③ $Re = \frac{\gamma H}{\rho}$　④ $Re = \frac{vd}{\nu}$

6 **다음 설명 중 실제 유체에 대한 것은?**

① 점성을 무시할 수 없다.　② 점성을 무시할 수 있다.

③ 점성과는 관계가 없다.　④ 이상유체라고도 한다.

7 **U자관에서 어떤 액체 $25[cm]$의 높이와 수은 $3.3[cm]$ 높이가 평형을 이루고 있다. 이 액체의 비중은? 단, 수은의 비중은 13.6이다.**

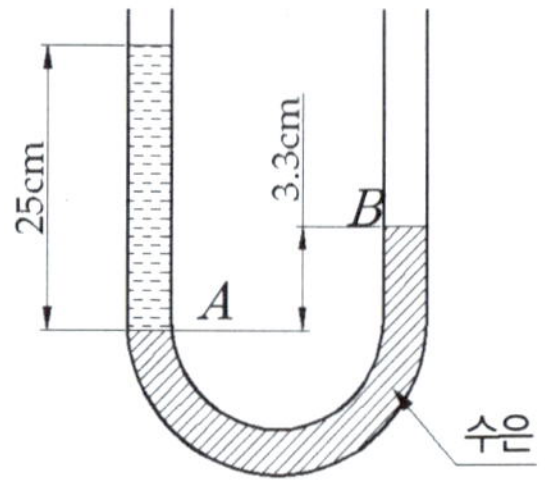

① 1.8

② 1.52

③ 2.067

④ 15.2

8 **다음 변수 중에서 무차원 수가 아닌 것은?**

① 레이놀드 수　② 음속

③ 마아수　④ 프로우드 수

9 **그림과 같이 $8[m] \times 4[m]$의 수직 수문 평판 AB가 있다. B점에서 힌지(hinge)로 연결되어 있을 때 이 문을 열기 위한 힘 F는 얼마 인가?**

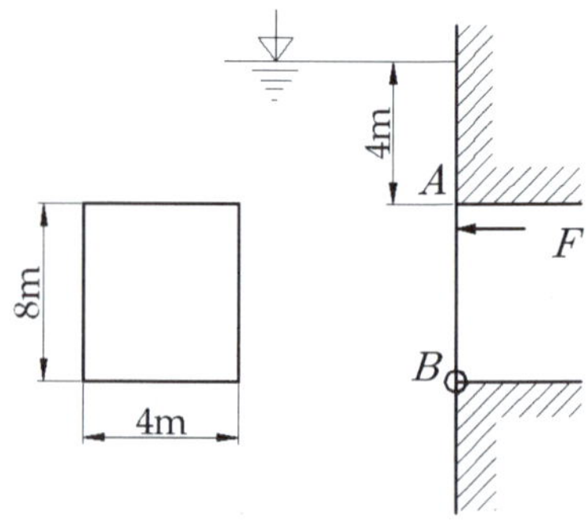

① 554688

② 177344

③ 106560

④ 27734

10 **비누 풍선 속의 압력 P를 표면장력 T와 비누 풍선의 지름 d로 표시하면?**

① $P=\frac{4T}{d}$　② $P=\frac{T}{4d}$

③ $P=\frac{T}{d}$　④ $P=\frac{2T}{d}$

11 **갑자기 확대된 유로에서 생기는 손실 수두는?**

① $\frac{V_1^2}{2g}$　② $\frac{(V_1-V_2)}{2g}$

③ $\frac{(V_2^2-V_1^2)}{2g}$　④ $\frac{(V_1-V_2)^2}{2g}$

12 **두 피스톤의 지름이 각각 $25[cm]$와 $5[cm]$이다. 큰 피스톤을 $1[cm]$만큼 움직이면 작은 피스톤은 몇 $[cm]$ 움직이겠는가? 단, 누설량과 압축은 무시한다.**

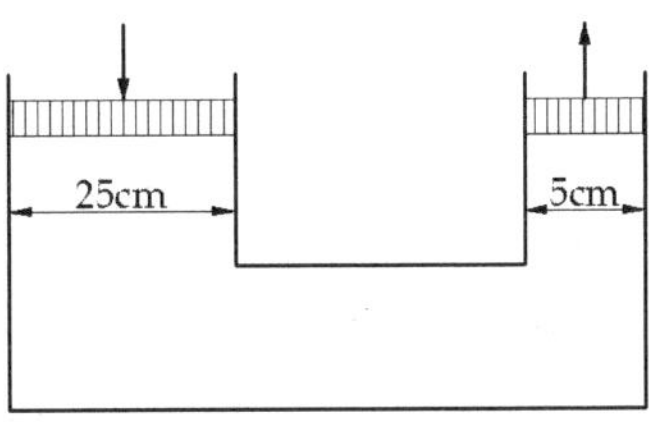

① 15　② 20

③ 25　④ 5

13 **유량을 측정하는 장치가 아닌 것은?**

① 오리피스　② 위어

③ 벤튜리미터　④ 마노미터

14 **지름 $10[cm]$의 분류가 속도 $50[cm]$로서 $25[m/sec]$로 이동하는 곡면판에 그림과 같이 충돌한다. 충격력은 몇 $[kg_f]$인가?**

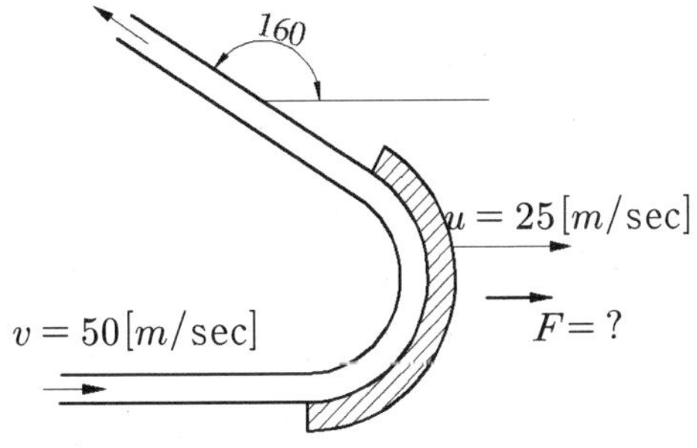

① 388

② 971.6

③ 30.4

④ 60.4

15 동력의 차원은 무엇인가?

① ML^2T^{-2}　　② $ML^{-1}T^{-2}$
③ MLT^{-2}　　④ ML^2T^{-3}

16 다음 그림과 같이 수평 수관의 2개소의 압력의 차를 측정하기 위하여 하부에 수은을 넣은 U자관을 부착시켰다. 이 때 U자관의 수은의 차를 읽었더니 $h = 500[mm]$이다. $P_1 - P_2$는 몇 $[kg_f/cm^2]$인가?

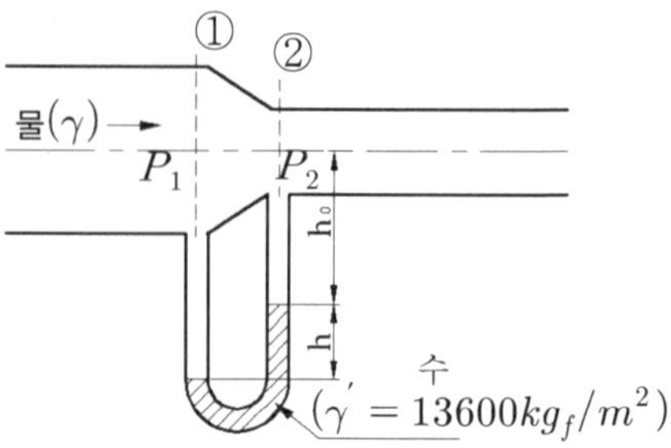

① 0.63
② 1.38
③ 0.38
④ 1.63

17 물이 $6[m/\sec]$의 속도로 유동하고 있다. 비중이 1.25인 액체를 포함한 시차 액주계가 피토관에 설치되어 있다. 게이지 기둥의 차는 몇 [m]인가? 단, 속도계수는 1이다.

① 0.216　　② 7.346
③ 1.836　　④ 1.216

18 어떤 기름의 동점성계수가 1.5 스토크스이고 비중량이 $0.00085[kg_f/cm^3]$일 때 점성계수는?

① $1.3 \times 10^{-6}[kg_f \cdot \sec/m^2]$
② $0.013[kg_f \cdot \sec/cm^2]$
③ $0.13 \times 10^{-6}[kg_f \cdot \sec/m^2]$
④ $0.013[kg_f \cdot \sec/m^2]$

19 $40[kg_f/\sec]$의 물이 안지름 $20[cm]$의 관속에서 흐르고 있다. 평균 유속은 몇 $[m/\sec]$인가?

① 12.7　　② 1.27
③ 0.127　　④ 0.0127

20 레이놀드 수가 1200인 관에 대한 마찰계수 f의 값은?

① 0.053　　② 0.032
③ 0.016　　④ 0.046

21 정상류와 관계가 있는 식은? 단, u : 유속, s : 거리, t : 시간이다.

① $\frac{\partial u}{\partial s}=0$　　② $\frac{\partial u}{\partial s}\neq 0$
③ $\frac{\partial u}{\partial t}=0$　　④ $\frac{\partial u}{\partial t}\neq = 0$

22 이동 날개에 분류를 분출시켜 분류 방향으로 $160[kg_f]$의 힘을 가했더니 이 때 날개는 분류 방향으로 $20[m/\sec]$의 속력으로 이동되었다. 얻어진 공률은 몇 마력인가?

① 42.7　　② 10
③ 15　　④ 25

23 수력 구배선 $H.G.L$ 이란?

① 에니지선 $E.L$ 보다 위에 있어야 한다.
② 항상 수평이 된다.
③ 위치 수두와 속도 수두의 합을 나타내며 주로 에너지선 밑에 위치한다.
④ 위치 수두와 압력 수두와의 합을 나타내며 주로 에너지선보다 아래에 위치한다.

24 유체 속에 잠긴 물체에 작용되는 부력은?

① 물체의 중력과 같다.
② 물체의 중력보다 크다.
③ 그 물체에 의해서 배제된 액체의 무게와 같다.
④ 유체의 비중량과는 관계없다.

25 베르누이 방정식이 아닌 것은?

① $\frac{dA}{A}+\frac{d\rho}{\rho}+\frac{dV}{V}=0$

② $\frac{dP}{\gamma}+d\left(\frac{V^2}{2g}\right)+dZ=0$

③ $\frac{P_1}{\gamma}+\frac{V_1^2}{2g}+Z_1=\frac{P_2}{\gamma}+\frac{V_2^2}{2g}+Z_2$

④ $\frac{P}{\gamma}+\frac{V^2}{2g}+Z_1=\text{const}$

[네 번 째] 일반기계기사 2급

1 그림과 같은 피토 정압관의 액주계 눈금이 $h=150[mm]$이고 관속의 유속이 $6.09[m/\sec]$로 물이 흐르고 있다면 액주계 액체의 비중은 얼마인가?

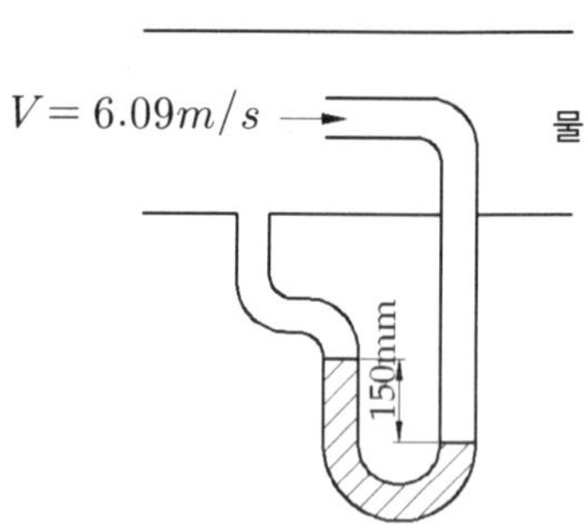

① 5.623 ② 11.132

③ 12.142 ④ 13.615

2 온도 $15[^\circ C]$, 기압 $760[mmHg]$인 대기중의 풍속을 피토관으로 측정하려 한다. 이 때 전압이 대기압보다 $52[mmAq]$만큼 높았다. 풍속은 몇 $[m/\sec]$인가? 단, 피토관의 속도계수가 1이고 공기의 기체상수 $R=29.27[m/^\circ K]$이다.

① 20.8 ② 28.8

③ 32.6 ④ 64.2

3 물이 들어 있는 수조에 수면으로부터 $10[m]$ 깊이에 지름 $10[cm]$의 노즐이 달려 있다. 이 노즐의 속도계수가 0.9라 할 때 1분간에 흘러나오는 유량은 몇 $[m^3/\min]$인가? 단, 수조의 수면은 항상 일정하다.

① 5.93 ② 4.39

③ 3.42 ④ 2.94

4 **V-notch 위어를 통하여 흐르는 유량은? 단, H는 위어 상봉으로부터 수면까지의 깊이이다.**

① $H^{-\frac{1}{2}}$에 비례한다.

② $H\frac{1}{2}$에 비례한다.

③ $H^{\frac{3}{2}}$에 비례한다.

④ $H^{\frac{5}{2}}$에 비례한다.

5 **비중 0.96, 점성계수 $0.10[kg \cdot \sec/m^2]$인 석유를 매분 $150[l]$로 안지름 $90[mm]$의 파이프를 통하여 $25[km]$ 떨어진 곳에 수송하려 할 때 관의 마찰계수는?**

① 1.5 ② 1.85
③ 1.7 ④ 2.25

6 **안지름 $5[mm]$인 액주계로 압력을 측정하니 수주 $400[mm]$이다. 관 속의 액체는 물이며 이 때 표면장력은 $7.57 \times 10^{-3}[kg]m]$이고 접촉각을 $10°$라 하면 실제의 게이지 압력은 수주로 몇 $[mmAq]$인가?**

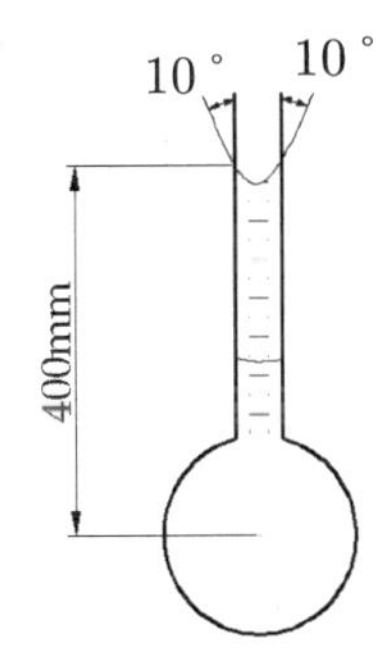

① 88.85
② 199.40
③ 299.46
④ 394.04

7 **비중 0.8, 점성계수 $\mu = 9 \times 10^{-5}[kg_f \cdot s/m^2]$인 유체가 안지름 $25[mm]$인 원관 내에 $3[m/\sec]$로 흐른다. 이 때 이 흐름은?**

① 압축성 흐름이다. ② 층류이다.
③ 난류이다. ④ 층류인지 난류인지 구별할 수 없다.

8 그림에서 최소 지름 부분 A의 지름이 $10[cm]$, 유출구 B의 지름이 $40[cm]$의 관으로부터 유량 $50[l/\sec]$로서 유출하고 있을 때 A 부분에서 물을 흡상하는 높이는 몇 $[m]$ 정도인가?

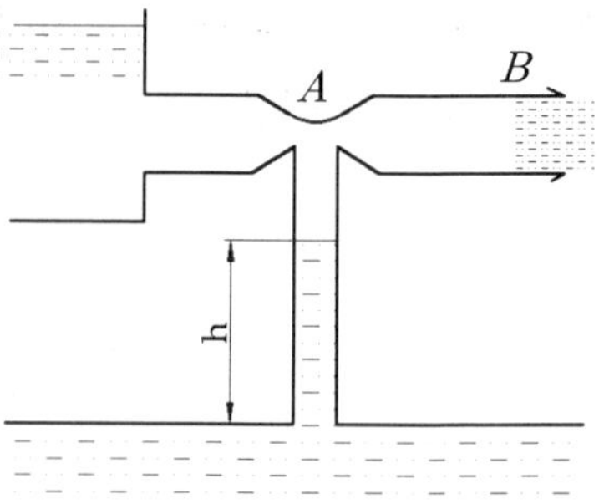

① 2.06
② 4.32
③ 5.45
④ 6.93

9 안지름이 $305[mm]$, 길이가 $500[m]$인 주철관을 통하여 유속 $2.5[m/\sec]$로 흐를 때 압력수두 손실은 몇 $[m]$인가? 단, 관마찰계수 f는 0.03이다.

① 5.47 ② 13.6
③ 15.7 ④ 30

10 그림과 같은 탱크에 물이 들어 있다. 밑면 AB에 작용하는 힘은 몇 $[kg_f]$ 인가? 단, 탱크의 나비는 $1.5[m]$이다.

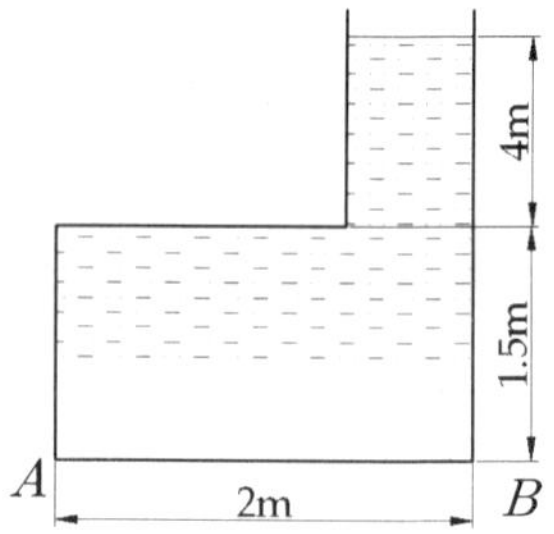

① 12500 ② 14500
③ 15500 ④ 16500

11 단면적 $10[cm^2]$, 분류속도 $20[m/\sec]$로 물이 분출된다. 이 물이 단일 이동 날개에 분사할 때, 단위 시간당 운동량의 변화를 일으키는 질량은 3.06 $[kg \cdot \sec^2/m \cdot \sec]$일 때 이 단일 이동날개의 이동속도는 몇 $[m/\sec]$인가?

① 1 ② 10
③ 2 ④ 20

12 $10[m/\sec]$로 상온의 공기중으로 나는 물체 표면의 이론 온도 증가는 몇 $[°C]$ 인가? 단, $R = 29.27[kg_f \cdot m/kg \cdot °K]$, $k = 1.4$이다.

① 0.05 ② 0.5
③ 5 ④ 50

13 **경심(metacenter)의 높이는?**

① 부심과 미터 센터 사이의 거리
② 부심에서 부양축에 내린 수선
③ 중심과 부심 사이의 거리
④ 중심과 미터 센터 사이의 거리

14 **다음은 유체 마찰과 고체 마찰의 차이를 설명한 것이다. 옳지 않은 것은 어느 것인가?**

① 유체 마찰은 유체 입자끼리의 미끄럼에 의하여 일어난다.
② 유체 마찰은 유체와 고체벽 사이의 미끄럼에 의하여 생긴다.
③ 고체 마찰의 크기는 두 고체간의 압력에 정비례한다. 그러나 유체 마찰에 의한 저항은 많은 경우 압력에 무관하다.
④ 고체 마찰의 크기는 접촉면의 대소에 직접 관계하지 않는다. 반면에 유체 마찰의 크기는 대체로 접촉면 넓이에 비례한다.

15 **다음 중 연속 방정식이 아닌 것은 어느 것인가?**

① $\frac{\partial}{\partial t}(\rho A)+\frac{\partial}{\partial s}(\rho A v)=0$
② $\rho_1 A_1 v_1 = \rho_2 A_2 v_2$
③ $\frac{\partial u}{\partial x}+\frac{\partial v}{\partial y}+\frac{\partial w}{\partial z}=0$
④ $\frac{dx}{u}=\frac{dy}{v}=\frac{dz}{w}$

16 **수평면과 45° 경사를 갖는 지름 $250[mm]$인 권관으로부터 상방향으로 유출하는 물 제트의 유출속도가 $9.8[m/\mathrm{sec}]$라고 한다면 물 제트이 최고 높이는 몇 $[m]$인가?**

① 2.45 ② 3
③ 3.45 ④ 4.45

17 운동량 수정계수를 표시하는 식은 어느 것인가?

① $\beta = \frac{1}{A}\int_A \left(\frac{v}{V}\right)^4 dA$

② $\beta = \frac{1}{A}\int_A \left(\frac{v}{V}\right)^3 dA$

③ $\beta = \frac{1}{A}\int_A \left(\frac{v}{V}\right)^2 dA$

④ $\beta = \frac{1}{A}\int_A \left(\frac{v}{V}\right)^{dA}$

18 그림과 같은 사이펀(siphon)에서 흐를 수 있는 유량은 몇 $[m^3/hour]$ 인가?

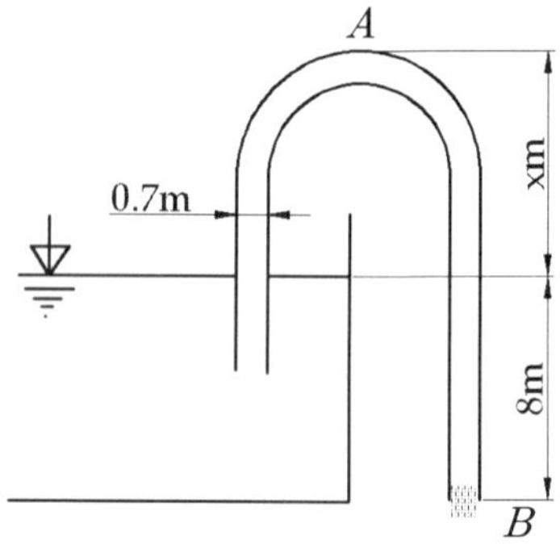

① 4818

② 17346

③ 209

④ 1156

19 Euler의 방정식 은 유체 유동에 대하여 어떠한 관계를 표시하는가?

① 유동장의 1점에 있어 어떤 순간에 여기를 통과하는 유체 분자의 가속도와 그것에 미치는 힘과의 관계를 표시한다.

② 유체가 가지는 에너지와 이것이 하는 일과의 관계를 표시한다.

③ 유선에 따른 유체의 질량이 어떻게 변화 하는가를 표시한다.

④ 유체 분자의 운동 경로와 힘의 관계를 나타낸다.

20 그림에서 물이 들어 있는 탱크 밑의 ② 부분에 작은 구멍이 뚫려 있을 때 이 구멍으로부터 흘러나오는 물의 속도는 다음 중 어느 것인가? 단, 물의 자유표면 ① 및 ②에서의 압력을 P_1, P_2라 하고 작은 구멍으로부터 표면까지의 높이를 h라고 한다. 또 구멍을 작고 정상류로 흐른다.

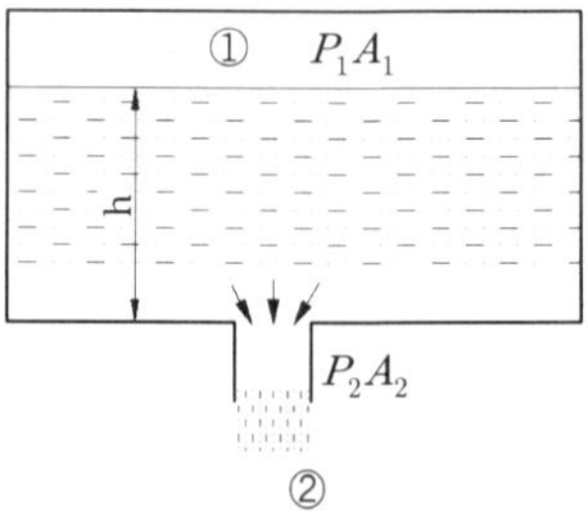

① $V_2 = \sqrt{h + 2g\left(\frac{P_1 - P_2}{\gamma}\right)}$

② $V_2 = \sqrt{h - 2g\left(\frac{P_1 - P_2}{\gamma}\right)}$

③ $V_2 = \sqrt{2g\left(h - \frac{P_1 - P_2}{\gamma}\right)}$

④ $V_2 = \sqrt{2g\left(\frac{P_1 - P_2}{\gamma} + h\right)}$

21 유체가 $5[m/\sec]$의속도로 흐를 때 이 유체의 l 속도 수두는 몇 $[m]$인가? 단, 지구 중력 가속도는 $9.8[m/\sec^2]$이다.

① 2.55 ② 1.28
③ 1.96 ④ 0.39

22 그림과 같이 $50[cm] \times 3[m]$의 수문 평판 AB를 $30°$로 기울어지게 놓았다. A점에서 힌지(hinge)로 연결되어 있으며 이 문을 열기 위한 힘(F, 수문에 수직)은 몇 $[kg_f]$인가?

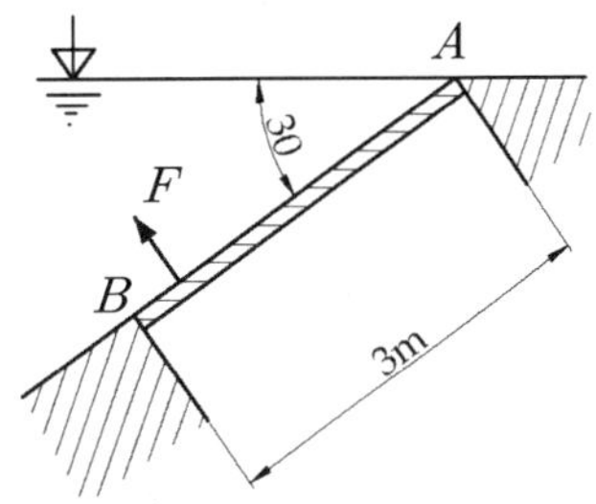

① 650
② 600
③ 850
④ 750

23 어떤 돌의 중량이 공기 중에서 $30[kg_f]$이고 수중에서는 $20[kg_f]$이다. 돌의 체적과 비중은?

① $V=0.01[m^3]$,$S=3$ ② $V=0.02[m^3]$,$S=2.5$
③ $V=0.015[m^3]$,$S=3$ ④ $V=0.01[m^3]$,$S=2$

24 $L_m : L_p = 1:20$인 모형 잠수함의 모형 실험을 해수에서 하고자 한다. 만일 실형 잠수함을 $6[m/\sec]$로 훈전하려 한다면 모형 잠수함의 속도는 몇 $[m/\sec]$로 실험하여야 하는가?

① 600 ② 120
③ 60 ④ 30

25 (폭)×(높이)=$a \times b$ 인 직사각형 수문의 도심이 수면에서 h의 깊이에 있을 때 압력 중심의 위치는 수면 아래 어디에 있는가?

① $\frac{2}{3}h$ ② $\frac{1}{3}h$
③ $h+\frac{bh^3}{12}$ ④ $h+\frac{b^2}{12h}$

[다섯 번 째] 일반기계기사 1급

1 유체를 연속체로 가정할 수 있는 조건은 다음 중 어느 것인가?

단, 여기서 l은 문제의 특성길이(characteristic length)이며, λ는 분자의 평균 운동거리(molecular mean free path)이다.

① $l \gg \lambda$

② $l \cong \lambda$

③ $l \ll \lambda$

④ 위의 조건에 관계없이 언제나 연속체로 가정할 수 있다.

2 비교적 빠른 점성류에서 물체의 저항계수 C_D는 레이놀드 수의 함수이다. 즉, $C_D = f(Re)$, 기하학적으로 상사한 물체에 대하여 모델로부터 저항계수를 측정하여 원형(prototype)의 저항계수를 알려고 한다. 옳은 것은?

① 레이놀드 수를 같게 하면 된다.

② 속도를 같게 하면 된다.

③ 레이놀드 수와 속도를 동시에 같게 하면 된다.

④ 위의 어느 것도 옳지 않다.

3 프로펠러의 상, 하류에 있어서 유체의 속도를 v_1, v_2라 하면 그 추진력 F는? 단, 유체의 밀도는 ρ, 비중량은 γ, 유량은 Q이다.

① $F = \rho Q(v_2 - v_1)$　　② $F = \gamma Q(v_2 - v_1)$

③ $F = \rho Q(v_1 - v_2)$　　④ $F = \gamma Q(v_1 - v_2)$

4 그림과 같은 장치로서 관 속으로 흐르는 유체의 공식을 사용하여 유체의 점성계수를 측정하고자 한다. 그림에 나타난 값 이외에 다음 어느 것을 측정하면 유체의 점성계수를 측정할 수 있겠는가?

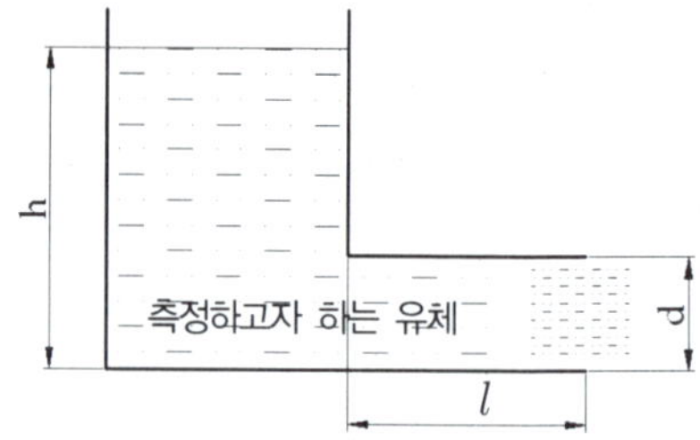

① 대기의 압력을 측정하면 된다.

② 단위시간당 유량을 측정하면 된다.

③ 유체의 온도를 측정하면 된다.
④ 유체의 압력과 온도를 동시에 측정해야 한다.

5 **공기 중의 소리 속도 C는 $C=\left(\dfrac{\partial p}{\partial \rho}\right)_S$로 주어지며 소리의 속도 C는 온도와 관계있다. 다음 중 맞는 것을 골라라. 단, T는 주위의 절대온도이다.**

① $C \propto \sqrt{T}$　　② $C \propto T^2$
③ T에 관계없이 일정　　④ $C \propto T^3$

6 **똑같은 단면을 진 날개를 그림과 같이 빠른 점성류(high Reynolds number flow)에 놓일 때 바르게 표현한 것은 다음 중 어느 것인가? 단, 항력은 압력 저항과 표면 마찰 저항으로 되어 있고 흐름 분리 현상이 일어나면 압력 저항이 표면 마찰 저항보다 훨씬 크다는 사실을 이용할 것.**

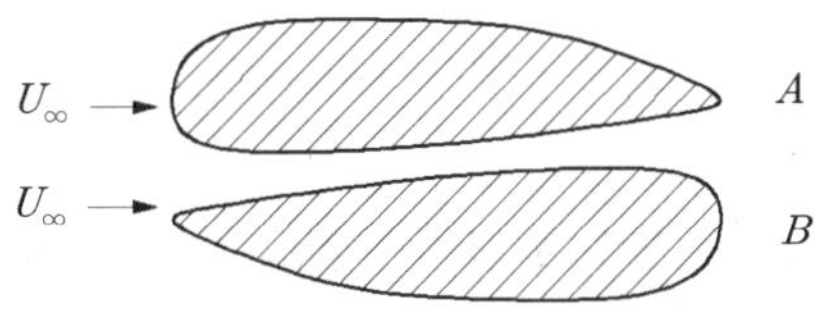

① 항력이 같다.
② A의 항력이 B보다 크다.
③ A의 항력이 B보다 적다.
④ A의 항력이 B보다 클 수도 적을 수도 있다.

7 **압축성 이상유체(compressible ideal fluid)의 운동을 지배하는 기본 방정식은 연속 방정식, 운동량 방정 외에 필요한 방정식은 다음 중 어느 것인가?**

① 에너지 방정식과 상태 방정식　　② 에너지 방정식
③ 상태 방정식　　④ 더 이상 필요 없다.

8 **직경이 $10[cm]$인 원관 속에 비중이 0.85인 기름이 $0.01[m^3/\text{sec}]$로 흐르고 있다. 이 기름의 동점성계수가 $1.5\times10^{-5}[m^2/\text{sec}]$일 때 이 흐름은?**

① 층류　　② 난류
③ 천이 구역에서의 흐름　　④ 등속류

9 레이놀드 수가 0.6 보다 작을 때의 구(球)의 항력은? 단, 구의 지름은 d, 속도는 v, 유체의 정성계수는 μ이다.

① $\pi d\mu v^2$ ② $\pi d\mu v$
③ $3\pi d\mu v$ ④ $3\pi d\mu v^2$

10 그림에서 $H = 5.75[m]$일 때 유량은 몇 $[m^3/\sec]$인가?

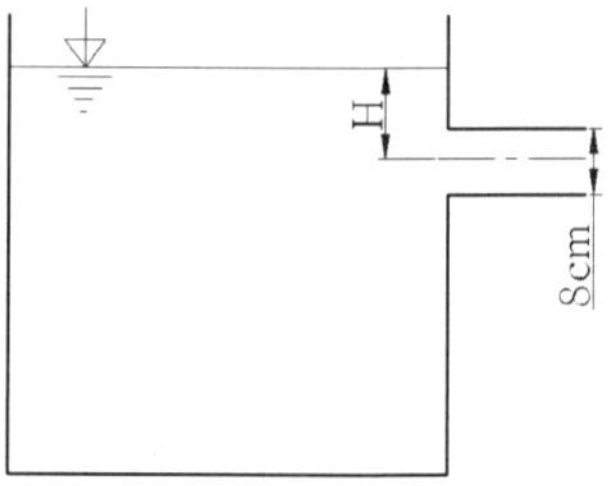

① 0.0545
② 0.2135
③ 0.0533
④ 0.2181

11 그림과 같은 수문 $ABCD$를 여는데 필요한 최소의 힘 F는 몇 $[kg_f]$인가?

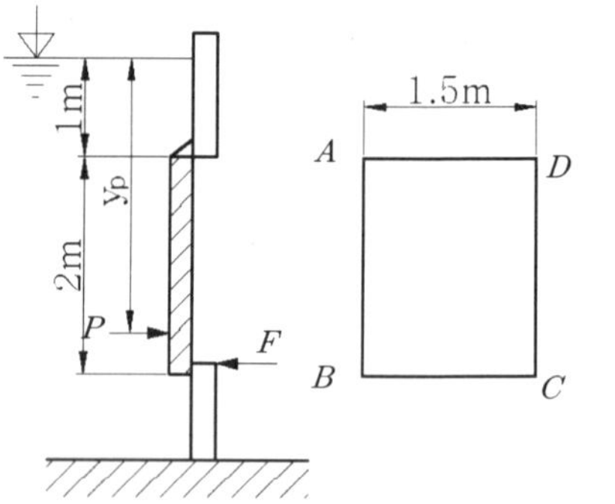

① 3000
② 3200
③ 3501
④ 3710

12 음속 $341[m/\sec]$인 공기 속을 초음속으로 나는 총알의 마하(Mach)각이 $40°$일 때 이 총알의 속도는 몇 $[m/\sec]$인가?

① 450 ② 500
③ 530 ④ 580

13 강제 회전 운동(forced vortex)은?

① 자유 회전 운동(free vortex)과 반대 방향으로 회전한다.
② 유체가 고체처럼 회전하라 때 일어난다.
③ 항상 자유 회전 운동과 함께 일어난다.
④ 속도가 반지름에 따라서 감소한다.

14 어떤 잠수정이 매시 $12[km]$의 속도로 잠항하는 상태를 관찰하기 위해서 원형의 1/10인 길이의 모형을 만들어 같은 해수에 넣어 탱크 내에서 실험하려 한다. 모형의 속도는 몇 $[km/h]$인가?

① 120 ② 12
③ 6 ④ 3

15 익폭 $8[m]$, 익현장 $1.5[m]$인 익형으로 된 비행기가 $110[m/\sec]$의 속도로 날고 있다. 이 때의 익형의 영각이 $1°$, 양력계수가 0.326, 항력계수가 0.068 이라고 하면 비행에 필요한 동력은 몇 $[PS]$인가? 단, 공기의 비중량 $1.2[kg_f/m^3]$, 본체의 영향을 무시한다.

① 1032 ② 886.6
③ 530.8 ④ 1326

16 매시 $800[km]$의 속도로 비행하는 제트기가 $400[m/\sec]$의 속도로 배기를 노즐에서 분출할 때 의 추진력은 몇 $[kg_f]$인가? 이 때 흡기량은 $25[kg/\sec]$이고 배기에는 연소가스가 $2.5[\%]$ 증가하는 것으로 본다.

① 400 ② 479
③ 497 ④ 749

17 $15[°C]$의 물 속을 압력파가 전달되는 속도는 몇 $[m/\sec]$인가? 단, 상온의 물의 압축율 $\beta = 5 \times 10^{-5}[cm^2/kg]$이다.

① 3600 ② 1400
③ 1200 ④ 1000

18 단관계통의 문제에 있어서 어느 배관계가 다른 배관계와 등가하게 같으려면(등가관이 되려면) 다음의 2 양이 같아야 한다. 옳은 것은?

① 손실수두와 유량
② 관 길이와 유량
③ 관길이와 관지름
④ 마찰계수와 관지름

19 그림과 같이 물이 담겨 있는 바켓트를 4.9 $[m/\sec^2]$의 가속도로 위로 끌어 올릴 때 A 점의 압력(계기)은 몇 $[g/cm^2]$인가?

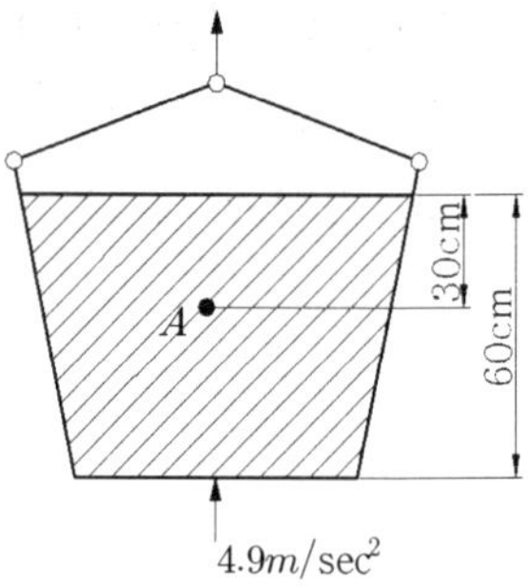

① 30
② 45
③ 4.9
④ 14.7

20 항공기와 선박의 프로펠러 효율을 비교해 보면?

① 모두 같다. ② 항공기〉선박
③ 항공기〈선박 ④ 프로펠러 효율은 없다.

[여섯 번 째] 일반기계기사 1급

1 물 제트가 고정된 날개에 부딪치고 있다. 제트의 유량은 $0.06[m^3/\sec]$이고 속도는 $45[m/\sec]$이다. 날개의 각도가 135° 일 때 고정된 날개에 걸리는 힘 P_x, P_y를 계산하면 각각 얼마인가?

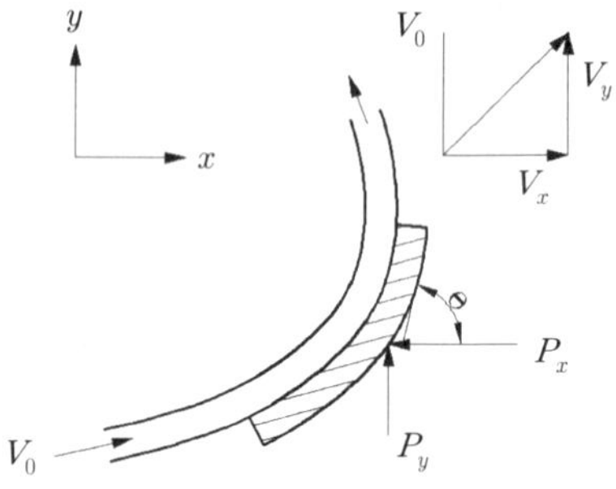

① $P_x = 468[kg], P_y = 180[kg]$
② $P_x = 470[kg], P_y = 184[kg]$
③ $P_x = 468[kg], P_y = 195[kg]$
④ $P_x = 470[kg], P_y = 195[kg]$

2 그림에서 수문을 넘어지게 하는 높이 y를 계산하면 얼마인가?

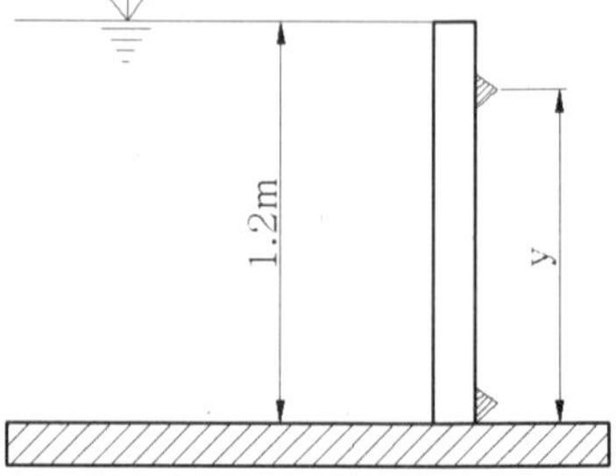

① 0.2[m] ② 0.4[m]
③ 1[m] ④ 0.6[m]

3 그림의 수면에서 $4[m]$인 곳에 45°로 기울어지게 설치된 지름 $2[m]$의 원형 수문이 있다. 수문의 자중을 무시하고 수문이 받는 전 압력을 그림을 참조하여 구하면 얼마인가?

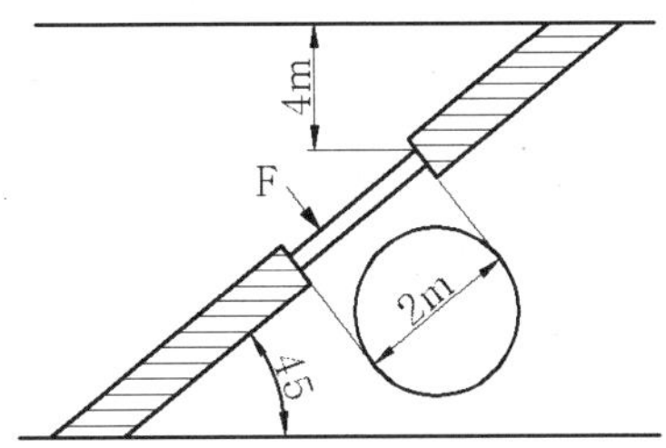

① 1278.7[kg]
② 1078.9[kg]
③ 14787.7[kg]
④ 1388.7[kg]

4 관 속의 흐름에 대하여 레이놀드 수를 Q, d 및 ν의 함수로 표시하면 다음 중 어느 것인가?

① $N_R = \dfrac{Q}{4\pi d\nu}$

② $N_R = \dfrac{4Q}{\pi d\nu}$

③ $N_R = \dfrac{dQ}{4\pi\nu}$

④ $N_R = \dfrac{\pi d\nu}{4Q}$

5 수면의 높이 H인 오리피스에서 유출하는 물의 속도 수두는 다음 값 중 어느 것인가? 단, 속도 계수는 C_v라 한다.

① $\dfrac{C_v}{H}$　　② C_vH

③ C_v^2H　　④ $\dfrac{C_v^2}{H}$

6 배가 물 위를 $8[m/\text{sec}]$로 지나간다. 배 뒤의 프로펠러를 지난 후의 물의 후류(slip stream) 속도는 $6[m/\text{sec}]$이다. 프로펠러의 지름을 $0.6[m]$라 하면 추력은 얼마인가?

① 985　　② 1897
③ 1321　　④ 2569

7 **벤츄리관의 입구의 안지름을 $30[cm]$, 목부의 안지름을 $10[cm]$라 하고 유량 $0.083[m^3/\mathrm{sec}]$의 경우의 입구와 목부와의 수두는 얼마인가? 단, 벤츄리의 유량 계수를 0.98이라 한다.**

① 9.2 ② 4.5
③ 5.9 ④ 7.2

8 **피토 정압관(pitot static tube)에서 측정되어지는 것은?**

① 유동하고 있는 유체에 대한 정압과 동압의 차
② 유동하고 있는 유체에 대한 정압
③ 유동하고 있는 유체에 대한 동압
④ 유동하고 있는 유체에 대한 전압

9 **$5[m/\mathrm{sec}]$의 속도로 진행하는 배의 전 길이가 $100[m]$, 조파 저항은 전 길이 $1[m]$의 모형을 가진 것을 실험하는 모형은 얼마의 속도로 움직이는가?**

① 1.5 ② 1.2
③ 0.8 ④ 0.5

10 **수평으로 놓인 노즐에서 물이 분출되고 있다. 이 노즐의 지름은 $5[cm]$이고 압력이 $10[kg/cm^2]$이다. 노즐에 걸리는 힘은 얼마인가?**

① 25.06 ② 450.2
③ 313 ④ 392

11 **$y_1 = 30[cm]$, $V_1 = 7[m/\mathrm{sec}]$로 흐르는 개수로에서 수력도약이 일어났다. y_2는 몇 $[cm]$인가?**

① 159 ② 462
③ 175 ④ 147

12 **안지름 $25[cm]$인 원관으로 $1500[m]$ 떨어진 곳(수평거리)에 물을 수송하려고 한다. 24 시간에 $10000[m^3]$을 보내는데 드는 압력은 얼마인가? 단, 마찰 계수는 0.035이다.**

① 0.6 ② 6.0
③ 60 ④ 0.06

13 원유가 그림과 같은 관로를 흐르고 A에서의 속도가 $2.4[m/\text{sec}]$이면, 개관 C에서 원유의 높이는?

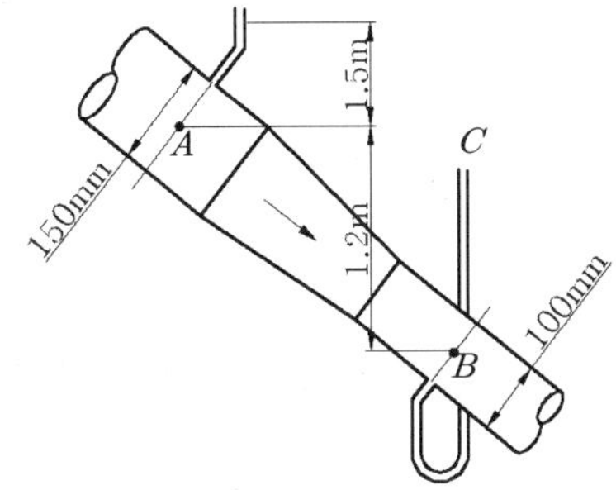

① 1
② 1.5
③ 2
④ 2.5

14 $20[m/\text{sec}]$의 속도로 공기 속을 지금이 $5[cm]$인 공이 날을 때 항력은 얼마인가? 단, 공기의 비중량은 $1.2[kg/m^3]$이고, 항력 계수는 0.4이다.

① 2.14×10^2 ② 21.4×10^{-2}
③ 1.92×10^{-2} ④ 19.2×10^{-2}

15 $85[l/\text{sec}]$의 유량과 $15[KW]$의 수차 출력을 낼 때의 압력 수두 h는?

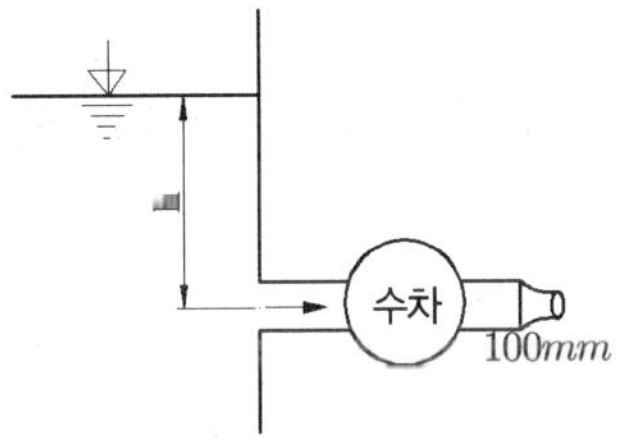

① 10.5 ② 18
③ 30 ④ 24

16 피토관-정압관이 밀도 $1.23[kg/m^3]$의 공기 유동과 주의 깊게 축이 유동 방향에 일치되도록 놓여 있다. 만약 부속된 시차식 액주계가 $150[mm]$ 수주의 읽음을 나타냈다면 공기 유동의 속도는 얼마인가?

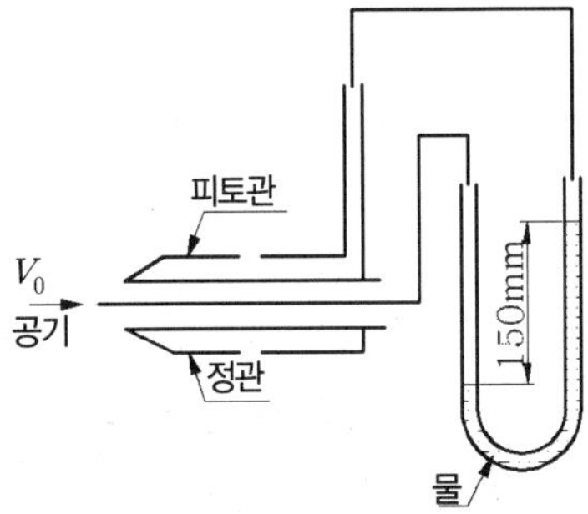

① 24.5
② 48.9
③ 15.2
④ 40.7

17 **수력도약이 일어나는 원인 중 옳은 것은?**

① 개수로에서 유량이 갑작스런 감소로 일어나는 에너지 손실
② 개수로에 흐르는 액체의 운동 에너지가 갑자기 위치 에너지로 변화
③ 개수로에서 유로 단면이 갑자기 증가하면 액체가 팽창
④ 비가역 과정이므로 비가역량만큼 수면이 상승

18 $30[cm]\times 20[cm]$**의 구형 단면 관로를 액체가 높이** $10[cm]$ **찬 상태로 흐르고 있다. 이 때 수력의 반지름은?**

① 3　　② 6
③ 10　　④ 12

19 **유체를 큰 탱크로부터 길이** $100[mm]$**, 지름** $4[mm]$**의 관을 통해 끌어내고 있다.** $600[\sec]$ **사이에** $13\times 10^{-4}[m^3]$**의 유체가 관으롭터 측정컵에 낙하할 때 관에서의 수두 손실이** $1[m]$**이다. 이 때 동점성계수** ν**는?**

① 0.00028　　② 0.00014
③ 0.00035　　④ 0.00017

20 **중력과 표면 장력에 의하여 지배되고 있는 유동 현상의 모형을 제작하고자 한다. 그 모평 척도에 대한 식을 세우면? 단,** σ_M **,** σ_P**는 모형과 원형의 표면 장력이고** ρ_M **,** ρ_P**는 모형과 원형의 밀도이다.**

① $\frac{l_M}{l_P}=\frac{\sigma_M\rho_P}{\sigma_P\rho_M}$　　② $\frac{l_M}{l_P}=\sqrt{\frac{\sigma_M\rho_P}{\sigma_P\rho_M}}$
③ $\frac{l_M}{l_P}=\sigma_M\rho_M+\sigma_P\rho_P$　　④ $\frac{l_M}{l_P}=\sigma_M\rho_P+\sigma_P\rho_M$

21 **안지름** $70[mm]$**인 직원관에 풍속** $30[m/\sec]$**인 공기를 보낸바, 원관의 길이** $1[m]$ **사이의 정압차가** $16[mmAq]$**가 되었다. 공기의 비중량을** $1.22[kg/m^3]$**로 하여 이 원관의 관마찰 계수를 구하면?**

① 0.02　　② 0.07
③ 0.002　　④ 1.22

22 $F=\dfrac{Q\gamma V}{g}$ **일 때 F의 단위는? 단, Q는 유량, γ는 비중량, V는 속도, g는 중력 가속도이다.**

① 뉴턴(Newton) ② m/sec
③ N/m^3 ④ $N\cdot\text{sec}$

23 체적 유량과 관계가 없는 것은 다음 중 어느 것인가?

① 압축성 유체, 특히 기체의 유량
② L^3T^{-1}
③ 연속방정식
④ l/min 또는 m^3/sec

24 유체의 비중량에 관한 다음 기술에서 틀린 것은 어느 것인가?

① 모든 가스의 일반 기체상수는 848[$kg\cdot m/kmol\cdot{}^\circ K$]이다.
② 이상기체의 비중량은 압력에 비례하고 절대 온도에 반비례한다.
③ 모든 기체의 비중량은 보일 샤를의 법칙에서 구해진다.
④ 모든 가스 1[$kmol$]이 차지하는 체적은 22.4[m^3]이다.

25 표면 표고 30인 용기로부터 표면 표고 75의 용기로 0.56[m^3/sec]의 물을 양수하는데 얼마의 동력의 펌프가 필요하겠는가? 단, 펌프와 관로에 있어서의 수두 손실은 12[m]이다.

① 50 ② 150 ③ 250 ④ 313

[일곱 번 째] 일반기계기사 2급

1 수력발전용인 도수관의 밑수면부터의 높이 50[m]인 곳에서의 단면의 수압을 7[kg/cm^2], 유속을 10[m/sec]로 하고 손실수두를 무시할 경우 밑수면에서의 전수두는 약 얼마인가?

① 12.5 ② 1250 ③ 125 ④ 1.25

2 **그림과 같이 단면적이** $0.002[m^2]$**인 노즐에서 물이** $30[m/\sec]$**의 속도로 분사되어 평판을** $5[m/\sec]$**로 분류의 방향으로 움직이고 있을 때 분류가 평판에 미치는 충격력은 약 얼마인가? 단, 물의 비중은 1이다.**

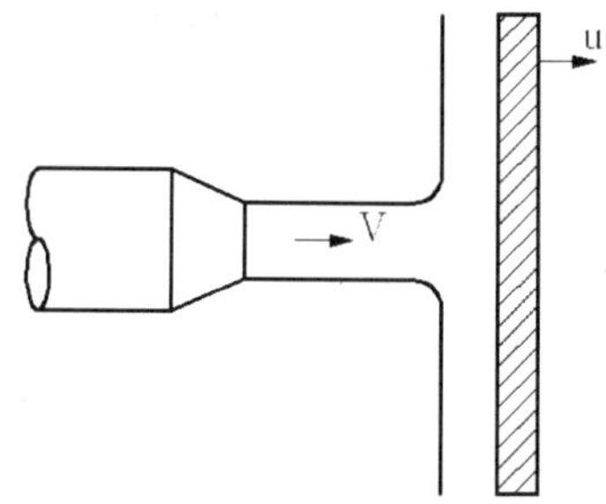

① 94.8
② 134.4
③ 127.6
④ 183.7

3 **어떤 수평관 속에 물이** $2.8[m/\sec]$**의 평균속도와** $0.46[kg/cm^2]$**의 압력으로 흐르고 있다. 이 물의 유량이** $0.75[m^3/\sec]$**이고 손실 수두를 무시할 경우 물의 동력은? 단, 물의 비중량은** $1000[kg/m^3]$**이다.**

① 50 ② 42
③ 56 ④ 24

4 **그림과 같은 동일 모양의 4 개의 노즐을 가진 터빈의 회전수가 1000rpm 이며, 각 노즐에서 분출되는 물의 유량이 각각** $0.005[m^3/\sec]$**이며 출구 속력은** $10[m/\sec]$**이다. 이 터빈에서 얻은 동력을 구하시오.**

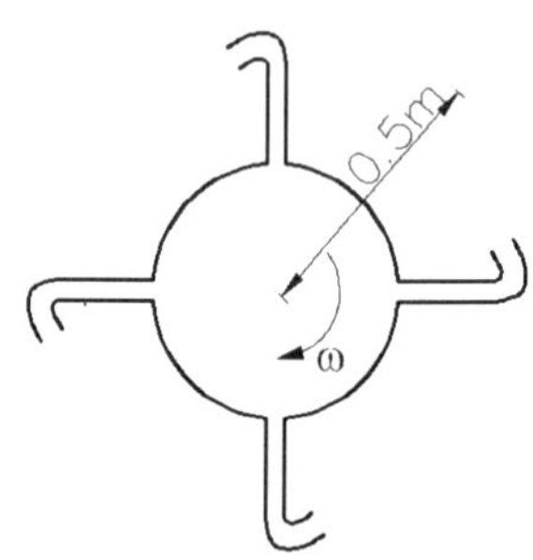

① 1.42
② 2.84
③ 13.92
④ 5.67

5 **원관 내의 흐름이 층류이고 점성계수가** $0.01[kg \cdot \sec/m^2]$**인 지름이 안지름** $2.5[cm]$**인 관 속에서 수평으로 수송될 때 압력강하가 관의 길이** $1[m]$**당** $0.05[kg/cm^2]$**이다. 이 때 흐르는 유량은?**

① 2.98×10^{-5} ② 4.8×10^{-4}
③ 7.7×10^{-3} ④ 2.4×10^{-3}

6 **물 분류의 단면적이** $1.9625 \times 10^{-3}[m^2]$**이고 고정평판 단위 면적당 작용한 힘이** $4[kg/m^2]$**이라면 물 분류의 속도는 얼마인가? 단, 평판의 단면적은** $6[m^2]$**이다.**

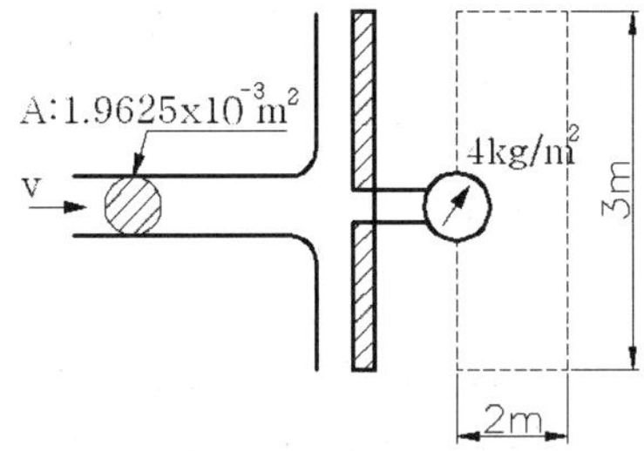

① 11.98 ② 1095
③ 119.8 ④ 10.95

7 **역적-운동량의 방정식** $\sum F = \rho Q(V_2 - V_1)$**을 적용할 수 있는 유동에 대한 가정은?**

① 유관의 양 끝 단면에서 유속이 균일하다.
② 유동이 비정상 유동이다.
③ 비압축성 유체의 유동이다.
④ 압축성 유체의 유동이다.

8 **안지름** $200[mm]$**인 관 속을 흐르고 있는 공기의 평균 풍속이** $20[m/\sec]$**이면, 공기는 매 초 몇** $[kg]$**이 흐르겠는가? 단, 관속의 정압은** $2[kg/cm^2]$**, 온도는** $15[°C]$**, 또 공기의 기체상수** $R = 29.27[kg \cdot m/kg°K]$**이다.**

① 2.37 ② 1.49 ③ 2.25 ④ 4.3

9 **그림과 같은 수평관로에서 유체가 ①에서 ②로 흐르고 있다. ①,②에서의 압력과 속도를 각각** p_1, V_1 **및** p_2, V_2**라 하고 손실수두를** H_e**라 할 때 에너지 방정식은?**

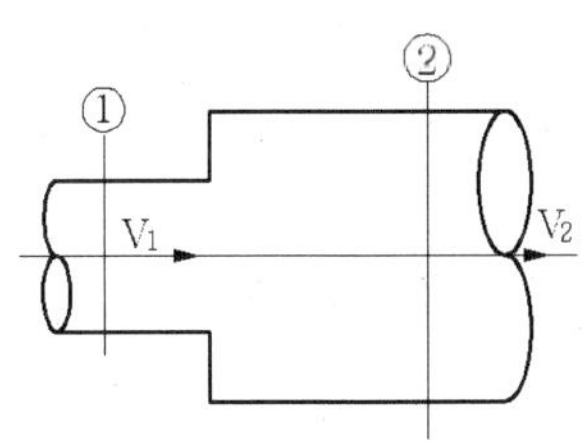

① $\dfrac{p_1}{r} + \dfrac{V_1^2}{2g} = \dfrac{p_2}{r} + \dfrac{V_2^2}{2g} + H_e$

② $\dfrac{p_1}{r} + \dfrac{V_1^2}{2g} + H_e = \dfrac{p_2}{r} + \dfrac{V_2^2}{2g}$

③ $\dfrac{p_1}{r} + \dfrac{V_1^2}{2g} += \dfrac{p_2}{r} + \dfrac{V_2^2}{2g}$

④ $H_e = \dfrac{p_1}{r} + \dfrac{p_2}{r} - \left(\dfrac{V_1^2}{2g} + \dfrac{V_2^2}{2g}\right)$

10 $3.6[m^3/\text{min}]$을 양수하는 펌프의 송출가의 안지름이 $23[cm]$일 때 유속은?

① 0.96 ② 1.20
③ 1.32 ④ 1.44

11 이상기체를 등온압축 시킬 때 체적탄성계수는 다음 중 어느 것인가? 단, p는 압력, K는 체적탄성계수이다.

① $\frac{1}{p}$ ② $-p$
③ Kp ④ p

12 속도분포의 방정식이 $u = ay^2$일 때 내벽면으로부터 수직거리 $20[cm]$, $40[cm]$에서의 속도 구배는? 단, 여기서 u, y는 각각 $[m/\text{sec}]$와 $[m]$의 단위를 갖는다.

① $0.04a, 0.06a$ ② $0.8a, 0.6a$
③ $0.4a, 0.6a$ ④ $0.4a, 0.8a$

13 절대압력과 계기압력과의 관계에 대한 다음 설명 중 제일 적합한 것은?

① 절대압력은 계기압력보다 항상 크다.
② 절대압력은 계기압력보다 항상 작다.
③ 절대압력은 계기압력보다 클 수 도 있고 작을 수도 있다.
④ 절대압력과 계기압력은 항상 같다.

14 정상류를 다음 중 제일 가깝게 설명한 것은?

① 시간이 경과함에 따라 점차적으로 흐름의 특성이 변하는 흐름
② 유동의 특성이 모든 점에서 시간에 따라 변하지 않는 흐름
③ 유체의 상태가 시간에 따라서 일정한 비율로 변하여 흐르는 흐름
④ 서로 연속된 부분에서 흐름의 특성이 층류로 되는 흐름

15 다음 중 레이놀드 수와 가장 관계가 작은 것은? 단, V는 속도, d는 지름, ρ는 밀도, ν는 동점성계수, μ는 점성계수이다.

① $\frac{Vd}{\nu}$ ② $\frac{f\,Vd}{\mu}$

③ $\frac{\text{관성력}}{\text{점성력}}$ ④ $\frac{\text{부력}}{\text{점성력}}$

16 **온도** $30[^\circ C]$**, 압력** $4[kg/cm^2]$**의 질소** $10[m^3]$**을 등온압축하여 체적이** $2[m^3]$**이 되었을 때 압축후의 체적탄성계수는 얼마인가?**

① 0.075 ② 8

③ 16 ④ 20

17 **액체 속에 잠긴 곡면에 작용하는 힘의 수평관력은?**

① 곡면의 수직상방의 액체의 무게와 같다.

② 곡면에 의해서 지지된 액체의 무게와 같다.

③ 그 면심에서 압력에 면적을 곱한 것과 같다.

④ 곡면의 수직 투영면에 작용하는 힘과 같다.

18 **밑면이** $1m\times 1m$**이고 높이가** $1[m]$**인 나무토막 위에** $200[kg]$**의 물건을 올려놓고 물에 띄웠다. 나무의 비중을 0.5라 하면 물속에 잠긴 부분의 깊이는 얼마인가? 단, 나무토막은 밑면에 수직으로 물속에 잠기는 것으로 가정한다.**

① 45 ② 50

③ 65 ④ 70

19 $P=\gamma$**(비중량)**$\times h$**(수도)에서 구한** P**의 차원은?**

① ML^{-2} ② $ML^{-2}T^2$

③ $ML^{-1}T^{-2}$ ④ $ML^{-2}T^{-2}$

20 **어떤 운동 문제에 있어서 9개의 변수가 관계되고 있다. 기본 차원을** $M\cdot L\cdot T$**로 할 때 버킹함(Buckingham)의** π**의 정리로서 차원해석을 한다면 몇 개의** π**를 얻을 수 있는가?**

① 4 ② 6

③ 9 ④ 12

21 그림과 같이 설치된 피토 정압관의 액주계 눈금이 H일 대 액주계 눈금 높이(H)에 해당하는 유속은?

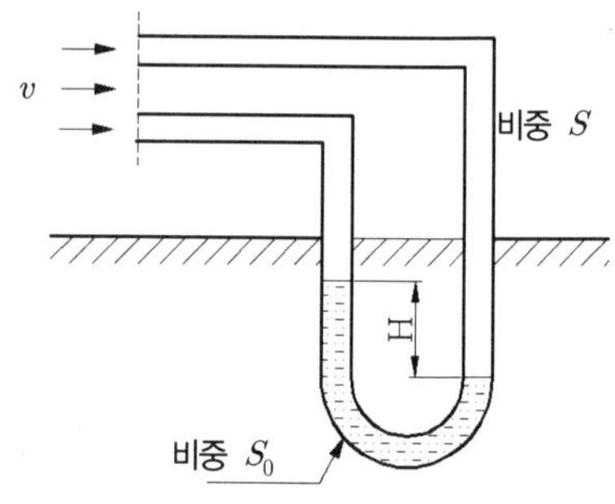

① $V=\sqrt{2gH\left(\frac{S}{S_0}-1\right)}$

② $V=\sqrt{2gH\left(1-\frac{S_0}{S}\right)}$

③ $V=\sqrt{2gH\left(\frac{S_0}{S}-1\right)}$

④ $V=\sqrt{2gH\left(1-\frac{S}{S_0}\right)}$

2. 안지름이 $20[cm]$인 관 속을 유속 $3[m/\sec]$로 물이 흐른다. 관마찰계수 $f=0.02$일 때 관 길이 $300[m]$에 대한 손실수두는 얼마인가?

① 4.59[m] ② 0.45[m]
③ 13.8[m] ④ 1.38[m]

23 달시(Darcy)의 방정식 $H_L=f\frac{L}{D}\frac{V^2}{2g}$에서 f에 대한 설명으로 다음 중에서 제일 적합한 것은?

① 레이놀드 수에서만 관계되는 계수이다.
② 마하수와 레이놀드 수에 관계되는 계수이다.
③ 관의 길이와 지름 및 레이놀드 수에 관계되는 계수이다.
④ 레이놀드 수와 관의 상대조도에 관계되는 계수이다.

24 평균속도가 V인 유체속에서의 익형의 항력계수는? 단, D는 항력, ρ는 밀도, l는 익현장이다.

① $\frac{D}{\rho Vl}$ ② $\frac{2D}{\rho Vl}$
③ $\frac{2D}{\rho V^2 l}$ ④ $\frac{D}{\rho V^2 l}$

25 다음 식 중에서 연속방정식이 아닌 것은? 단, 관을 통하여 정상 상태로 흐르고 있는 유체의 임의 두 단면을 A_1, A_2, 속도를 V_1, V_2 밀도를 ρ_1, ρ_2라 한다.

① $A_1V_1 = A_2V_2$　　② $\rho_1A_1V_1 = \rho_2A_2V_2$

③ $\dfrac{dA}{A} + \dfrac{d\rho}{\rho} + \dfrac{dV}{V} = 0$　　④ $d(\rho AV) = Constant$

[여덟 번 째] 건설기계기사 2급

1 수면의 차이가 H인 두 저수지 사이에 지름 d, 길이 l인 관로가 연결되어 있을 때 관로에서의 평균 유속을 나타내는 식은? 단, f는 관 마찰 손실계수이고 k_1,k_2는 관 입구와 출구에서 부차적 손실 계수이다.

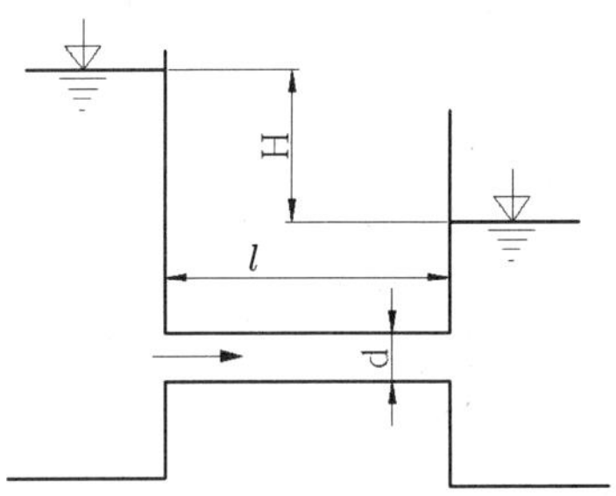

① $V = \sqrt{\dfrac{2gdH}{k_1 + fl + k_2}}$

② $V = \sqrt{\dfrac{2gH}{k_1 + f + k_2}}$

③ $V = \sqrt{\dfrac{2gH}{k_1 + \dfrac{f}{l} + k_2}}$

④ $V = \sqrt{\dfrac{2gH}{k_1 + \dfrac{fl}{d} + k_2}}$

2 그림과 같이 수평 수관의 2개소의 압력의 차를 측정하기 위하여 하부에 수은을 넣은 U자관을 부착시켰다. 이 때 U자관의 수은의 차를 읽으니 $h = 500[mm]$이었다. $P_1 - P_2$는? 단, 물의 비중은 1이다.

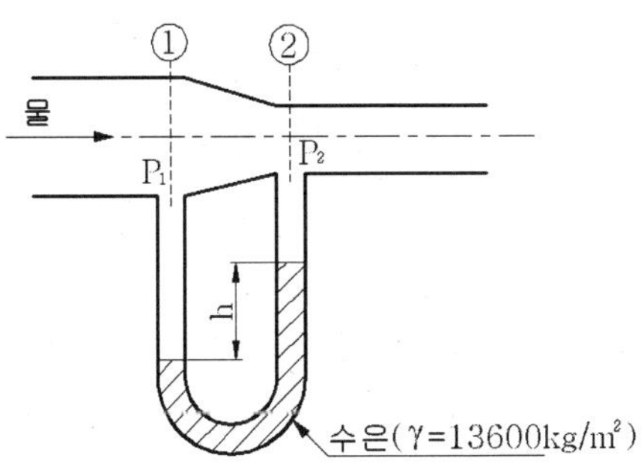

① 0.63　　② 1.38

③ 0.38　　④ 1.63

3 **유체 운동량의 법칙은 어떤 경우에 적용할 수 있는가?**

① 점성 유체에만 적용할 수 있다.
② 압축성 유체에만 적용할 수 있다.
③ 정상 유동하는 이상 유체에만 적용할 수 있다.
④ 운동하고 있는 모든 유체에 적용할 수 있다.

4 **지름 $10[cm]$의 분류가 속도 $50[cm/\sec]$로서 $25[m/\sec]$로 이동하는 곡면판에 그림과 같이 충돌한다. 충격력은? 단, 유체의 비중은 1이다.**

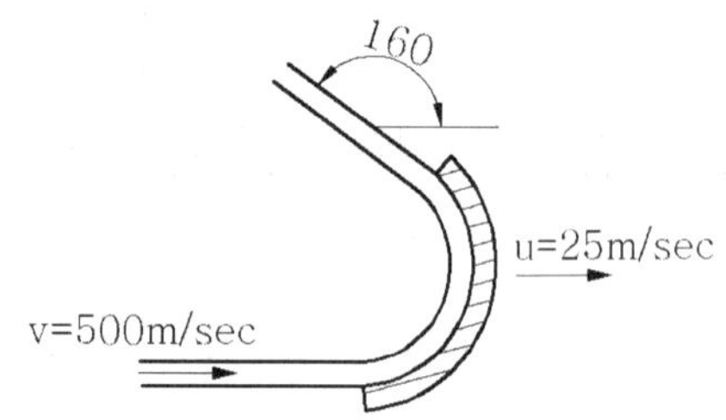

① 388
② 971.6
③ 30.4
④ 60.4

5 **그림과 같은 곡관에서 수평방향에 운동량 방정식을 세우면 다음 중 어느 것과 같이 되겠는가?**

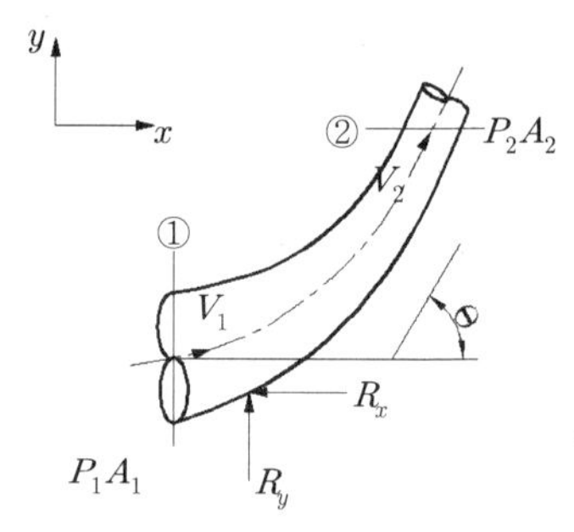

① $P_1A_1 - P_2A_2\cos\theta - R_x$
$= \rho Q(V_2\cos\theta - V_1)$
② $-P_1A_1 + P_2A_2\cos\theta + R_x$
$= \rho Q(V_2\cos\theta - V_1)$
③ $P_1A_1 - P_2A_2\cos\theta + R_x$
$= \rho Q(V_1 - V_2\cos\theta)$
④ $P_1A_1 - P_2A_2\cos\theta + R_x$
$= \rho Q(V_2\cos\theta - V_1)$

6 **안지름이 $15[cm]$인 관 속에 한 변의 길이가 $6[cm]$인 정사각형 관이 중심을 같이 하고 있다. 원관과 정사각형 관 사이에 평균 유속 $1.2[m/\sec]$인 물이 흐른다면 관의 길이가 $20[m]$ 사이의 압력 손실 수두는 몇 m 인가? 단, 관 마찰계수는 0.04 이다.**

① 0.74　② 3.92
③ 7.43　④ 9.8

7 **프루우드 수(Froude number)의 물리적인 뜻은 어느 것인가?**

① $\frac{\text{관성력}}{\text{점성력}}\left(=\frac{\rho Vl}{\mu}\right)$　② $\frac{\text{속도}}{\text{음속}}\left(=\frac{V}{C}\right)$
③ $\frac{\text{관성력}}{\text{탄성력}}\left(=\frac{\rho V^2}{E}\right)$　④ $\frac{\text{관성력}}{\text{중력}}\left(=\frac{V^2}{\text{lg}}\right)$

8 **그림에서 A와 B의 단면적이 각각 $6[cm^2]$, $600[cm^2]$이고 B에 추의 무게가 $9000[kg]$이다. 내부에는 비중이 0.75인 기름으로 채워져 있다. A와 B가 평형 상태를 이루기 위한 W의 무게를 구하라. 단, C와 D는 수평선 상에 있다.**

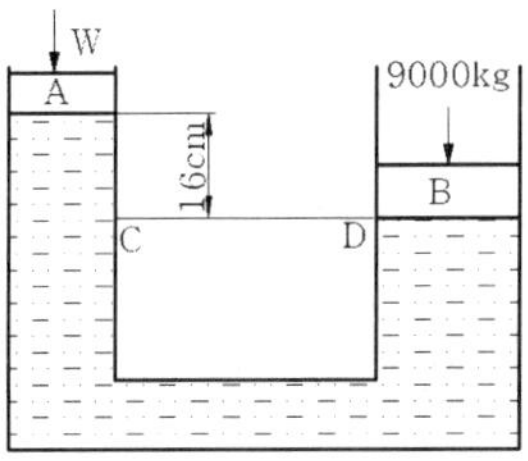

① 75.6
② 89.9
③ 150
④ 125

9 **평판 상의 층 흐름에서 점성에 의한 마찰계수는?**

① 레이놀드 수에 비례한다.
② 레이놀드 수의 제곱에 비례한다.
③ 레이놀드 수의 평방근에 반비례한다.
④ 레이놀드 수와는 관계없다.

10 **관 마찰 계수는?**

① 레이놀드 수와 상대 조도의 함수이다.
② 마하수와 코우시 수의 함수이다.
③ 상대 조도와 프루우드 수의 함수이다.
④ 절대 조도와 관지름의 함수이다.

11 **움직이는 단일 평판에 수직으로 분류가 충돌할 경우의 유량은?**

① 평판에 대한 분류의 상대 속도의 크기와 분류 단면적을 곱한 값이다.
② 분류의 절대 속도와 분류 단면적을 곱한 값이다.
③ 분류 속도를 평판 속도로 나눈 값에 분류 단면적을 곱한 값이다.
④ 분류 속도와 평판 속도의 곱에 분류 단면적을 곱한 값이다.

12 **물에 잠겨 잇는 유출구로 물이 유출될 때 출구에서의 손실은?**

① 손실이 없다. ② $\frac{V^2}{4g}$
③ $\frac{V^2}{2g}$ ④ $\frac{V^2}{g}$

13 **온도 $20[^\circ C]$이고 압력 $10[kg/cm^2]$인 산소의 밀도는? 단, 공기의 기체상수는 $29.27[m/^\circ K]$이다.**

① 1.189 ② 1.314
③ 0.1288 ④ 188.68

14 **$1[kg \cdot \sec/m^2]$은 몇 [poise]인가?**

① 9.8 ② 98
③ $\frac{1}{98}$ ④ $\frac{1}{9.8}$

15 **기체를 단열적으로 압축할 때 체적 탄성계수는?**

① P ② $\frac{1}{P}$
③ KP ④ PV

16 **압력계가 $13[kg_f/cm^2]$을 지시하고 있다. 이것을 수주로 나타내면 얼마인가?**

① $13[mAq]$ ② $15[mAq]$
③ $130[mAq]$ ④ $44[mAq]$

17 탱크 속에 비중이 0.75인 기름이 들어 있고 기름 표면상 공간의 공기 압력은 $2[kg/cm^2]$이다. 기름 표면 $2[m]$ 하방의 압력은?

① $2.15[kg/cm^2]$
② $215[kg/cm^2]$
③ $2501[kg/m^2]$
④ $2105[kg/cm^2]$

18 이동 날개에 분류를 분출시켜 분류 방향으로 $25[kg_f]$의 힘을 가했다. 이 때 날개는 분류 방향으로 $30[m/\mathrm{sec}]$의 속력으로 이동되었다. 얻은 공률은 몇 마력인가?

① 5
② 8
③ 10
④ 20

19 레이놀드 수의 정의로 가장 적합한 것은?

① $\frac{관성력}{점성력}$
② $\frac{중력}{점성력}$
③ $\frac{관성력}{중력}$
④ $\frac{관성력}{압력}$

20 송출구의 안지름이 $150[mm]$인 펌프의 양수량이 $2.5[m^3/\mathrm{min}]$일 대 유속은 몇 $[m/\mathrm{sec}]$인가?

① 0.236
② 2.36
③ 1.23
④ 0.635

21 안지름 $10[cm]$인 파이프 내를 평균 유속 $5[m/\mathrm{sec}]$로 물이 흐르고 있다. 길이 $10[m]$ 사이에서 나타나는 손실 수두는 얼마인가? 단, 관 마찰계수는 0.013이다.

① 1.2
② 1.66
③ 2.5
④ 3.2

22 일차원 유동에서의 연속방정식을 바르게 나타낸 것은? 단, Q : 유량, ρ : 밀도, A : 단면적, V : 속도, γ : 비중량, P : 압력이다.

① $Q = \rho A V$
② $\rho_1 A_1 = \rho_2 A_2$
③ $\gamma_1 A_1 V_1 = \gamma_2 A_2 V_2$
④ $P_1 A_1 V_1 = P_2 A_2 V_2$

23 속도 수두를 식으로 표시하면? 단, g : 중력 가속도, h : 높이, v : 속도, P : 압력, γ : 비중량이다.

① $\sqrt{2gh}$
② $\dfrac{v^2}{2g}$
③ $\dfrac{P}{\gamma}$
④ $\dfrac{\gamma}{P}$

24 물 위를 $2[m/\mathrm{sec}]$의 속도로 항진하는 길이 $2.5[m]$의 모형선에 작용하는 조파저항이 $5[kg]$이다. 길이 $40[m]$인 실물의 배가 이것과 상사인 조파 상태로 항진하자면 실물의 속도를 몇 $[m/\mathrm{sec}]$로 하여야 하는가?

① 8
② 7
③ 5
④ 5

25 그림과 같이 원판 수문이 물 속에 설치되어 있다. 그림 중 C는 압력의 중심이고, G는 원판의 도심이다. 원 판의 지름을 d라 하면 η는?

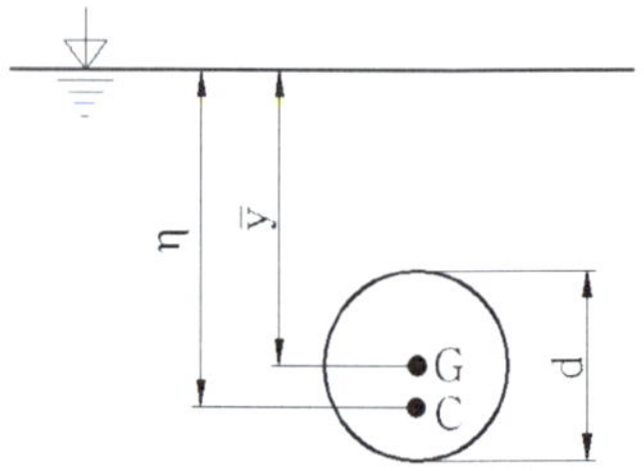

① $\eta = \bar{y} + \dfrac{d^2}{12y}$

② $\eta = \bar{y} + \dfrac{d^2}{16y}$

③ $\eta = 2\bar{y} + \dfrac{d^2}{12y}$

④ $\eta = 2\bar{y} + \dfrac{d^2}{16y}$

과년도 시행문제 정답

[첫 번 째]

01 ② 02 ④ 03 ③ 04 ① 05 ③
06 ④ 07 ① 08 ③ 09 ③ 10 ③
11 ④ 12 ② 13 ③ 14 ② 15 ④
16 ③ 17 ② 18 ③ 19 ② 20 ①
21 ② 22 ④ 23 ③ 24 ④ 25 ②

[두 번 째]

01 ② 02 ② 03 ① 04 ② 05 ②
06 ② 07 ③ 08 ① 09 ③ 10 ②
11 ② 12 ③ 13 ② 14 ④ 15 ①
16 ③ 17 ① 18 ① 19 ① 20 ④
21 ③ 22 ④ 23 ① 24 ④ 25 ①

[세 번 째]

01 ④ 02 ② 03 ③ 04 ② 05 ④
06 ① 07 ① 08 ② 09 ③ 10 ①
11 ④ 12 ③ 13 ④ 14 ② 15 ④
16 ① 17 ② 18 ④ 19 ② 20 ①
21 ③ 22 ① 23 ④ 24 ③ 25 ①

[네 번 째]

01 ④ 02 ② 03 ① 04 ④ 05 ②
06 ④ 07 ③ 08 ① 09 ③ 10 ④
11 ② 12 ① 13 ④ 14 ③ 15 ④
16 ① 17 ③ 18 ② 19 ① 20 ④
21 ② 22 ④ 23 ① 24 ② 25 ④

[다섯 번 째]

01 ① 02 ① 03 ① 04 ② 05 ①
06 ③ 07 ② 08 ② 09 ③ 10 ③
11 ③ 12 ③ 13 ② 14 ① 15 ②
16 ② 17 ② 18 ④ 19 ② 20 ②

[여섯 번 째]

01 ④ 02 ② 03 ③ 04 ② 05 ③
06 ② 07 ③ 08 ③ 09 ④ 10 ④
11 ① 12 ② 13 ② 14 ③ 15 ②
16 ② 17 ② 18 ② 19 ① 20 ①
21 ① 22 ① 23 ① 24 ③ 25 ④

[일곱 번 째]

01 ③ 02 ③ 03 ① 04 ① 05 ②
06 ④ 07 ③ 08 ② 09 ① 10 ④
11 ④ 12 ④ 13 ① 14 ② 15 ④
16 ④ 17 ④ 18 ④ 19 ③ 20 ②
21 ③ 22 ③ 23 ④ 24 ③ 25 ④

[여덟 번 째]

01 ④ 02 ① 03 ④ 04 ② 05 ①
06 ① 07 ④ 08 ② 09 ③ 10 ①
11 ① 12 ③ 13 ① 14 ② 15 ③
16 ③ 17 ① 18 ③ 19 ① 20 ②
21 ② 22 ③ 23 ② 24 ① 25 ②

저자와의
협의에 의해
인지 생략

알기쉬운 **유체역학**

1판 6쇄 2020년 3월 2일

저 자 오 선 / 조남철 / 오용석
발행인 송광헌
발행처 복두출판사
주 소 서울특별시 영등포구 경인로82길 3-4
센터플러스 807호 (우) 07371
전 화 (02) 2164-2580
FAX (02) 2164-2584
등 록 1993. 11. 22. 제 10-902 호

정가 : 19,000원
ISBN : 978-89-8000-823-0 93530

한국과학기술출판협회 회원사